高等职业教育"十四五"规划教材

智慧农业专业群系列规划教材

精准农业应用技术

王传凯　刘天舒　杨学坤　主编

中国农业大学出版社

·北京·

内容简介

本书重点介绍精准农业关键技术、“3S”技术在精准农业中的应用、农田信息采集与处理技术、变量作业技术、农业装备自动化及农业机器人技术、精准农业技术集成与应用等内容，充分体现现代农业最新进展，对接科技发展趋势和市场需求，吸收比较成熟的新技术、新工艺、新规范等。本书还介绍了北京国家精准农业研究示范基地、新疆生产建设兵团、黑龙江垦区农场等精准农业技术应用案例。本教材可供高职农业装备应用技术、设施农业与装备、现代农业技术专业教学使用，也可作为相关高职涉农专业的选修课教材。

图书在版编目(CIP)数据

精准农业应用技术 / 王传凯，刘天舒，杨学坤主编. —北京：中国农业大学出版社，2021.7
ISBN 978-7-5655-2593-3

Ⅰ.①精… Ⅱ.①王… ②刘… ③杨… Ⅲ.①精准农业 Ⅳ.①S127

中国版本图书馆 CIP 数据核字(2021)第 157559 号

书　名　精准农业应用技术
作　者　王传凯　刘天舒　杨学坤　主编

策划编辑　张　玉　张　蕊　　责任编辑　张　玉
封面设计　郑　川
出版发行　中国农业大学出版社
社　　址　北京市海淀区圆明园西路 2 号　　邮政编码　100193
电　　话　发行部 010-62733489，1190　　读者服务部 010-62732336
　　　　　编辑部 010-62732617，2618　　出　版　部 010-62733440
网　　址　http://www.caupress.cn　　E-mail cbsszs@cau.edu.cn
经　　销　新华书店
印　　刷　北京鑫丰华彩印有限公司
版　　次　2021 年 8 月第 1 版　2021 年 8 月第 1 次印刷
规　　格　787×1092　16 开本　15.5 印张　385 千字
定　　价　46.00 元

编 委 会

主　编： 王传凯　刘天舒　杨学坤

副主编： 尚增强　胡瑶玫

编　者：（按姓氏笔画排序）

尹　璐　王传凯　刘天舒

李　石　杨学坤　尚增强

胡瑶玫　魏志红

前 言

教材是学校落实立德树人根本任务的载体，直接关系到人才培养质量。紧密对接职业、岗位需求，跟随市场变化不断更新教材内容与形式，是高职院校培养高素质技术技能人才的重要举措。根据国务院《国家职业教育改革实施方案》、教育部《职业院校教材管理办法》等文件要求，紧紧围绕培养农业装备服务、管理第一线需要的技术技能人才，遵循高等职业教育的基本特点和规律，总结、借鉴相关院校在教育教学改革实践中的经验与成果，我们组织编写了《精准农业应用技术》一书。

精准农业又称为精确农业或精细农作，是以信息技术为支撑，根据空间变异，定位、定时、定量地实施一整套现代化农事操作与管理的系统，是信息技术与农业生产全面结合的一种新型农业。精准农业是近年出现的专门用于大田作物种植的综合集成的高科技农业应用系统，已经成为当今世界农业发展的新潮流和未来农业发展的大趋势。

《精准农业应用技术》是农业装备类专业核心课程系列教材之一。教材根据项目驱动式教学的需要，以真实生产项目、典型工作任务、案例等为载体组织教学单元架构设计，按照"模块-项目-任务"体例编写。教材分为6个模块，18个项目，49项任务。每个项目有项目描述，每个典型任务包含任务目标、任务准备、任务实施、任务拓展、任务评价、任务巩固6个环节。通过学习，读者可以了解精准农业的新技术和新理论，理解现代农业信息化、自动化、智能化的发展方向，提高精准农业技术应用能力。本教材具有很强的前沿性、针对性和实用性，可以作为高职现代农业装备应用技术、设施农业与装备专业的专用教材，也可作为高素质农民的培育教材，还可供相关专业人员作为参考用书。

本教材由南阳农业职业学院王传凯教授、黑龙江农垦职业学院刘天舒讲师、北京农业职业学院杨学坤副教授担任主编，南阳农业职业学院尚增强副教授、北京农业职业学院胡瑶玫副教授担任副主编，北京农业职业学院尹璐副教授、黑龙江农垦职业学院李石讲师、南阳农业职业学院魏志红讲师等共同编写。编写团队人员结构合理，代表性强，具有丰富的教学经验。其中模块1、模块6中项目3的案例2和案例4由王传凯编写，模块2由刘天舒编写，模块3中项目1和项目2、模块4中项目1、模块6中项目3的案例1由杨学坤编写，模块6中项目1和项目2由尚增强编写，模块3中项目3、模块4中项目2和项目3、模块5中项目3由胡瑶玫编写，模块3中项目4、模块4中项目4和项目5、模块5中项目2由尹璐编写，模块5中项目1、模块 6 中项目 3 的案例 3 由李石编写。全书由王传凯统稿和修图，魏志红在整书的成稿过程中给予了建设性的建议和修改意见。

在本书成稿之际，对书中所引参考文献的作者致以衷心的感谢！由于编者水平有限，加之时间仓促，偏颇、谬误之处在所难免，敬请各位专家、学者和读者批评指正，以便修订和完善，进一步提高教材质量。

编　者

2021 年 2 月

目　录

模块1　认知精准农业

任务1　认知精准农业

【任务描述】

农业是国民经济的基础产业，保障世界食物安全和农业可持续发展，是全球性永恒主题。工业和服务业快速发展的新时代对农业也提出了新的要求，在这种形势下，精准农业应运而生。精准农业是发展农业高新技术应用的重要内容，是发展绿色经济和循环经济、实现农业可持续发展的重要途径。

本任务介绍精准农业的基本概念、技术体系和特点，帮助大家认知精准农业。

【任务目标】

1. 了解精准农业的基本概念和特点。
2. 熟悉精准农业的技术体系。

【任务准备】

一、知识准备

1. 精准农业的基本概念

过去的50多年，通过生物和农艺技术的进步和支持，以及将生物和农艺技术转化为大规模生产力的现代农业工程技术、农业系统经营管理技术的不断完善，世界农业发生了重大变化，世界粮食产量的增长超过了人口增长的速度。20世纪后半叶，依靠生物遗传育种技术的进步、耕地和灌溉面积的扩大、物理和化学产品的大量增加、机械动力和矿物能源的大量投入，世界农业取得了高速发展。但也出现了生态环境恶化、水土流失、生物多样性遭到破坏、农产品质量下降等问题。这引起国际社会的高度重视，已经成为推动技术创新，实现农业可持续发展的重要驱动力。

改革开放以来，我国的农业和农村经济得到了飞速发展，但仍面临严峻的挑战。我国的化肥生产量和使用量居世界第一，农作物化肥施用量为506.11 kg/hm^2，为英国的2.05倍、美国的3.69倍、澳大利亚的9.45倍，这高于世界发达国家水平。经科学测算，2020年我国水稻、小麦、玉米三大粮食作物化肥利用率为40.2%，农药利用率为40.6%，与欧美发达国家相比还有一定的差距。这不仅造成了经济上的巨大损失，更带来了严重的地下水污染和生态环境破坏。我国人均水资源量只有世界平均水平的1/4，是全球人均水资源最贫乏的国家之一，而降水利用率不足35%，是发达国家的1/3，节水已成为一项紧迫而繁重的任务。我国单位耕地面积拥有的农机动力是美国的6倍，而农业机械化水平却远远低于美国。这就要求我国农业要推进新的农业科技革命，大幅提高农业科技整体水平，尽快实现从粗放耕种到精准农作的转变、从传统农业向现代农业的跨越。

计算机和信息技术可基于各种信息知识对生产过程进行管理决策，推动人们科学充分地利用资源潜力，以节本增效的发展方式减轻对生态环境的干扰，从而保护生态环境。这突破了传统的模式和观念，将对传统农业的改造产生广泛和深刻的影响。

精准农业是20世纪80年代，由美国、加拿大一些农业科研部门提出的一种以现代知识和技术为基础的农业微观管理系统，其核心是根据当地、当时测定的作物实际需要确定对作物的投入。

在农业中，利用遥感(RS)做宏观控制，全球导航卫星系统(GNSS)精准定位，地理信息系统(GIS)将地面信息(地形地貌、作物种类和长势、土壤质地和养分水分状况)进行储存、处理和输出，再与地面的信息转换、实时控制、地面导航等系统相配合，按区内要素的空间变量数据精准确定最佳耕作、施肥、播种、灌溉、喷药等多种农事操作，俗称为“3S”技术。与传统农业相比，“3S”技术可将操作单元由亩、百亩缩小到平方米，使传统的粗放生产变成精准操作，从而显著提高水、肥、药的利用效率，实现以最经济的投入获得最佳的产出以及减少环境污染的目标。精准农业技术不仅适用于种植业，也适用于畜牧业、园艺和林业，且在美国和欧洲一些国家得到试验和推广应用，取得了显著成效。

精准农业也称精确农业、精细农作等。综合多名学者和机构对精准农业的界定和描述，我们认为：精准农业指利用遥感技术进行宏观控制和测量，利用地理信息技术采集、储存、分析和输出地面或田块所需的要素资料，以全球导航卫星系统将地面精准测量和定位，再与地面的信息转换和定时控制系统相配合，产生决策，按区内要素的空间变量数据精准确定和实施最佳耕作、播种、灌溉、施肥、喷药、收获等多种农艺措施。精准农业可实现合理利用农业资源，提高农业作物产量，降低生产成本，减少环境污染，改善生态环境，适合发展绿色经济、循环经济需要，实现农业的可持续发展。

2. 精准农业技术体系

精准农业技术的核心是获取农田小区作物产量和影响作物生长的环境因素(如土壤结构、地形、作物营养、含水量、病虫草害等)实际存在的空间和时间差异性信息，分析影响小区作物产量差异的原因，采取技术上可行、经济上有效的调控措施，区别对待，按需实施定位调控的“处方农作”，如图1-1所示。因此，精准农业的技术体系包括数据采集、数据分析、决策分析和实施控制等。

(1)数据采集。精准农业技术是通过土壤采样、作物监测以及产量测量等方法来获取数据，以便了解整个田块的作物生长环境的空间变异特性。

①产量数据采集。在农作物收获的同时实时记录每一小区的产量，以及产量数据对应的位置信息和其他必要的农产品特征信息(如谷物含水量等)。②土壤数据采集。土壤信息一般包括土壤含水率、土壤肥力、土壤有机质含量、土壤 pH、土壤松紧度、耕作层深度等。土壤采样以及采集土壤特性数据时也需要记录位置信息。③苗情、病虫害数据采集。记录作物长势或病虫草害的分布情况。④其他数据采集。如地块边缘测量、农田轮作情况、平均产量、耕作和施肥情况，作物品种、化肥、农药、气候条件等有关数据。

(2)数据分析。采集的数据一般以文本表形式表示，需要利用一些数学方法进行处理，生

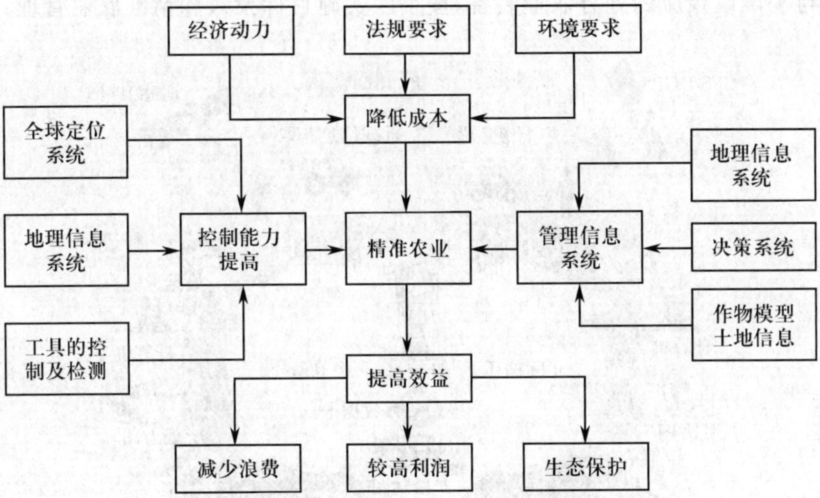

图 1-1 精准农业基本技术思想

成分布图。

①产量数据分布图。由于产量数据是通过连续采样获得的,一般需要对数据进行预处理,以消除采样测试误差。②土壤数据分布图。由于土壤采集是非连续的采集,需要顾及采样点之间的数据,这种处理过程称为插值。③苗情、病虫害分布图。该数据采样既不像产量测量那样连续采样,也不像土壤采样那样以栅格形式采集,而是在行走中人为定点,记录数据。

(3)决策分析。精准农业技术是根据田间采集到的不均衡空间分布数据及有关作物的其他信息,经过决策分析,来控制投入方式和使用量。决策分析是精准农业的核心,直接影响精准农业的实践效果。GIS(地理信息系统)被用于描述农田空间的差异性,而作物生长模拟技术则被用来描述某一位置上特定生长环境下的生长状态。只有将 GIS 与模拟技术紧紧地结合在一起,才能制订出切实可行的决策方案。GIS 作为存储、分析、处理、表达地理空间信息的计算机软件平台,其空间决策分析一般包括网络分析、叠加分析、缓冲区分析等。作物生长模拟技术是利用计算机程序模拟在自然环境条件下作物的生长过程。作物生长环境除了不可控制的气候因素外,还包括土壤肥力、墒情等可控因素。GIS 提供田间任一小区、不同生长时期的时空数据,利用作物生长模拟模型,在决策者的参与下,提供科学的管理方法,形成田间管理处方图,指导田间作业。

(4)实施控制。精准农业技术实施的目的是科学管理田间小区,降低投入,提高生产效率。支持精准农业技术的农业装备包括精准收获、精准播种、精准施肥、精准除草以及精准灌溉机械等。

现代农学技术与电子信息技术的发展,使定量获取这些影响作物生长及最后产量的空间差异性信息成为可能,从而使实施基于知识和现代科技的分布式调控,达到田区内资源潜力的综合利用和获取尽可能高的经济产量成为可能。如图 1-2 为精准农业技术循环的示意图,其实施过程可描述为:带定位系统和产量传感器的联合收割机自动采集田间定位及对应小区平均产量数据→通过计算机处理,生成作物产量分布图→根据田间地形、地貌、土壤肥力、墒情等参数的空间数据分布图,作物生长发育模拟模型,投入、产出模拟模型,作物管理专家知识库等建立作物管理辅助决策支持系统,并在决策者的参与下生成作物管理处方图→根据处方图采取不同方法与手段或相应的处方农业装备，按小区实施目标投入和精准农业管理。

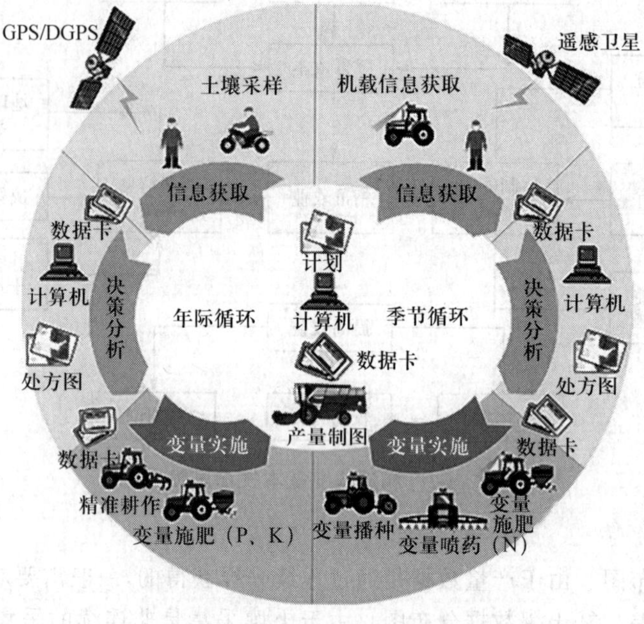

图 1-2　精准农业技术循环示意图

（来源：赵春江．精准农业研究与实践．北京：科学出版社，2019.）

精准农业这一技术思想是通过多次循环的实践，不断改善农田资源环境，积累知识，逐步达到作物生产管理精准化的过程，而且随着技术的不断进步，特别是农田土壤、作物苗情、病虫草害信息实时快速采集技术的突破，农业处方操作也将更加精准化。

精准农业技术体系在许多发达国家的实践表明，其可以显著提高耕地的生产潜力，节约良种、化肥、农药和能源投入，获得良好的经济效益，因此受到农户的欢迎。作为信息化时代的现代农田精耕细作技术，其应用实践可根据不同国家、不同地区的社会、经济条件，围绕提高生产、节本增效、保护环境的目标，采用不同的技术组装方式，逐步提高作物生产管理的科学化和精准化水平。

获取农田小区产量空间分布的差异性信息是实践精准农业的基础。有了小区产量分布图，农户就可以根据自己的经验知识，分析小区产量差异的原因，选择经济适用的对策，在现实可行条件下采取适当措施实施调控；也可以根据技术经济发展的条件，利用先进的科学手段或智能化变量处方实现对农业装备生产过程的自动调控。

建立一个完整的精准农业技术体系，需要多种技术支持和先进技术装备的集成支持。

3．精准农业的特点

精准农业与传统农业相比，主要有以下特点：

（1）合理使用化肥，降低生产成本，减少环境污染。精准农业采用因土、因作物、因时全面平衡施肥，彻底扭转传统农业中因经验施肥而造成的“三多三少”（化肥多，有机肥少；氮肥多，磷、钾肥少；三要素肥多，微量元素少），氮、磷、钾肥比例失调的状况，因此有明显的经济和环境效益。

（2）减少水消耗，节约水资源。传统农业因大水漫灌和沟渠渗漏对灌溉水的利用率只有

40%左右,精准农业可由作物动态监控技术定时、定量供给水分,可通过滴灌、微灌等一系列灌溉技术,使水的消耗量降到最低程度,并能获取尽可能高的产量。

(3)节本增效,省工省时。精准农业可将精准种子技术、精准播种技术与精准收获技术有机结合起来,实现播种的精准定量、定位,播种与收获的省工、省时,使农业低耗、优质、高效成为现实。

(4)农作物的营养物质得到合理应用,保证了农产品的产量和质量。因为精准农业通过采用先进的现代化高新技术,对农作物的生产过程进行动态监测和控制,并根据其结果采取相应的措施,从技术上保障了农作物生长需求与农业生产要素投入的及时、定位、平衡,从而保障了农产品的产量和品质。

总之,精准农业和传统农业相比最大的特点是以高新技术和科学管理换取对自然资源的最大节约。精准农业是一项综合性很强的系统工程,是农业实现低耗、高效、优质、环保的根本途径。

二、资料准备

(1)当地有关精准农业技术的设备。

(2)与本任务相关的各类材料。

【任务实施】

通过网络或到图书馆查阅资料,进一步了解精准农业的背景、概念、技术和特征。

【任务拓展】

智慧农业与精准农业之间有什么区别?

【任务评价】

以学习小组为单位,按照项目、内容和标准进行评价,见表1-1。

表1-1 精准农业概念、技术体系和特点评价标准

评价项目	评价内容	评价标准
精准农业概念	概念的准确性、完整性	正确叙述概念,叙述不清扣分
精准农业技术体系	技术核心、包括的内容	正确叙述技术体系,叙述不清扣分
精准农业特点	与传统农业相比的突出特点	正确叙述精准农业特点,叙述不清扣分

【任务巩固】

1. 什么是精准农业?

2. 精准农业的技术体系包括哪些内容?

任务2 精准农业关键技术

【任务描述】

本任务通过对全球导航卫星系统(GNSS)、地理信息系统(GIS)、遥感技术(RS)、农田信息采集与处理技术、变量作业控制技术的简单介绍,认知精准农业的关键技术,进一步明确本课程的学习内容。

【任务目标】

1. 认知精准农业的关键技术。
2. 了解精准农业的发展前景。

【任务准备】

一、知识准备

精准农业是基于田间小区农作条件的空间差异性实现优化作物生产系统目标的,各种工程支持技术的开发研究,对实现这一技术思想起着关键的作用。例如:农田信息采集与处方农作的空间定位,需要依靠全球导航卫星系统(GNSS);地理空间信息管理和数据处理,需要应用地理信息系统(GIS);未来大量地理空间数据的更新,需要遥感技术(RS)的支持;作物产量计量与小区产量图的生成,需要能按秒记录收割机累计产量和对应地理坐标位置的智能型收获机械以及计算机数据处理和产量图自动生成技术;田区空间变量信息的快速实时采集,需要研究基于新原理的传感技术与信号处理技术;按小区实施自动处方农作、调控目标投入,需要变量处方农业装备;制订科学的农作处方,需要计算机作物管理辅助决策支持系统的支持;作为一个能协调运作的智能化系统,需要有高效地信息集成以及有关信息传输、标准化技术的研究等。目前,精准农业部分支持技术手段正在不断研究完善,相关的应用基础研究还比较薄弱。精准农业应用实践可根据不同国家、不同地区的社会、经济条件,围绕提高生产、节本增效、保护环境的目标,采用不同的技术组装方式,逐步提高作物生产管理的科学化与精准化水平。

1. 全球导航卫星系统(GNSS,全称 Global Navigation Satellite System)

全球导航卫星系统被广泛应用于精准农业中以实现信息获取和实时准确定位。

在精准农业的数据采集、数据分析、决策分析、控制实施等4个主要技术组成中,都离不开精确定位。因卫星定位技术可提供全天候、实时、高精度三维位置,速度以及精密的时间信息,卫星导航技术可以在精准农业的各个环节发挥作用,包括精准播种、精准施肥、精准喷药、精准灌溉、精准收割等。

2. 地理信息系统(GIS,全称 Geographic Information System 或 Geo-Information System)

地理信息系统是构成农作物精准管理空间信息数据库的有力工具,田间信息通过GIS系统予以表达和处理,是实施精准农业的关键技术之一。地理信息系统与其他信息系统的主要区别在于其存储和处理的信息是经过地理编码的,地理位置及与该位置有关的地物属性信息成为信息检索的重要部分。在地理信息系统中,现实世界被表达成一系列的地理要素和地理现象,这些地理特征至少有空间位置参考信息和非位置信息两个组成部分。一个完整的 GIS 主要由5个部分构成,即硬件、软件、数据、人员和方法。硬件和软件为地理信息系统建设提供环境;数据是 GIS 的重要内容;方法为 GIS 建设提供解决方案;人员是系统建设中的关键和能动性因素,直接影响和协调其他几个组成部分。

3. 遥感技术(RS,全称 Remote Sensing)

遥感技术是精准农业实践中支持大面积快速获得田间数据的重要工具,它利用高分辨率传感器,在不同的作物生长期实施全面监测,根据光谱信息,进行空间定性、定位分析,为定位处方农作提供大量的田间时空变化信息。精准农业实践中,RS 虽不能直接测量土壤水分、植物冠层营养水平、籽粒与生物产量等信息,但可通过多光谱测量推断出结果。由测量引导推理的过程,需利用数据分析工具寻求传感数据与土壤或植物的相关关系,一旦这种关系建立起来,就可以对大面积的条件进行推理。现有 RS 软件均与流行的主要 GIS 软件具有数据通信接口,容易将 RS 分析与图像数据组装到 GIS 图层中支持作物生产管理决策分析。

4. 农田信息采集与处理技术

农田信息包括过去积累的信息和作物生产过程中实时收集的信息,如何合理利用这些信息必须首先从获得信息的方法入手,尽量以低成本的方法获得多方面的生产信息,为农业生产提供更多的决策依据。这些信息包括:产量数据、土壤数据(含水率、肥力、有机质含量、pH、压实程度、耕作层深度)、苗情、病虫草害数据以及其他数据(如地块边缘测量,农田近年来的轮作情况、平均产量、耕作和施肥情况,作物品种、化肥、农药、气候条件等)。

5. 变量作业控制技术

变量作业控制技术(VRT)是指安装有计算机/DGPS(差分全球定位系统)等先进设备的农业装备可以根据它所在的耕地位置自动调节货箱里某种农业物料投入速率的一种技术。变量作业控制技术应用于农作物的播种、施肥、喷洒农药、灌溉等环节。

二、资料准备

(1)当地有关精准农业技术的设备。

(2)与本任务相关的各类材料。

【任务拓展】

1. 国外精准农业的发展现状
2. 我国精准农业的研究进展
3. 我国精准农业发展面临的障碍
4. 我国精准农业的发展前景
5. 我国精准农业发展对策

【任务实施】

根据了解的知识内容,深入现代农业生产企业调查、了解精准农业技术应用情况。

【任务评价】

以学习小组为单位，按照项目、内容和标准进行评价，见表1-2。

表1-2 精准农业关键技术评价标准

评价项目	评价内容	评价标准
全球导航卫星系统	应用、作用	正确叙述应用及作用，叙述不清扣分
地理信息系统	特点、构成	正确叙述特点与构成，叙述不清扣分
遥感技术	特点、应用	正确叙述特点与应用，叙述不清扣分
农田信息采集与处理技术	方法、内容	正确叙述方法与内容，叙述不清扣分
变量作业控制技术	技术、应用	正确叙述技术与应用，叙述不清扣分

【任务巩固】

1. 精准农业有哪些关键技术？
2. 当地现代化农业生产企业应用了哪些精准农业技术？

模块2 “3S”技术在精准农业中的应用

项目1 全球导航卫星系统

【项目描述】

广西是全国大型甘蔗产地，2019年蔗田面积约89万千公顷。近年来种植和收获人工成本持续上涨，2019—2020年榨季人工收割成本已达到150～200元/t，蔗农种植意愿减弱，种植面积大幅下滑。甘蔗生产全程机械化、自动化是亟待突破的瓶颈。2015年广西某农业科技公司引进带有全球导航卫星系统的农业装备，进行甘蔗机械化生产。该设备(载波相位差分信号精度可以达到2.5 cm，信号精度可以达到5 cm)胜任精准播种、起垄、喷药、收获等作业。通过设备自动导航功能，公司实现甘蔗120 t/hm^{2}计划，获得较高收益。

全球导航卫星系统可以利用空间卫星星座、地面控制系统、用户接收机等设备实时获得农业装备准确地理位置及运行方向，为驾驶员操作提供准确依据。通过合理布设作业路线和准确引导，只需一人即可操纵多台农业装备同时进行耕作，不仅耕作速度快、效率高，且能减少种子、肥料和农药消耗。

本项目分为认知全球导航卫星系统、理解GPS定位原理、分析GPS定位误差来源、全球导航卫星系统在精准农业中的应用4个工作任务。

通过本项目训练，认知全球导航卫星系统的组成和工作原理；了解典型定位系统设备和使用方法，掌握全球定位系统误差来源，熟悉定位信号采集及处理过程；培养学生发现和解决问题的能力，发掘学生探索与求知的潜能，解放学生的创造天性。

任务1 认知全球导航卫星系统

【任务目标】

1. 了解全球导航卫星系统的发展过程及应用领域。
2. 掌握典型全球导航卫星系统的组成和特点。

【任务准备】

一、知识准备

全球导航卫星系统 GNSS(Global Navigation Satellite System)是一种空间无线电定位系统,包括一个或多个卫星星座,为支持预定的活动需要而加以扩大,可为地球表面、近地表和地球外空任意地点用户提供 24 小时三维位置、速率和时间信息。全球卫星导航系统国际委员会公布的全球 4 大卫星导航系统供应商,包括美国的全球定位系统 GPS、俄罗斯的格洛纳斯卫星导航系统(GLONASS)、欧盟的伽利略卫星导航系统(GALILEO)和中国的北斗卫星导航系统(BDS)。

1. 美国全球定位系统(GPS,全称 Global Positioning System)

GPS 是美国从 20 世纪 70 年代开始研制,1994 年全面建成。该系统包括三大部分:空间部分——GPS 星座(GPS 星座是由 24 颗卫星组成的星座,其中 21 颗是工作卫星,3 颗是备份卫星);地面控制部分——地面监控系统;用户设备部分——GPS 信号接收机。GPS 是世界上第一个建立并用于导航定位的全球系统,也是应用最广泛的全球导航卫星系统(注:本书以 GPS 为主进行编写)。

2. 俄罗斯格洛纳斯系统(GLONASS,全称 Global Navigation Satellite System)

1978 年苏联研制,2007 年开始运营,2009 年其服务范围已经拓展到全球。该系统现有 26 颗卫星,由卫星星座、地面支持系统和用户设备三部分组成。

3. 欧洲伽利略系统(GALILEO,全称 Galileo Satellite Navigation System)

由欧盟研制和建立的民用全球卫星导航系统,由 30 颗卫星组成,其中 27 颗工作卫星,3 颗备份卫星。

4. 中国北斗系统(BDS,全称 BeiDou Navigation Satellite System)

是中国自行研制的全球卫星导航系统,由空间段、地面段和用户段三部分组成。北斗卫星导航系统空间段由 5 颗静止轨道卫星和 30 颗非静止轨道卫星组成。2020 年 7 月 31 日,北斗三号全球卫星导航系统开通,向全世界提供连续稳定服务。

二、资料准备

(1)主要的设备、仪器、材料:各种类 GPS 信号接收机。

(2)教学资料:任务评价表,各类全球导航卫星工作视频,导航定位应用案例。

(3)与任务相关的各类材料。

【任务实施】

一、全球导航卫星系统应用

全球导航卫星系统最初被开发,是为了解决大地测绘无法克服的局限性。发展至今,已被广泛应用于陆地、海洋、空间和航天领域,完成目标定位、导航与精密测量等工作。世界各国积极发展全球导航卫星系统,用其攻克各行业发展技术瓶颈,促进科技革新。应用领域主要有:

1. 地理测绘

与传统手工测量技术相比，全球导航卫星系统技术具有测量精度高、操作简便、仪器便携、可以全天候操作、测量结果统一、信息自动接收和存储等优势。目前已广泛应用于大地测量、资源勘查、地壳运动、地籍测量等领域。

2. 交通服务

车辆管理、物流配送等部门利用全球导航卫星系统技术对车辆进行跟踪、调度管理，合理分布车辆，快速响应用户请求，降低能源消耗，节省运行成本。城市数字化交通电台，实时播发城市交通信息，车载设备通过导航精确定位，结合电子地图及实时交通状况，自动匹配最优路径。民航运输通过接收设备，使驾驶员着陆时能准确对准跑道，同时还能使飞机紧凑排列，提高机场利用率，引导飞机安全进离场。

3. 农业生产

发达国家已开始把全球导航卫星系统引入农业生产，实现精耕细作。该方法利用全球导航卫星进行农田信息定位获取，包括产量监测、土样采集等。计算机系统通过对数据分析处理，决策出农田地块的管理措施，把产量和土壤状态信息装入带有控制功能的喷施器中，从而精确地给农田施肥、喷药。利用全球导航卫星系统，能够降低农业生产成本，有效避免资源浪费，降低因施肥、除虫不当造成的环境污染。

4. 险情救援

利用全球导航卫星系统，可对救援部门应急调遣，提高对火灾、犯罪现场、交通事故、交通堵塞等紧急事件的响应效率。特种车辆(如运钞车)等，可对突发事件进行报警、定位，将损失降到最低。有了它的帮助，救援人员可在人迹罕至、条件恶劣的大海、山野、沙漠，对失踪人员实施有效的搜救。

5. 现代国防

全球导航卫星系统可以更好地支持军事行动和保障国防安全。在军事行动中，该系统能对作战目标精准定位，有助于各类武器发挥效能。在国家防卫中，可以有效侦察敌情，形成精确预警。

二、全球导航卫星系统组成

目前全球导航卫星系统中，GPS 全球定位系统在实际应用和产业效益方面处于国际垄断地位。下面以 GPS 全球定位系统作为典型案例，介绍全球导航卫星系统组成。GPS 全球定位系统主要由三部分组成：空间卫星部分、地面控制部分、用户设备部分，如图 2-1 所示。

(一)卫星星座

GPS 全球定位系统由 24 颗卫星组成实用系统，其中 21 颗为工作卫星、3 颗为在轨备用卫星，6 个轨道面、轨道倾角 55°、平均轨道高度 20 200 km。在地球表面任何地方、任何时刻高度角 15°以上的可观测卫星至少有 4 颗，平均有 6 颗，最多达 11 颗，如图 2-2 所示。

GPS 卫星的作用在于：它可以接收和存储导航电文，生成并发送用于导航定位的信号(测距码、载波)；利用微处理机，对部分必要数据进行处理；通过星载原子钟提供精密时间标准；通过推进器调整卫星姿态和启用备用卫星。

GPS 卫星结构的主要组成部分为：双叶对日定向太阳能电池帆板；多波束定向天线，由 12 个单元构成的成形波束螺旋天线阵，能发射 L_1 和 L_2 波段信号，其波束方向图能覆盖约半个地

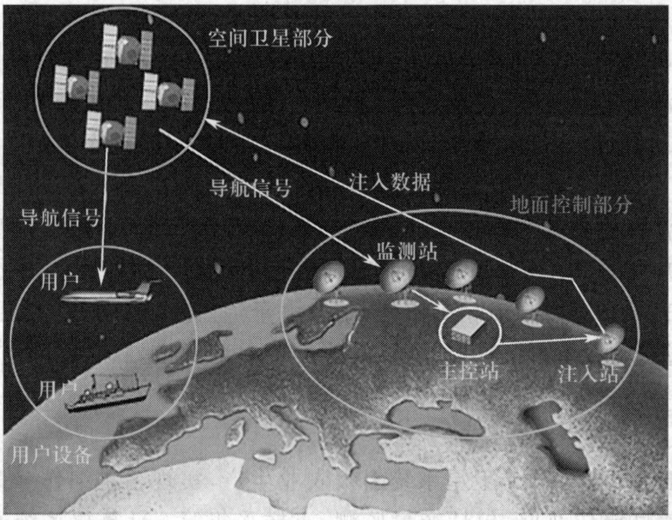

图 2-1 GPS 全球定位系统组成

（来源：汪懋华. 精细农业．北京：中国农业大学出版社，2011.）

球；铝蜂巢壳体，主体呈柱形，直径为 1.5 m；全向遥测遥控天线，用于与地面监控网通信。如图 2-3 所示。

图 2-2 GPS 全球定位系统的卫星分布

（来源：承继成．精准农业技术与应用．北京：科学出版社，2004.）

(二)地面监控系统

GPS 的地面监控部分，目前主要由卫星主控站、监测站、注入站、通信和辅助系统组成。

1. 卫星主控站

GPS 主控站仅有 1 个，设在美国科罗拉多。主控站协调和管理地面监控系统的工作之外，还承担如下工作任务：根据观测资料，编制各卫星星历、卫星钟差和大气层修正参数等，并把数据传送到注入站；提供全球定位系统的时间基准；

1.双叶对日定向太阳能电池帆板

2.多波束定向天线

3.铝蜂巢壳体

4.全向遥测遥控天线

图 2-3 GPS 全球定位系统的卫星结构

调整偏离轨道的卫星，使之沿预定轨道运行；启用备用卫星以代替失效的工作卫星。

2. 卫星监测站

GPS卫星监测站共有5个，分别设立在夏威夷、科罗拉多、南大西洋的阿松森岛、印度洋的迭戈加西亚和南太平洋的卡瓦加兰，主要负责检测卫星轨道数据、大气数据、卫星工作状态等任务。站内设有双频GPS接收机、高精度原子钟、计算机和若干环境数据传感器。接收机对GPS卫星进行连续观测，采集数据和监测卫星的工作状况。原子钟提供时间标准，环境传感器收集气象数据。所有观测资料由计算机进行初步处理，最终存储和传送到主控站，用以确定卫星的轨道。

3. 卫星注入站

注入站现有3个，分别设在迭戈加西亚、阿松森岛和卡瓦加兰。注入站的主要设备，包括二台直径为3.6 m的天线、一台C波段发射机和一台计算机。其主要任务是在主控站的控制下，将主控站推算和编制的卫星星历、钟差、导航电文和其他控制指令等，注入相应卫星的存储系统，并监测注入信息的正确性。

(三)用户设备

卫星星座和地面监控系统是用户进行定位的基础，而用户设备才是应用GPS定位的终端。用户设备的主要任务是：接收GPS卫星发射的无线电信号，获得必要的定位信息和观测量，进行数据处理，完成定位工作。用户设备主要是GPS信号接收机和其他辅助设备。

三、全球导航卫星系统对比

在理解全球导航卫星系统作用与组成的基础上，对比分析四种典型全球导航卫星系统，其参数及应用方面的差异见表2-1。

表2-1 全球导航卫星系统参数性能比较

比较项目	美国GPS系统	俄罗斯GLONASS系统	欧盟GALILEO系统	中国北斗BDS系统
卫星数目	24	24	30	35
轨道倾斜角/度	55	64.8	56	60
民用定位精度/m	100	50	10	10
信号	CDMA	DMA	CDMA	CDMA
覆盖范围	全天候覆盖全球，任何时间、地点同时能观测到6～9颗卫星	全球定位，可提供三维空间和速度信息，也提供授时服务	全球民用定位，可提供定位、导航、授时、搜索与救援服务	2020年建成北斗三号系统，向全球提供服务
定位原理	被动式伪码单向测距三维导航，由用户设备独立解算自己三维定位数据	定位测速原理与GPS系统相似	采用中高度轨道卫星，卫星升空定位时配有附加信号纠正系统	主动式双向测距二维导航，地面中心控制系统解算，提供用户三维定位数据

续表 2-1

比较项目	美国 GPS 系统	俄罗斯 GLONASS 系统	欧盟 GALILEO 系统	中国北斗 BDS 系统
坐标体系	世界大地坐标系 WGS84	苏联军事测绘部门建立的大地坐标 PZ90	GTRF 大地坐标	中国 2000 大地坐标系
时间系统	1980 年 1 月 6 日 0 时美国海军天文台华盛顿协调世界时 UTC(USNO)	基于莫斯科协调时间的 UTC(SU)	GST(Galileo Time)，与国际原子时一致	北斗时协调世界时 UTC(NTSC)，与 UTC 的时间偏差小于 100 ns，起算历元时间为 2006 年 1 月 1 日 0 时 0 分 0 秒(UTC)
用户范围	军民两用，军用为主	军民两用，军用为主	军民两用，民用为主	军民两用，民用为主

（来源：汪懋华. 精细农业. 北京：中国农业大学出版社，2011.）

【任务拓展】

1. GPS 卫星信号
2. 常用坐标系统
3. 常用时间系统

【任务评价】

以学习小组为单位，按照项目、内容和标准进行评价，见表 2-2。

表 2-2　认知全球导航卫星系统评价标准

评价项目	评价内容	评价标准
全球导航卫星系统发展过程	过程认知	正确叙述发展过程，叙述不清扣分
全球导航卫星系统应用领域	知识要点	正确列举应用案例，叙述不清扣分
典型全球导航卫星系统组成	结构组成	正确辨识结构组成，辨识不清扣分
典型全球导航卫星系统特点	知识要点	清楚归纳工作参数特点，叙述不清扣分

【任务巩固】

1. 全球导航卫星系统含义是什么，发展过程是什么？
2. 全球导航卫星系统应用领域有哪些？你能再列举一些应用实例吗？
3. 典型全球导航卫星系统都有哪些，组成结构是什么？

任务2 理解GPS定位原理

【任务目标】

1. 理解卫星测交汇聚原理。
2. 掌握GPS定位方法。

【任务准备】

一、知识准备

本任务以GPS全球定位系统作为典型代表，介绍全球导航卫星系统的部分定位原理。在理解卫星定位原理的基础上，掌握各类定位方法，最终在实际应用中能够独立分析并灵活运用。

(一)卫星测交汇聚原理

GPS全球定位系统定位的基本原理是测交汇聚原理，也就是通过测量GPS卫星和用户接收机天线间的距离，并根据已知卫星瞬时坐标，确定用户接收机所对应的瞬时坐标。具体过程为：卫星不间断地发射带有自身参数和时间信息的信号，这些信号都是唯一的编码序列，用户接收机可以捕获并识别这些信号，进而得到卫星的确切位置和时间信息；只要测量出每颗卫星信号到用户天线的传播时间，再乘以电波传播速度，就可以算出卫星到用户天线的距离；因卫星三维空间位置确定已知，便可以计算出用户接收机的三维位置、方向、速度和时间等信息。

在实际应用中，GPS用户接收机需要至少捕获4颗卫星发出的不间断信号，才能确定自己的大致位置，如图2-4所示。当GPS用户接收机捕获到第1颗卫星发出的信号时，接收机位于以该卫星为球心、以两者距离为半径的球面A上。当GPS用户接收机捕获到第2颗卫星信号时，该卫星也形成一个以传播距离为半径的球面B，此时接收机位置可确定在两球面相交形成的圆上。当捕获到第3颗卫星信号时，接收机位置可进一步确定在三球面相交形成的两点上。只有捕获到第4颗卫星信号时，四球面相交确定空间一点位置，接收机位置才最终确定。

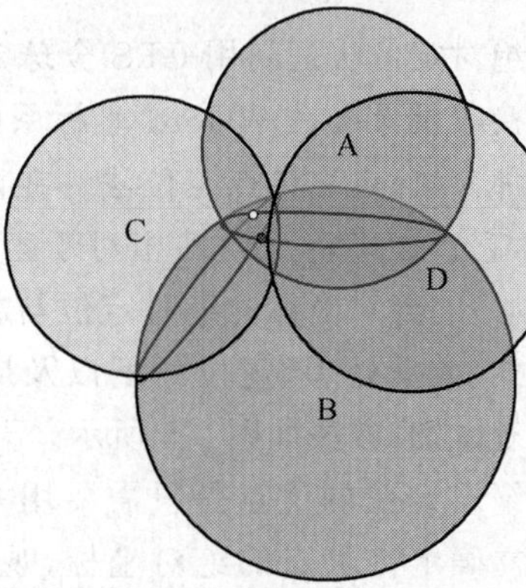

图2-4 卫星测交汇聚原理

(二)用户坐标获取

如果接收机同时获得4颗卫星测距信号，就可以瞬间定位。当捕获的卫星信号多于4个时，可以优选4颗卫星计算位置，或者以信噪值高的卫星数据作为平差标准与其他卫星数据进行平差计算，消除共同误差，提高定位精度。

当已知用户接收机与卫星的几何距离 D_n 和四颗卫星坐标 $S_i(X_S、Y_S、Z_S)$ 时，用户接收机坐标 $P(X_P、Y_P、Z_P)$ 可按如下公式反求出来：

$$D_n=\sqrt{(X_S-X_P)^2+(Y_S-Y_P)^2+(Z_S-Z_P)^2} \tag{2-1}$$

（三）GPS 卫星测距

GPS 定位关键是如何精确测量用户接收机天线到卫星的距离。虽然距离求解思路简单，测出每颗卫星信号到用户接收天线的传播时间，乘以电波传播速度即可算出，但事实上，GPS 卫星上安装着精度极高的原子钟，地面用户接收机上配置的是普通时钟，两者在时间系统上存在不同步。另外传播信号受大气层、天气、政府保护政策等因素影响，也不完全精确。因此实际上 GPS 卫星测距存在无法避免的误差。

二、资料准备

（1）主要的设备、仪器、材料：GPS 信号接收机、蓄电池、脚架。

（2）教学资料：任务评价表，GPS 信号接收机使用说明书和使用视频。

（3）与本任务相关的各类材料。

【任务实施】

GPS 全球定位系统定位方法按定位模式可分为绝对定位（单点）、相对定位（差分定位）两类。按照用户接收机在测量中的状态不同，可分为静态定位和动态定位两类。相对于静态和动态定位，按照定位模式分类的 GPS 全球定位系统更复杂。

静态定位的含义是在定位过程中，GPS 定位接收机始终处在静止接收状态的定位方法。动态定位的含义是在定位过程中，GPS 定位接收机始终处在运动接收状态的定位方法。日常生活中，人们往往需要知道车、船、农业装备等设备的实时位置。在这些运动载体上安装 GPS 接收机，实时测得运动位置，就是动态定位。

一、绝对定位法（单点）

绝对定位法是利用 GPS 全球定位系统确定用户接收机天线在 WGS84 坐标系中的绝对位置的一种方法，也称单点定位法。在协议地球坐标系中，它直接确定观测站相对于坐标系原点（地球质心）的绝对坐标。绝对定位与相对定位在观测方式、数据处理、定位精度以及应用范围等方面均有区别，方法如图 2-5 所示。

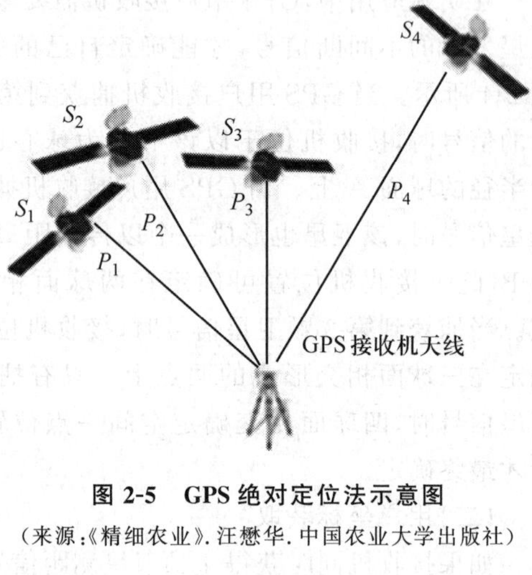

图 2-5　GPS 绝对定位法示意图

（来源：《精细农业》. 汪懋华. 中国农业大学出版社）

绝对定位的优点是只需要用一台接收机即可独立确定待求点的绝对坐标，观测方便，速度快，数据处理比较简单。缺点是精度比较低，一般只能达到米级定位精度，主要用于低精度导航、资源普查等，目前手持式 GPS 接收机多采用此定位方法。

二、相对定位法（差分定位）

相对定位法是在一定距离内，用两台以上 GPS 接收机同时测定卫星与接收机距离，通过求差法解算出被测点间基线向量的方法。如图 2-6 所示。差分定位法将一台 GPS 接收机安置在基准站上观测，根据基准站已知精密坐标，计算出基准站到卫星的距离改正量，并由基准站将此数据发送给另一台用户接收机。用户接收机在进行 GPS 定位的同时，也收到基准站发出的改正量，并对其定位结果进行改正，从而提高定位精度。GPS 差分分为两大类：伪距差分和载波相位差分。

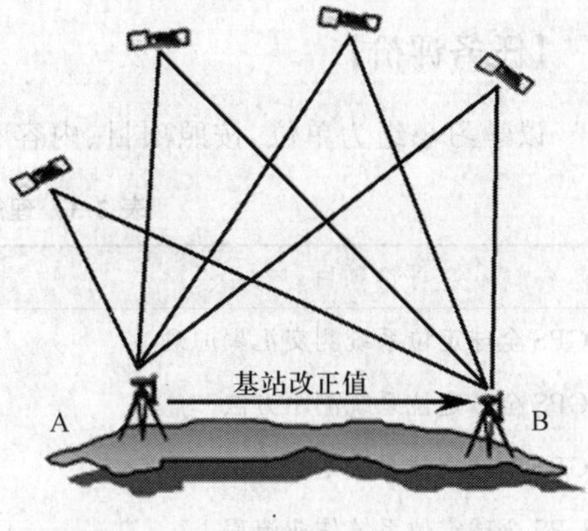

图 2-6　GPS 相对定位法示意图

(一)伪距差分定位

伪距差分是目前用途最广的技术之一，几乎所有的商用差分 GPS 接收机均采用这种技术。这种方法通过基准站观测卫星，根据基准站已知坐标和各卫星坐标求出每颗卫星任意时刻到基准站的真实距离。再将真实距离与伪距观测值比较，得到距离改正量。将这种改正量发送给用户接收机，提高实际被测点定位精度，精度可达到米级，定位流程如图 2-7 所示。

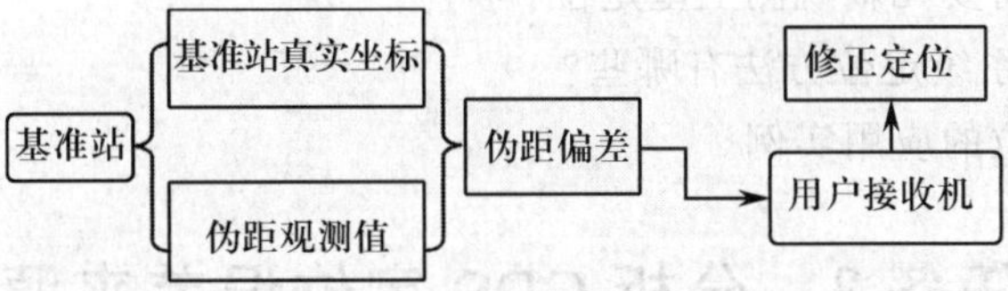

图 2-7　伪距差分定位流程图

（来源：汪懋华. 精细农业. 北京：中国农业大学出版社，2011.）

(二)载波相位差分定位

载波相位差分技术又称为 RTK(RTK，Real Time Kinematic)技术，是一种实时动态相对定位的方法。常规 GPS 定位方法都需要在观测结束后处理数据才能获得厘米级精度。载波相位差分定位时，由基准站通过数据链实时将其载波观测量及基准站坐标信息一同传送给用户站。用户站接收 GPS 卫星的载波相位与来自基准站的载波相位，并组成相位差分观测值，进行实时处理，能实时给出厘米级的定位结果，定位流程如图 2-8 所示。

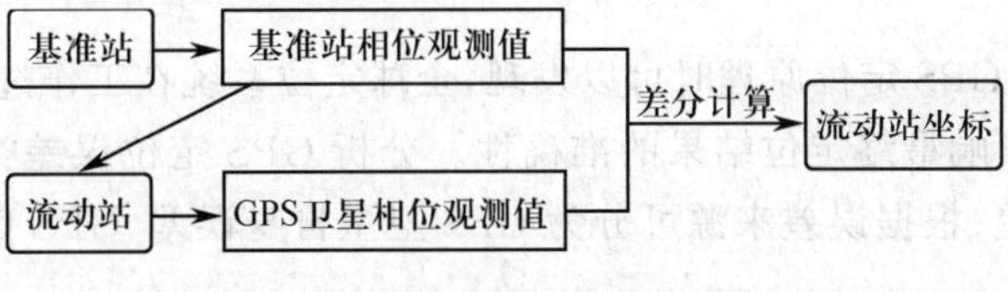

图 2-8　载波相位差分定位流程图

（来源：汪懋华. 精细农业. 北京：中国农业大学出版社，2011.）

【任务拓展】

1. 卫星星历
2. 卫星历书

【任务评价】

以学习小组为单位,按照项目、内容和标准进行评价,见表 2-3。

表 2-3　理解 GPS 定位原理评价标准

评价项目	评价内容	评价标准
GPS 全球定位系统测交汇聚原理	原理要点	正确叙述定位过程,叙述不清扣分
GPS 全球定位系统测距方法	测距过程	正确测距过程,叙述不清扣分
GPS 全球定位系统定位方法	方法特征	正确辨识方法特征,辨识不清扣分
GPS 全球定位系统作业流程	流程要点	正确叙述流程特点,叙述不清扣分

【任务巩固】

1. 空间任意位置需要几颗观测卫星定位?
2. GPS 全球定位系统定位方法有哪些?
3. 请列举差分定位的应用实例。

任务 3　分析 GPS 定位误差来源

【任务目标】

1. 分析 GPS 定位误差来源。
2. 掌握 GPS 定位误差消除方法。

【任务准备】

一、知识准备

前面在详细介绍 GPS 定位原理时可以发现,全球定位系统在工作过程中不可避免出现一些误差,这些误差会影响最终定位结果的准确性。分析 GPS 定位误差类型,根据误差性可分为系统误差、随机误差;根据误差来源可分为 GPS 卫星自身误差、GPS 信号传播误差、GPS 接收设备误差 3 类。

(一)GPS 系统误差

在对同一被测物体进行多次测量时,出现某种保持恒定或按确定规律变化的误差,就是系统误差。GPS 系统误差,主要包括卫星轨道误差、卫星钟差、接收机钟差以及大气折射的误差等。为了减弱和修正 GPS 系统误差,根据其产生原因,可以采取如下措施:

(1)引入相应未知参数,在数据处理中连同其他未知参数一并解算;

(2)建立系统误差模型,对观测量修正;

(3)将不同观测站,同步观测相同卫星时的数值求差,减弱或消除系统误差的影响;

(4)简单地忽略某些系统误差影响。

(二)GPS 随机误差

随机误差也称为偶然误差和不定误差,是由于在测定过程中一系列有关因素微小的随机波动而形成的具有相互抵偿性的误差。GPS 随机误差,主要包括信号的多路径效应引起的误差和观测误差等。

二、资料准备

(1)主要的设备、仪器、材料:GPS 信号接收机、测控数据处理软件。

(2)教学资料:任务评价表、测绘数据单。

(3)与本任务相关的各类材料。

【任务实施】

一、GPS 卫星自身误差

1. 卫星星历误差

由卫星星历所给出的卫星位置与卫星实际位置之误差称为卫星星历误差。由于卫星在运行中会受到多种摄动力的复杂影响,仅凭借地面监控站很难精准测量这些作用力对卫星的影响规律,使实际监测的卫星轨道存在偏差。同时,地面用户接收机得到的卫星星历并非实时,这些都会造成计算卫星位置产生误差。卫星星历误差属于系统误差,不可能通过反复观测来消除,它的存在会严重影响单点定位的精度。

2. 卫星钟差

为了保证 GPS 卫星时间系统精准,卫星上安装了高准确度的原子钟。它与 GPS 地面中控站以信号为媒介统一时间,但信号在传播过程中会出现频偏和频漂的现象,因此卫星原子钟不可避免会出现钟差。卫星钟差可以通过地面监控站对卫星监测测得,差分定位是削弱卫星残差的有效途径。

二、GPS 信号传播误差

(一)电离层延迟

电离层是高度 60~1 000 km 间的大气层。在太阳紫外线、X 射线、γ 射线和高能粒子的作用下,该区域的气体分子和原子将产生电离,形成自由电子和正离子。这些带电粒子将影响无线电信号传播,使传播速度发生变化,传播路径发生弯曲,从而使信号在通过电离层时发生延迟。

(二)对流层延迟

对流层是高度在 50 km 以下的大气层,大气系统绝大部分质量集中在此层。大气对流层对电磁波传播的折射效应称为对流层延迟。对流层折射对观测值影响,可分为干分量与湿分量两部分。干分量主要与大气温度和压力有关,湿分量主要与信号传播路径上的大气湿度和高度有关。为了减弱对流层延迟的影响,在定位中通常采取以下措施:

(1)定位精度要求不高时,忽略不计;

(2)采用对流层修正模型加以改正;

(3)引入描述对流层的附加待估参数,在数据处理中求解;

(4)对同一卫星的同步观测值求差,可以明显地减弱对流层折射的影响。

(三)多路径效应

多路径效应:也称多路径误差,是指接收机天线除直接收到卫星发射的信号外,还可能收到经天线周围物体一次或多次反射的卫星信号,两种信号迭加,将使观测产生误差,这种现象称为多路径效应,如图 2-9。多路径效应误差的产生,与观测站环境、反射体性质、接收机结构和性能有关。预防多路径效应,可采取的措施有:

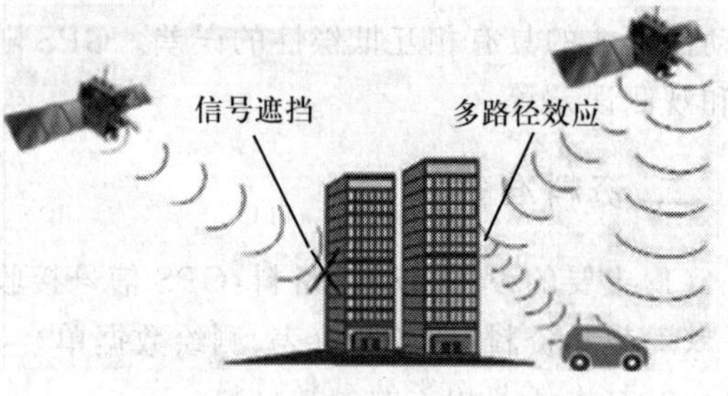

图 2-9 多路径效应产生过程

(1)安置接收机天线的环境应避开较强反射面,如水面、平坦光滑的地面和建筑表面;

(2)选择造型适宜且屏蔽性良好的天线,如扼流圈天线;

(3)适当延长观测时间,削弱周期性影响;

(4)有针对性地改善接收机内部电路设计,减弱多路径效应影响。

三、GPS 接收设备误差

1. 接收机钟差

接收机大多采用石英钟,因此其钟差较卫星钟差更加显著。该误差大小主要取决于钟的质量,与使用时的环境也有一定关系。接收机钟差对测距码伪距测量值和载波相位测量值的影响是相同的。

2. 接收机位置误差

在进行授时和定轨时,接收机位置已知,其误差将使授时和定轨的结果产生系统误差。该项误差对测距码伪距测量值和载波相位测量值的影响相同。进行 GPS 相对定位基线解算时,需要已知其中一个定位点在 WGS-84 坐标系中的坐标,若已知坐标误差过大就会对解算结果的精确性产生影响。

3. 接收机测量噪声

接收机的测量噪声是指用接收机进行 GPS 定位时,由于仪器设备及外界环境影响而引起的随机误差。该项误差取决于仪器性能及作业环境优劣。通常情况下,接收机测量噪声误差均小于上述各种偏差值。观测时间充足的情况下,测量噪声的影响可以忽略不计。

四、GPS 定位误差消除方法

1. 建立误差改正模型

建立误差改正模型可以通过对误差特性、机制、产生原因进行研究分析,推导出理论公式,也可以通过对卫星观测数据分析,拟合而成经验公式。如果误差改正模型完善严密,计算模型所需数据准确,在理想情况下经误差改正模型修正后,系统误差将被消除干净,观测值中只存在随机误差。

2. 求差法

仔细分析误差对观测结果的影响,安排适当的观测方法和数据处理方法(如同步观测、相对定位等),利用误差在观测值之间的相关性或在定位结果之间的相关性,通过求差值来消除或大幅度削弱其影响的方法称为求差法。

3. 选择较好的硬件和观测条件

如同多路效应这类误差，既不能采用求差方法来解决，也无法建立改正模型，削弱它的唯一方法就是选用较好的接收机天线，仔细选择观测地点，远离反射物和干扰源。在实际应用中，上述方法可以结合使用。

【任务拓展】

导航电文

【任务评价】

以学习小组为单位，按照项目、内容和标准进行评价，见表 2-4。

表 2-4 分析 GPS 定位误差来源

评价项目	评价内容	评价标准
GPS 定位误差来源	误差原因及分类	正确叙述各类误差产生原因，叙述不清扣分
GPS 定位误差消除方法	方法特征	正确叙述各类误差消除方法，叙述不清扣分
导航电文	作用及组成	正确辨识导航电文组成，辨识不清扣分

【任务巩固】

1. GPS 定位误差来源分为哪几大类?
2. GPS 定位误差消除的基本方法有哪些?
3. 请列举 GPS 定位误差中的系统误差和随机误差。

任务 4 全球导航卫星系统在精准农业中的应用

【任务目标】

1. 理解全球导航卫星系统在精准农业中的应用内容。
2. 掌握全球导航卫星系统(简称 GNSS)技术在精准农业中的应用方法。

【任务准备】

一、知识准备

(一)GNSS 技术在精准农业领域的应用价值

1. 实现农业装备实时定位，提高作业精度

水稻插秧机在插秧作业时，加载全球导航卫星系统后，可以定点控制插秧位置，保证行距和株距的一致性。作业幅宽较大的农用喷洒机械，安装卫星定位系统，可以实时读取前进方向、作业路线、农业装备幅宽等信息，显著提高农业装备作业精度，避免重复和遗漏工作，降低

农机操作手的工作强度和技术要求。

2. 集成其他现代技术，拓宽功能

GNSS技术与农田地理信息采集技术、遥感技术相结合，可以实现定点采集并分析农田状态信息，生成农田状态分布图。农民可以根据这些状态分布图，做出相应决策，完成田间管理工作。

3. 采集土壤信息，节约资源按需生产

全球卫星定位系统可以为农业装备提供实时定位信息，根据定位信息调用农作物处方图信息，从而在农作物生长的各阶段按需投入水、种子、肥料和化学药剂等生产要素。这既能保证作物的生长需求，又可以节约生产要素和减轻环境污染。

4. 实现无人操作，提高生产效率

使用全球卫星定位系统导航，农民可以不受时间和气候的限制，不必日出而作、日落而息，为了抢农时也可以夜间作业。利用无人驾驶自动导航农业装备，一名操作员可在电脑显示器前监管多台农业装备作业，极大程度地提高农业生产效率。

（二）GNSS技术在精准农业领域的作业流程

精准农业的基本作业过程包括农田电子地图制作、农田与作物长势状态信息获取、数据分析、作业决策、变量投入和产量监测等环节。这几乎离不开GNSS技术或空间位置数据提供依据，精准农业基本作业流程如图2-10。

图 2-10　精准农业基本作业流程

二、资料准备

(1)主要的设备、仪器、材料：GNSS信号接收机、各类接收机天线、测控数据处理软件、电台、土壤采样器。

(2)教学资料：任务评价表，实验计划书。

(3)与本任务相关的各类材料。

【任务实施】

一、制作农田电子地图

制作农田电子地图是使用精准农业技术的前提。农户带着GNSS接收设备，如图2-11所示，绕农田行走一周，获得农田边界位置数据，引流即可生成农田电子地图，如图2-12所示。

二、土壤采样与养分分析

目前土壤采样是获取田间状态信息的主要手段，是土壤养分分布研究和变量施肥决策的前提。如图2-13，GNSS全自动土壤取样器将GNSS定位系统与土壤样品采集系统相连接，采样后自动记录土壤样品的采样点坐标，并将这些数据耦合到相应的地理信息管理系统内，即可实现土壤养分资源的计算机管理,提高土壤养分的管理效率。

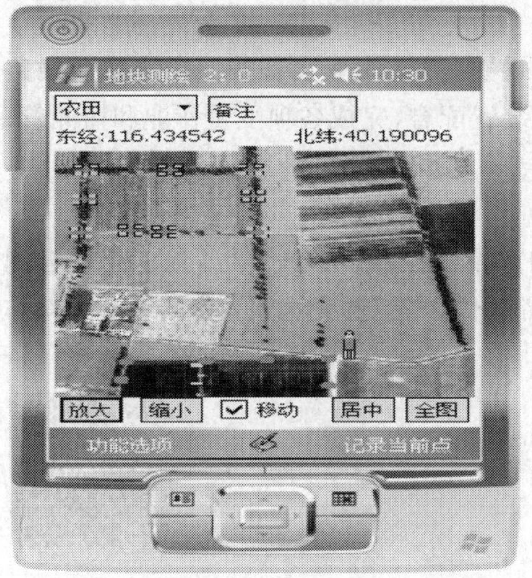

图 2-11 掌上农田信息采集系统设备

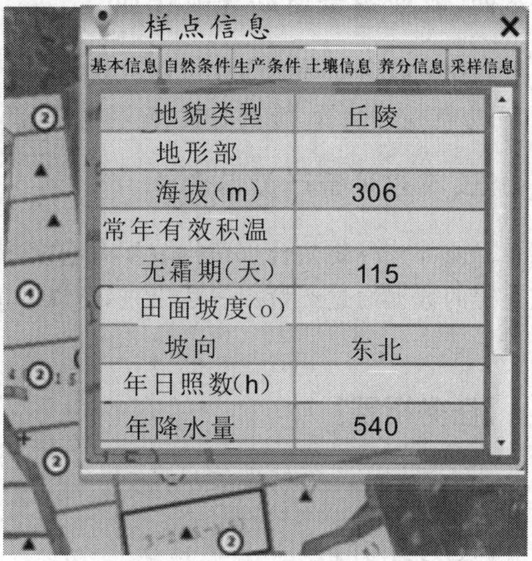

图 2-12 农田电子地图

图 2-13 GNSS 全自动土壤取样器

三、农业装备变量作业

1. 变量播种

土壤类型、养分、墒情和地形在田间分布存在差异性。为了保证相同农田地块出苗整齐、秧苗株距匀称,播种机械在作业行进过程中需要随时调整下种数量和播种深度。

2. 变量施肥

化肥投入约占农业生产成本的一半,施肥过量不但不能增加农作物产量和效益,反而会减产降效,并造成土壤严重板结和环境污染。变量施肥是精准农业的重要应用之一。

3. 变量喷药

用于灭虫的喷药机械,可以利用 GNSS 数据采集器绘制出病虫草害分布图,作为喷药的依据。驾驶室中安装的监视器显示喷药处方图和所在位置,驾驶员监视农业装备行走轨迹,并根据处方图调节喷药量。

四、农业装备自动导航作业

农业装备自动导航作业可以有效消除人为驾驶误差，保证农业装备按照预定作业线路行驶，可以与播种装置、施肥装置、施药装置、产量测定装置配合，完成各项变量作业和监测管理。

五、农业装备产量自测

目前部分谷物联合收获机装配有 GNSS 系统和产量监控器，用于产量监控。产量自测系统获得的数据通过产量图表达出来，可以帮助生产者评估天气、土壤养分和田间管理等对作物产量的影响。

【任务拓展】

北斗导航卫星系统发展步骤

【任务评价】

以学习小组为单位，按照项目、内容和标准进行评价，见表 2-5。

表 2-5　全球导航卫星系统在精准农业中的应用

评价项目	评价内容	评价标准
GNSS 技术的应用价值	知识要点	正确叙述价值内容，叙述不清扣分
GNSS 技术的作业流程	流程思想	正确叙述流程，叙述不清扣分
GNSS 技术在精准农业中的应用内容	方法特征	正确叙述应用内容，叙述不清扣分
利用 GNSS 技术设备的操作过程	操作方法	正确操作用户接收机，操作不当扣分

【任务巩固】

1. GNSS 技术在精准农业中的应用价值有哪些？
2. GNSS 技术在精准农业中的应用内容有哪些？
3. 请尝试通过 GNSS 设备，测量地块面积和边际坐标。

项目2 遥感技术在精准农业中的应用

【项目描述】

农田耕作面积，对北京而言，不仅代表粮食和蔬菜供应能力，还体现出这座城市植被覆盖等环境参数。种植在密云水库库区的近 4 000 hm^2 玉米田长久以来没有被计入国家农田统计数据，该区域既不属于耕地也不属于任何一个行政村。2006 年国家统计局北京调查总队开始建议统计遥感中心，开展冬小麦面积、玉米测产、设施农业占地面积、植被覆盖度等 9 个主题的研究工作。此后经过农田遥感系统监测，才最终发现了这片田地。

北京调查总队农业调查处从高分辨率的卫星遥感影像图上，能够清晰地看到每一块耕地的边界，并计算出相应面积。这不仅克服了农业统计数据在逐层上报过程中的不准确、不易核实等短板，而且有助于简化工作流程，提高效率。事实证明，遥感技术在农情监控领域具有很高的应用价值，本项目将对此展开学习。

本项目分为认知遥感技术、理解遥感技术监测原理、掌握遥感技术监测方法、遥感技术在精准农业中的应用 4 个工作任务。

通过本项目训练，使学生认知遥感技术的组成和工作原理，了解影响遥感精度的要素，掌握典型遥感设备的特点和使用，熟悉遥感技术在精准农业中的应用；激发学生对精准农业技术的学习兴趣，培养学生独立思考的能力，巩固学生的专业素养。

任务1 认知遥感技术

【任务目标】

1. 认识遥感技术发展过程，理解定义内涵。
2. 掌握遥感技术特征和组成。

【任务准备】

一、知识准备

1. 遥感技术的基本定义

遥感（RS）即遥远的感知，从广义上说是泛指从远处探测、感知物体或事物的技术，即不直接接触物体本身，从远处通过仪器（传感器）探测和接收来自目标物体的信息（如电场、磁场、电磁波、地震波等信息），经过信息的传输及其处理分析，揭示出物体的性质及其变化、分布等特征的综合性探测技术。狭义上说，是指通过航空或航天遥感平台（如飞机或卫星），利用传感器获取目标物反射或辐射的电磁波信息，通过信息的传输和处理，实现目标物远距离探测研究的科学技术。

2. 遥感技术应用领域

利用遥感系统设备，获取遥感信息，可广泛应用于：农业（农田养分监测、农作物长势监测）、林业（森林储积量估测、林火监测）、资源环境（土地利用变化监测、矿藏探测、污染监测）、气象（云图获取）、地质勘探、测绘（地形测绘、大型建设工程选址）、城市规划和军事等用途。

3. 遥感信息

自然界中，温度高于绝对零度的物体，对电磁波具有吸收、反射和辐射的特性。传感器通过接收目标物的电磁波以获取目标物的遥感图像或光谱等信息，并以数字图像或光谱曲线等方式存储下来。这些就是遥感信息的主要表现形式，能反映出物体的某些特征，通过处理和分析，可以进一步挖掘深层次遥感信息。

二、资料准备

(1)主要的设备、仪器、材料：各种类遥感传感器。

(2)教学资料：任务评价表，遥感技术作业视频，各类遥感图片。

(3)与本任务相关的各类材料。

【任务实施】

一、遥感技术特征

遥感技术在信息获取和应用方面，具有三大特性，即空间特性、光谱特性和时相特性。

(1)空间特性。空间特性是遥感的主要特性之一，遥感可以大范围连续获取地表信息，为人们提供宏观研究各种地物目标、自然现象及其规律的手段。

(2)光谱特性。光谱曲线代表地物自身的辐射特征或对外来电磁波的响应特征，是重要的遥感信息之一。

(3)时相特性。遥感能够周期性成像，可以获取不同时期地物的遥感信息，从而对目标物的动态变化及其规律进行监测和分析，也可以根据特殊需要，对目标物进行迅速、及时的监测和分析。例如：农作物长势和病虫害、洪水、森林火灾、地图更新、军事目标监测等。

二、遥感系统组成及应用

遥感过程的实现和遥感数据的获取依赖于遥感技术系统的建立，遥感技术的实现过程，如图 2-14。遥感技术系统不是一个独立的计算机系统，而是一个完整系统工程和技术体系，应用过程如下：

1. 遥感系统设备配置

实施遥感技术，需要具有相关硬件和软件配置。遥感系统硬件配置主要由遥感平台、传感器、地面遥感信息接收设备、遥感信息处理设备等组成。

传感器是指在一定距离之外，通过电磁波获取目标物信息（如图像、光谱等）的仪器。形象地说，它就像人的眼睛，可以对一定距离之外的目标进行观测。

遥感平台是指搭载遥感传感器的运载工具，如卫星、飞机、热气球和地面遥感车等。

遥感软件能为研究人员提供完整的地学分析、遥感图像处理、空间数据管理和统计分析等功能。

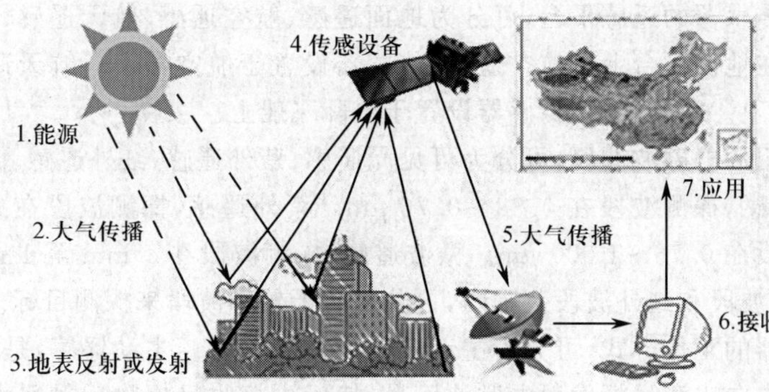

图 2-14 遥感技术实现过程

（来源：汪懋华. 精细农业. 北京：中国农业大学出版社，2011.）

2. 遥感试验

遥感试验的主要工作是对地物电磁辐射特性及信息获取、传输及处理分析等技术手段进行试验研究，是遥感技术系统的基础。遥感探测前需要遥感试验提供地物的光谱特性，以便选择传感器的类型和工作波段。遥感探测中对遥感数据的初步处理也需要遥感试验提供各种校正所需的信息和数据。

3. 遥感数据获取

遥感数据获取是遥感技术系统的中心工作，遥感工作平台与遥感传感器是遥感信息获取的物质基础，通过安装在遥感平台上的传感器获取遥感数据。

4. 遥感信息处理

遥感数据一般以图像的形式出现，因此遥感信息处理也称为遥感图像处理，处理的主要功能包括：

(1)消除各种辐射畸变和几何畸变，使处理后的图像能更真实地反映原景物。

(2)利用增强技术突出景物的某些特征，使之易于区分和判断。

(3)对地理空间连续的多幅遥感图像进行拼接，获取更大范围内的遥感图像。

(4)对遥感图像进行判读，获取图像中地物目标信息。

(5)分析、理解和识别遥感图像，获取可用性更高的信息。

5. 遥感信息应用

遥感信息在农业领域的应用主要分以下几方面。

(1)农业资源调查：土地利用现状、土壤类型、草场、地下水、低产田、滩涂等资源的调查，提供各类资源的准确数据和分布图。

(2)农业资源监测：农作物长势、土地荒漠化和盐渍化、农业环境污染、水土流失等监测。这种监测是持续进行的，在监测过程中不断提供农业资源的变化数量和图片，用于农业生产的组织、管理和决策。

(3)生物量估测：小麦、玉米、水稻、棉花等大宗农作物的产量预测。

(4)农业灾害预报：农作物病虫害、雪灾、火灾、洪水、旱灾等灾害的监测预报及灾情评估。

三、遥感技术分类

遥感技术按照不同的分类标准，可分为以下类别：

(1)根据搭载传感器的遥感平台,可分为地面遥感、航空遥感、航天遥感、宇航遥感。地面遥感,传感器设置在地面平台上。航空遥感,传感器设置于航空器上。航天遥感,传感器设置于环地球的航天器上。宇航遥感,传感器设置于星际飞船上。

(2)根据所利用的电磁波波段,可分为可见光遥感、紫外遥感、红外遥感、微波遥感、多波段遥感等。可见光遥感,探测波段在 0.38～0.76 μm。紫外遥感,探测波段在 0.03～0.38 μm。红外遥感,探测波段在 0.76～1 000 μm。微波遥感,探测波段在 1 mm 至 1 m。多波段遥感,探测波段在可见光波段和红外波段范围内,再分成若干较窄波段来探测目标。

(3)根据传感器的工作方式,可分为主动遥感和被动遥感。主动遥感:是指通过自身携带的辐射源,传感器先向观测目标发射电磁波讯号,然后再接收目标物反射回来的电磁波讯号,不同地物目标具有各自的反射特征,以此来获取目标物信息,例如雷达探测遥感。被动遥感:是指传感器无须发射电磁波讯号,直接探测和接收目标物辐射或反射的电磁波信息遥感方式。例如,可见光和红外遥感。

(4)根据传感器所获取遥感图像空间分辨率,可分为低分辨率遥感、中分辨率遥感和高分辨率遥感等。

(5)根据应用领域,可分为资源环境遥感、农业遥感、灾害遥感、城市遥感、军事遥感等。

【任务拓展】

遥感数据获取中的主要影响因素

【任务评价】

以学习小组为单位,按照项目、内容和标准进行评价,见表 2-6。

表 2-6　认知遥感技术评价标准

评价项目	评价内容	评价标准
遥感技术应用过程	过程认知	正确叙述发展阶段,叙述不清扣分
遥感技术定义	知识要点	正确叙述广义、狭义内涵,叙述不清扣分
遥感技术组成	结构组成	正确叙述系统构成,辨识不清扣分
遥感技术分类	知识要点	正确叙述分类方法及内容,叙述不清扣分

【任务巩固】

1. 遥感技术的广义和狭义定义是什么?
2. 遥感技术发展经历了哪些过程?
3. 遥感技术的组成部分是什么?

任务2 理解遥感技术监测原理

【任务目标】

1. 理解地物的电磁波理论。
2. 掌握遥感技术的监测原理。

【任务准备】

一、知识准备

(一)电磁理论基础——电磁波

遥感技术的监测原理是电磁波辐射理论,每个物体都向外发射电磁波,根据不同物体具有不同的电磁辐射特性,遥感技术才有可能探测、识别和研究远距离物体。

(二)电磁理论基础——电磁波谱

电磁波谱:按电磁波在真空中传播的波长或频率、波数、能量的大小顺序进行排列,则构成电磁波谱,如图2-15所示。实验证明,γ射线、X射线、紫外线、可见光、红外线、微波、无线电波等都是电磁波,只是波源和波长不同。

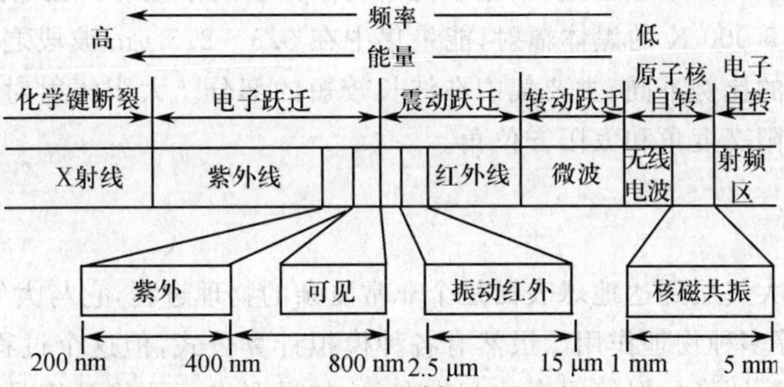

图2-15 电磁波谱

(来源:汪懋华.精细农业.北京:中国农业大学出版社,2011.)

(三)电磁理论基础——电磁辐射能量的影响要素

在遥感过程中,电磁能量从辐射源出发,通过大气传播,传向地物目标。电磁能量与地物目标相互作用后,地物目标发射电磁波,再通过大气传输到遥感传感器。在这个过程中,影响电磁辐射因素主要包括:

1. 电磁辐射源

电磁辐射源主要决定电磁波在遥感过程中整体能量的强度和分布特性。在被动遥感体系中,电磁辐射能量来源于自然辐射源,主要是太阳。所以,被动遥感系统在设计中需要考虑太阳辐射源特性,从遥感平台到遥感传感器的研究都要遵循太阳电磁辐射规律。

2. 大气影响

大气是遥感系统中电磁能量的传输通道，电磁能量在大气中往返传输。大气成分对电磁能量传输具有干扰或减弱的作用，使最后到达遥感传感器的电磁能量与反映地物目标真实信息的电磁能量存在差异。所以在遥感系统设计中要考虑什么波段的电磁波最容易穿透大气而不会被大气衰减和污染，同时在遥感数据处理时也要考虑大气影响。

3. 地物目标的波谱特性

不同地物目标的电磁特性不同，当电磁能量入射到地物目标时，与地物目标相互作用也有差别，同时地物目标本身也具有发射电磁能量的特性。这些特性综合起来使得各种地物目标之间的波谱特性存在差异，这也是遥感系统监测的理论基础。

二、资料准备

(1)教学资料：任务评价表，电磁辐射展示图，各类遥感图片。

(2)与本任务相关的各类材料。

【任务实施】

一、太阳辐射

被动遥感的辐射源主要是太阳，在太阳系空间中，布满了从太阳发射的电磁波辐射，地球上一切生命过程以及大多数地理过程，基本能量均来源于太阳辐射。在电磁辐射特性上，太阳可以看成温度近似 6 000 K 的黑体辐射，能量集中在 0.3～2.5 μm 波段之间。太阳的电磁辐射能量各波段所占的比例不同，主要集中在波长较短的部分。太阳辐射对遥感的影响因素主要有：太阳常数、太阳高度角和太阳方位角。

二、大气传播

太阳辐射通过大气层到达地球表面是个非常复杂的物理过程，它与大气物质之间有反射、散射、吸收和透射等多种物理作用。虽然有各种模拟计算公式，但这个过程与太阳高度角、太阳方位角、大气组成、地形位置等因素的变化有关，如果要进行严格计算是很困难的。因此在充分了解大气传播特性的基础上，合理利用大气传播原理，科学设计遥感系统，便可以获得理想的遥感数据。

三、农业遥感的波谱特性

(一)农业遥感反射波谱特性

绿色植物对不同波长光谱的吸收、透射、反射均有不同的特征，这与绿色植物的叶片结构紧密相关。

1. 植物的反射波谱特性

植物的反射波曲线能够反映出它的反射波谱特性，如图 2-16。主要分三段：可见光波段(0.4～0.76 μm)有一个小的反射峰，位置在 0.55 μm(绿)处，两侧 0.45 μm(蓝)和 0.67 μm(红)则有两个吸收带，这一特征是由于叶绿素对蓝光和红光吸收作用强，对绿光反射作用强。在近红外波段(0.7～0.8 μm)有一个反射的“陡坡”，在 1.1 μm 附近有一峰值，形成植物的独有特征，这是由于植物叶细胞结构的影响，除了吸收和透射的部分，形成的高反射率。在中红外波段（1.3～2.5 μm）受到绿色植物含水量的影响，吸收率大增，反射率下降，尤其以1.5 μm、1.95 μm和2.7 μm为中心是水的吸收带，形成低谷。

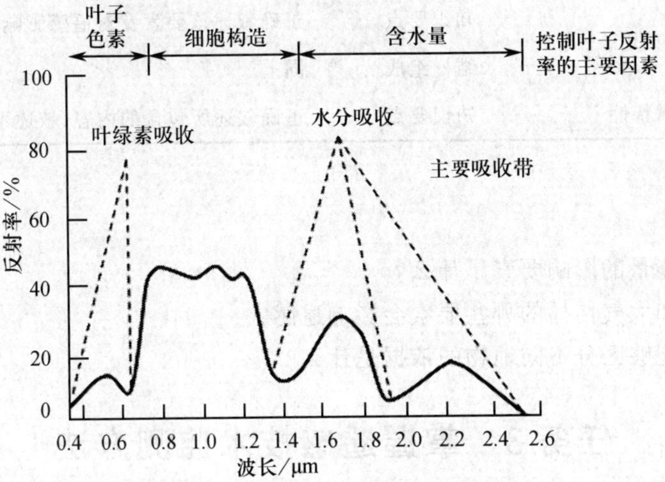

图2-16 绿色植物的反射波谱曲线

2. 土壤的反射波谱特性

自然状态下土壤表面的反射率没有明显的峰值和谷值，一般来讲土质越细反射率越高，有机质含量和含水量越高的土质反射率越低。此外，土壤类型和肥力也会对反射率产生影响。

（二）农业遥感发射波谱特性

地物的发射率与地物表面粗糙、颜色、温度等有关。地物表面比较粗糙或颜色暗，其发射率较高。地物表面比较光滑或颜色明亮，其发射率较低。由于地物辐射能量与温度的四次方成正比，所以比热大的、热惯性大的以及具有保温作用的地物，其发射率就高；反之，其发射率就低。

（三）农业遥感透射波谱特性

有些地物（如水体和冰），具有透射一定波长电磁波的能力。地物的透射能力一般用透射率表示，它是入射到地物的能量与入射光总能量的百分比。地物的透射率随着电磁波的波长和地物的性质而不同。

【任务拓展】

1. 测定地物反射波谱特性的仪器
2. 地物波谱特性的测定步骤

【任务评价】

以学习小组为单位，按照项目、内容和标准进行评价，见表2-7。

表 2-7 理解遥感技术监测原理

评价项目	评价内容	评价标准
电磁辐射原理	要素分析	正确叙述电磁波原理，叙述不清扣分
太阳辐射	知识要点	正确叙述该要素及对遥感影响，叙述不清扣分
大气传播	结构组成	同上
地物目标的波谱特性	知识要点	正确叙述所包含的内容，叙述不清扣分

【任务巩固】

1. 电磁辐射能量的影响要素是什么？
2. 太阳辐射和大气传播的哪些要素会影响遥感？
3. 遥感技术能够区分不同地物的依据是什么？

任务3 掌握遥感技术监测方法

【任务目标】

1. 认识遥感平台和遥感卫星。
2. 掌握遥感技术的监测方法。

【任务准备】

一、知识准备

(一)遥感平台

遥感平台是用来搭载传感器的运载工具。遥感平台按所在高度不同可分为：

(1)地面平台(高度在 0～50 m 范围内)，主要包含三脚架、遥感塔、遥感汽车等。

(2)航空平台(高度在百余米到几十千米)，主要包含气球、飞机等。

(3)航天平台(高度在 150 km 以上)，主要包含有航天飞机、遥感卫星等。

(二)遥感卫星

遥感卫星作为各类空间信息传感器的主要搭载平台之一，各种地球资源卫星、气象卫星、区域监控卫星为遥感技术提供所需的遥感图像信息。卫星平台因其所处高度和技术特点，具有宏观性好、平均成本低、实时性好等优点。遥感卫星轨道特性、具体结构、传感原理等方面与 GNSS 定位卫星相似。针对用途和探测目标的不同，遥感卫星可以分为：气象卫星、陆地卫星、海洋卫星。其中陆地卫星是主要为探测地球陆地自然资源而设计的遥感卫星，也是农业遥感技术常用的遥感平台。

1999 年 10 月 14 日在太原卫星发射中心成功发射我国第一颗地球资源卫星，填补了我国没有自主的陆地资源遥感卫星的空白。2019 年 12 月 20 日，我国成功将中巴地球资源卫星 04A 星发射升空，这是中国和巴西两国合作研制的第 6 颗卫星，主要用于满足两国用户在国土资源调查、评价、规划、监测以及应急管理、农作物估产、环境保护与监测、城市规划等多个领域的需求。

高分系列卫星是“国家高分辨率对地观测系统”卫星的简称，2013 年 4 月 26 日首发星发射成功。2018 年 6 月 2 日，高分六号发射成功，这是一颗低轨光学遥感卫星，也是中国首颗精准农业观测的高分卫星。2019 年 11 月 3 日，高分七号发射成功。

二、资料准备

(1)主要的设备、仪器、材料：各种类遥感传感器。

(2)教学资料：任务评价表，遥感传感器使用说明，各类遥感图片。

(3)与本任务相关的各类材料。

【任务实施】

一、遥感传感器及其成像

(一)遥感传感器组成

遥感传感器是获取遥感数据的设备，是遥感技术核心的部分之一，直接用于测量地物的电磁波特性。传感器基本是由电磁波收集器、探测器、处理器和输出器组成，如图 2-17 所示。

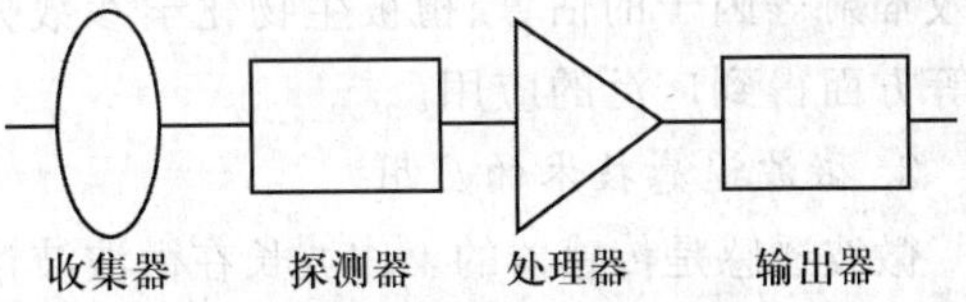

图 2-17 遥感传感器基本组成

(1)收集器。收集器的功能是接收地物目标发射来的电磁波，使探测器得到更多的电磁能量。常用的收集器为透镜、反射镜或天线。在多波段遥感系统中，收集器还包括分波束元件，如滤光片、棱镜和光栅等。

(2)探测器。它将收集器接收的辐射能量转化为化学能或电能，常用的探测元件有感光胶片、光电敏感元件、固体敏感元件和波导等。

(3)处理器。它将探测器转换得到的化学能或电能等信号进行处理，特别是对于数字化成像系统，能够在传感器前端实现遥感数据的质量增强和误差校正等工作，如信号放大、噪声抑制和校正变换等。

(4)输出器。输出器获得遥感数据，实现遥感数据的记录和远程传输。

(二)典型遥感传感器

遥感传感器根据基本结构原理可分：摄影型传感器、扫描型传感器、微波型传感器。

1. 摄影型传感器

摄影型传感器也称相机，是最古老和常用的传感器，具有信息存储量大、空间分辨率高、几何保真好和易于进行纠正处理的特点。传统摄影依靠光学镜头和放在焦平面的感光胶片记录物体影像。数字摄影则通过放置在焦平面的光敏元件，经过光电转换，将电磁信号转换为电信号，以数字信号记录物体影像。

2. 扫描型传感器

扫描型传感器是依靠机械装置摆动或飞行器的飞行，利用探测元件和扫描镜对目标地物以时序方式逐点、逐行地获取其电磁辐射信息，并利用探测元件将接收到的电磁能量转化为电信号，获取二维图像。扫描型传感器属于被动传感器，在探测过程中不需要主动发射电磁能量。优点为：可以扩大探测波段范围，不仅仅局限在可见光和红外波段；此外采用逐点和逐行的数据获取方式，有利于观测数据的存储和传输。

3. 微波型传感器

微波传感器可获取来自地物目标发射的微波辐射，并对其进行处理和应用，分为主动和被动两种方式。在主动微波遥感中，遥感系统自身辐射微波，并接收从地物反射回来的电磁波，典型传感器是雷达。被动微波遥感中，遥感系统自身不发射微波波束，只接收地物目标发射的微波辐射，典型代表是微波辐射计。

二、遥感技术监测的前沿方法

1. 高光谱遥感的应用

高光谱遥感数据能改善对植被等地物识别与分类的精度。人们可以从众多窄波段中筛选植物类型间光谱差异明显的波段，利用窄波段对植被类型进行识别与分类；也可采用一些数据压缩技术，重新组合几个综合波段，充分利用植被的光谱信息。目前，高光谱遥感已经成为农业遥感的一个重要内容和发展趋势，已经在归一化植被指数(NDVI)、叶面积指数(LAI)、光合有效辐射等因子的估算、植被生物化学参数分析、植被生产量和作物单产估计、作物病虫害监测等方面得到广泛的应用。

2. 微波遥感技术的应用

微波遥感是传感器的工作波长在微波波谱区的遥感技术，是利用某种传感器接收各种地物发射或者反射的微波信号，借以识别、分析地物，提取地物所需的信息。其特点在于微波电磁波不仅具有能顺利穿透大气层的特性，而且还能穿透云雾和小雨，对地面的植被和土壤也能穿透一定厚度进行探测。探测时，不用借助阳光反射，只利用被探测目标发射或反射的微波。微波雷达遥感与可见光遥感相比具有两项对农业应用最大的优点，即它的全天候与全天时的探测能力。

3. 卫星遥感技术的发展

为协调时间分辨率和空间分辨率，小卫星群的计划将成为现代遥感的另一发展趋势。例如，可用 6 颗小卫星在 2～3 d 内完成一次对地重复观测，可获得高于 1 m 的高分辨率成像光谱数据。此外，机载、车载遥感、超低空无人机等多平台的遥感技术与卫星遥感相结合，将使遥感应用呈现出一派五彩缤纷的景象。

4. 发展新的遥感信息模型

遥感信息模型是遥感应用深入发展的关键，应用遥感信息模型，可计算和反演对实际应用非常有价值的农业参数。尽管研究者发展了许多遥感信息模型，如绿度指数模型、作物估产模型、农田蒸散估算模型、土壤水分监测模型、干旱指数模型及温度指数模型等，但远不能满足当前遥感应用的需要。因此发展新的遥感信息模型仍然是当前遥感技术研究的前沿。

【任务拓展】

1. 遥感图像的处理方法
2. 典型遥感图像的处理软件

【任务评价】

以学习小组为单位，按照项目、内容和标准进行评价，见表 2-8。

表 2-8 掌握遥感技术监测方法

评价项目	评价内容	评价标准
遥感传感器组成	结构分析	正确叙述遥感传感器组成，叙述不清扣分
遥感传感器类型	知识要点	正确叙述传感器类型，叙述不清扣分
遥感技术监测方法	方法原理	正确叙述遥感技术监测方法，叙述不清扣分
图像处理方法	知识要点	正确叙述光学处理和数字处理，叙述不清扣分

【任务巩固】

1. 遥感传感器的结构组成是什么？
2. 遥感传感器都有哪些类型？
3. 遥感技术监测方法有哪些？

任务 4 遥感技术在精准农业中的应用

【任务目标】

1. 理解遥感图像的性能指标。
2. 掌握遥感技术在精准农业中的应用。

【任务准备】

一、知识准备

1. 遥感图像的性能指标——空间分辨率

空间分辨率表示按地物几何特征（尺寸和形状）和空间分布，即在形态学基础上识别目标的能力。在实际使用中，遥感传感器把相邻目标作为清晰实体记录下来，两者间的最小距离就是传感器的技术鉴别能力。目前遥感图像分辨率一般在 1 km 至 1 m。

2. 遥感图像的性能指标——波谱分辨率

波谱分辨率指遥感传感器在接收目标辐射的波谱时，能分辨的最小波长间隔，即遥感传感器的工作波段数目、波长及波长间隔。例如：某传感器能分辨出红外线、可见光、紫外线，它的波谱分辨率就比只能分辨三基色红-绿-蓝的传感器要高。目前，遥感传感器的波谱分辨率可以达到 5～6 nm 量级，400 多个波段。

3. 遥感图像的性能指标——时间分辨率

时间分辨率是遥感传感器分析、识别目标所必须具有的最小时间间隔，是遥感传感器成像间隔的性能指标。因为遥感传感器需要对目标的运动变化进行连续、均匀、不间断地探测，所以时间分辨率实际上等于传感器对同一目标重复成像的周期。时间间隔大，时间分辨率低，反之，时间分辨率高。

二、资料准备

（1）主要的设备、仪器、材料：各种类遥感传感器，地面监测设备。

（2）教学资料：任务评价表，农业遥感应用短片，各类遥感图片。

（3）与本任务相关的各类材料。

【任务实施】

遥感技术在精准农业中的应用项目主要体现如下方面。

一、农作物水分、养分遥感监测

对农作物水分和养分进行实时遥感监测，不仅可以更好地了解农作物生长所需，及时为作物生长提供必要的生长要素；还可以根据遥感数据判断水分、养分缺失的程度，合理补给，节约资源。

对农作物水分监测，主要是针对农作物生长环境中的土壤进行检测。土壤水分的遥感监测主要从可见光-近红外、热红外及微波波段进行，常用微波遥感方法、可见光和热红外遥感。对农作物养分测量，主要是针对作物的生物化学参数。利用成像光谱遥感数据监测植物生物化学特性，是挖掘成像光谱数据潜力的重要方面，具有重要的理论意义和实际应用价值。黑龙江省某农场利用田间摄像头拍摄照片和视频，经过图形处理技术，监测农作物养分信息情况，如图 2-18 所示。

二、农作物病虫害遥感监测

植物对病虫害等威胁的反应，会随情况和程度不同而变化，包括生物化学变化（纤维素、叶片等）和生物物理变化（冠层结构、覆盖、叶面积指数等）。在遇到生长困境时，植物特征吸收曲线特别是红色区和红外区的光谱特性就会发生相应变化，所以在病害早期就可通过遥感探测到。在实际应用中，可选择对病害叶片的叶绿素敏感的波段，结合实测叶绿素含量，建立叶片叶绿素含量估算模型，提取病虫害信息。针对病虫害类型和影响面积，采取适当药物和作业方式，解除作物病虫害危机，如图 2-19 所示。

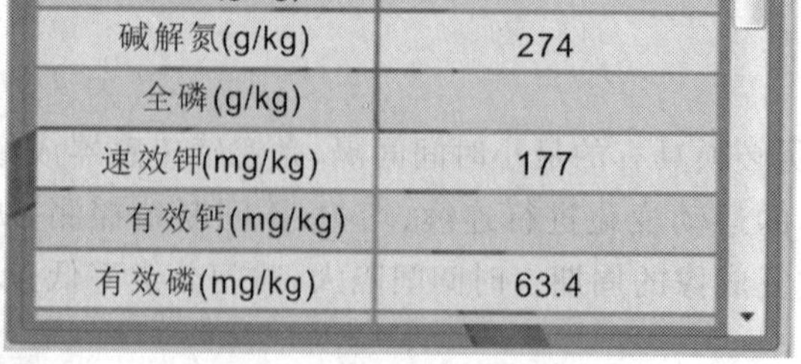

图 2-18　农作物养分遥感监测

（来源：黑龙江某农场农田监控系统数据）

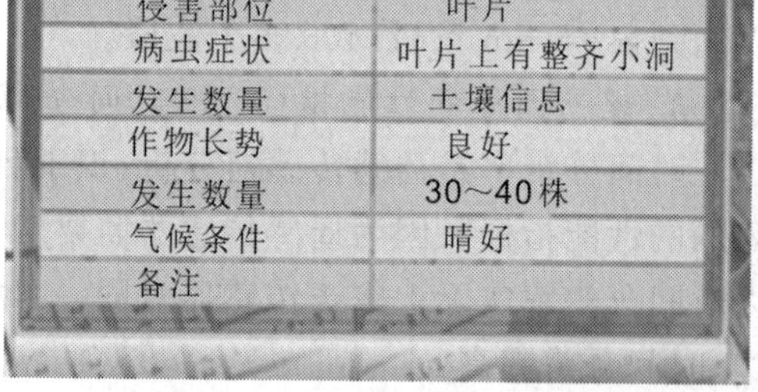

图 2-19　农作物病虫害遥感监测

（来源：黑龙江某农场农田监控系统数据）

三、农作物长势遥感监测

农作物长势监测通常指对作物的苗情、生长状况及其变化等进行的宏观监测。作物收获之前进行大范围作物长势状况评价，可以为田间管理提供及时的信息，同时也为早期估计产量提供依据。作物长势通常被定义为包括个体和群体两方面的特征，一般采用叶面积指数来反映作物的生长情况。

四、农作物产量遥感监测

遥感估产是基于作物自身的波谱反射特征，利用遥感技术对作物产量进行监测预报的一种技术。利用影像图片可以对作物的生长信息进行仿真，如叶绿素含量、生物量等。通过结合一些农学模型和气象模型，建立生长信息与产量间的关联模型，便可获得作物产量信息。

五、农田生产

利用遥感技术对农田生产进行监测，可获取不同农作物的种植面积、产量、品质等重要信息。农田管理人员利用遥感信息可以提前知悉农作物收获情况，为下一步农产品联合收获、初加工、初级农产品销售及定价做好准备。农田管理人员也可以对本年度种植工作进行综合评价，为下年度农业生产决策提供依据，农作生长综合管理卡如表2-9所示。

表2-9 农作生长综合管理卡

<table>
<tr><td colspan="12">◇ 作物信息</td></tr>
<tr><td colspan="2">作物名称</td><td colspan="2">品种名称</td><td colspan="2">最佳播种期</td><td colspan="2">田间生长期</td><td colspan="2">适宜性</td><td colspan="2">秸秆处理方式</td></tr>
<tr><td colspan="2">大豆</td><td colspan="2"></td><td colspan="2"></td><td colspan="2">60 d</td><td colspan="2"></td><td colspan="2">沼渣还田</td></tr>
<tr><td colspan="3">肥料消耗量/(kg/100 kg)</td><td colspan="3">肥料利用率/%</td><td colspan="6">需肥特性</td></tr>
<tr><td>耗氮量</td><td>耗磷量</td><td>耗钾量</td><td>氮肥利用率/%</td><td>磷肥利用率/%</td><td>钾肥利用率/%</td><td colspan="6" rowspan="2">根瘤菌固氮、氮肥可少施。
种肥用二铵效果好</td></tr>
<tr><td>7.2</td><td>1.8</td><td>4</td><td>45</td><td>49</td><td>59</td></tr>
<tr><td colspan="12">◇ 养分评价信息</td></tr>
<tr><td>化验项目</td><td>有机质/(g/kg)</td><td>碱解氮/(mg/kg)</td><td>有效磷/(mg/kg)</td><td>速效钾/(mg/kg)</td><td>pH</td><td>有效铜/(mg/kg)</td><td>有效锌/(mg/kg)</td><td>有效铁/(mg/kg)</td><td colspan="3">有效硼/(mg/kg)</td></tr>
<tr><td>测试值</td><td>71.72</td><td>255.28</td><td>57.1</td><td>156.28</td><td>6.46</td><td></td><td></td><td></td><td colspan="3"></td></tr>
<tr><td>评价结果</td><td>很丰富</td><td>很丰富</td><td>很高</td><td>丰富</td><td>酸性</td><td></td><td></td><td></td><td colspan="3"></td></tr>
<tr><td colspan="12">◇ 配方与施肥</td></tr>
<tr><td colspan="4">作物名称：大豆</td><td colspan="8">目标产量：500 kg/667 m²</td></tr>
<tr><td>施肥类型</td><td>名称</td><td colspan="2">作物理论需肥/(kg/m²)</td><td colspan="2">土地理论供肥/(kg/m²)</td><td colspan="2">肥料差/(kg/m²)</td><td colspan="2">配方</td><td colspan="2">用量/(kg/m²)</td></tr>
<tr><td rowspan="3">肥料</td><td>氮(N)</td><td colspan="2">36.00</td><td colspan="2">19.15</td><td colspan="2">16.85</td><td colspan="2">尿素</td><td colspan="2">80.70</td></tr>
<tr><td>磷(P)</td><td colspan="2">9.00</td><td colspan="2">5.14</td><td colspan="2">3.86</td><td colspan="2">重过磷酸钙</td><td colspan="2">17.51</td></tr>
<tr><td>钾(K)</td><td colspan="2">20.00</td><td colspan="2">10.31</td><td colspan="2">9.69</td><td colspan="2">窑灰钾肥</td><td colspan="2">164.24</td></tr>
</table>

【任务拓展】

农业遥感应用中亟待解决的问题

【任务评价】

以学习小组为单位，按照项目、内容和标准进行评价，见表 2-10。

表 2-10　遥感技术在精准农业中的应用

评价项目	评价内容	评价标准
遥感图像的性能指标	知识要点	正确叙述指标含义，叙述不清扣分
遥感技术在精准农业中的应用领域	应用方法	正确叙述应用领域，叙述不清扣分
农业遥感应用中亟待解决的问题	问题分析	正确叙述技术瓶颈，叙述不清扣分

【任务巩固】

1. 遥感图像的性能指标都有哪些？具体含义是什么？
2. 利用遥感技术能实现精准农业哪些应用？
3. 哪些问题限制了遥感技术在农业领域应用？如何解决。

项目3　地理信息系统在精准农业中的应用

【项目描述】

农作物种类繁多，生长环境各异，对土壤质地及营养成分要求也各不相同。土壤特征是农业生产与作物种植决策的关键要素之一。利用地理信息系统对土壤类型、质地、有机质含量、氮磷钾含量等土地自然属性综合评价，根据各因素对作物生长影响的重要程度，建立评价模型。通过综合评价的方法，对适宜在土地上耕种的作物分级，揭示不同物种的适宜性和限制性，为精准利用土壤提供科学依据。

除了进行农业生产科学决策，地理信息系统在土地利用规划、农业资源管理、测土精准施肥、农业灾害控制领域也发挥重大作用。目前，实现精准农业必须依靠地理信息系统强大的数据存储、分析、计算和判断的能力。因此，地理信息系统是发挥精准农业大范围准确控制、系统监测和管理的保障。

本项目分为认知地理信息系统、理解地理信息系统功能、地理信息系统在精准农业中的应用3个工作任务。通过本项目训练，认知地理信息系统组成和工作原理；了解地理信息系统的基本功能及实现过程，熟悉地理信息系统在精准农业中的应用，掌握常用GIS应用软件；培养学生系统分析和评价的思维，学会利用先进信息技术解决实际复杂问题，巩固学生的专业素养。

任务1　认知地理信息系统

【任务目标】

1. 认识地理信息系统的发展过程，理解概念内涵。
2. 掌握地理信息系统特征和组成。

【任务准备】

一、知识准备

(一)地理信息系统概念

地理信息系统是一种特殊的信息系统，它存储和处理信息要经过地理编码，采集的信息大多是土地概况，包含地理位置以及地理位置相关的地物属性。在实际应用中，地理信息系统往往被表达为地理要素和地理现象，这些特征由空间位置参考信息和非位置信息两部分组成。例如，一个城市所有建筑物的位置信息，森林里某棵树的年龄信息，某个国家的人口密度信息，某个地区的气候信息等。图2-20为黑龙江省某农户春耕时期土地概况，图中深色地块为刚翻整过的土壤，浅色地块地表含水量较低，还未开垦。

(二)地理信息系统发展简史

图 2-20　某农户春耕时的土地概况

1950 年麻省理工学院制造了第一台图形显示器;1962 年麻省理工学院一名博士研究生首次提出了计算机图形学,并论证了交互式计算机图形学是一个可行的、有用的研究领域。以此为萌芽,地理信息系统不断发展并实现大范围应用。纵观其发展历程,大致可归纳为以下几个阶段。

(1)开拓阶段(20 世纪 60 年代)。1963 年加拿大测量学家 Roger F. Tomlinson 首先提出地理信息系统这一术语,并建成世界上第一个地理信息系统。此外,GIS 组织和研究机构相继成立。

(2)巩固阶段(20 世纪 70 年代)。发达国家先后建立许多不同专题、不同规模、不同类型的地理信息系统。此外,探讨以遥感数据为基础的地理信息系统逐渐受到重视。许多团体、机构和商业公司推动 GIS 软件发展,GIS 逐渐步入商业轨道。

(3)突破性阶段(20 世纪 80 年代)。伴随国际合作日益加强,国际性 GIS 系统不断建立。GIS 研究开始从发达国家逐渐推向发展中国家,如中国于 1985 年成立了资源与环境信息系统国家重点实验室。此外,GIS 技术开始进入多学科领域。同时,计算机价格大幅度下降,功能较强的微型计算机系统普及和图形输入、输出、存储设备的快速发展,对 GIS 的推广和普及起到了决定性作用。

(4)社会化阶段(20 世纪 90 年代)。20 世纪 90 年代,GIS 逐步深入到各行各业乃至千家万户,成为人们生产、生活、学习和工作中不可缺少的工具和助手。一方面,GIS 已成为许多政府部门和机构必备的工作系统,并在一定程度上影响着它们的运行方式、设置与工作计划等;另一方面,GIS 用户数量大幅度增加,这使 GIS 应用扩大与深化。

(三)我国地理信息系统发展

1980 年中国科学院遥感应用研究所成立全国第一个地理信息系统研究室,我国 GIS 开始步入正式发展阶段。1985—2000 年间,GIS 的研究正式列入国家科技攻关计划,进入有计划、有组织、有目标的科学研究、应用实验和工程建设阶段。2000 年以后,国家科委将 GIS 作为独立课题列入科技攻关计划,给予了充分的重视和支持,技术发展速度明显加快。

二、资料准备

(1)主要的设备、仪器、材料:地理信息系统硬件设备和相关软件。

(2)教学资料:任务评价表,GIS 应用实例,各类 GIS 应用图片。

(3)与本任务相关的各类材料。

【任务实施】

一、地理信息系统特征

地理信息系统的基本思想是将地球表层信息按其特性的不同进行分层,每图层存储特征相同或相似的事物对象集,如河流、湖泊、道路、土地利用和建筑物等构成不同的图层,然后分层管理和存储。GIS基本特征如下：

1. GIS管理的对象是地理实体

地理数据的最根本特点是每一个数据都按统一的地理坐标进行编码，实现对其定位、定性、定量和拓扑关系的描述。

2. GIS的基础是计算机技术

GIS由若干相互关联的子系统组成，包括数据采集子系统、数据管理子系统、数据处理和数据分析子系统、可视化表现与输出子系统等。这些子系统的构成决定了硬件平台、系统功能和效率、数据处理的方式和产品输出的类型等。

3. GIS管理的内容是空间数据及其属性

地理信息系统能够把地理空间数据及其相关属性结合起来，实现地理空间分析、快速空间定位和查询、制图和可视化信息表现，以及地理空间现象和事件过程的演化模拟和空间决策支持等。

二、地理信息系统组成

可以将地理信息系统看成一个系统平台或应用系统。如果从应用系统角度看，一个实用GIS系统要支持对地理空间数据的采集、管理、处理、分析、建模和显示等功能。其基本组成一般包括以下5部分，即：硬件设备、软件平台、地理空间数据、应用模型和系统管理操作人员。

1. 硬件设备

GIS的硬件设备是封装地理信息系统功能的实物和骨架。地理信息系统的规模、精度、速度、功能、形式、使用方法、软件都与硬件设备的配套有关，受到硬件指标的支持或制约。GIS由于其任务的复杂性和特殊性，必须有计算机与其外围设备连接形成一个GIS的硬件环境。其硬件配置一般包括四个方面：计算机、数据存储设备、数据输入设备和数据输出，如图2-21所示。

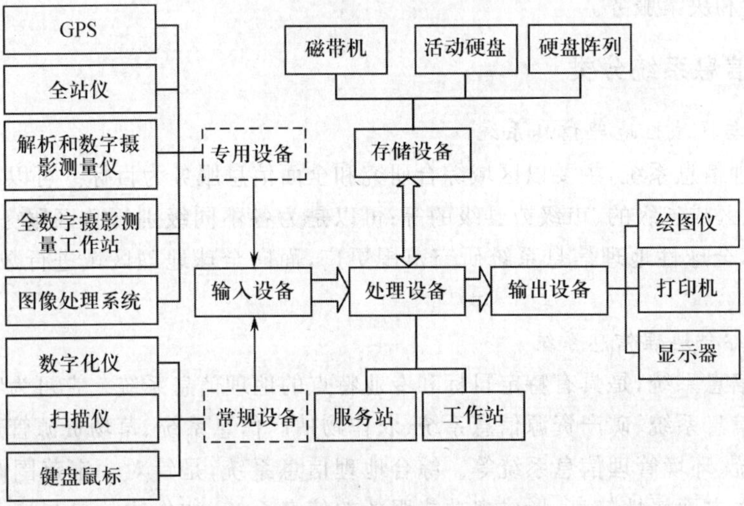

图2-21 地理信息系统硬件组成

2. 软件平台

地理信息系统工具软件，是一组具有图形图像数字化、存储管理、查询检索、分析运算和多种输出等地理信息系统基本功能的软件包。它主要用来作为地理信息系统支撑软件,以建立专题或区域性的实用性地理信息系统。GIS 软件包含处理地理信息各种功能,可作为其他 GIS 应用系统的建设平台。其代表产品有 ArcGIS 和 MapInfo 等,软件平台基本组成如图 2-22 所示。

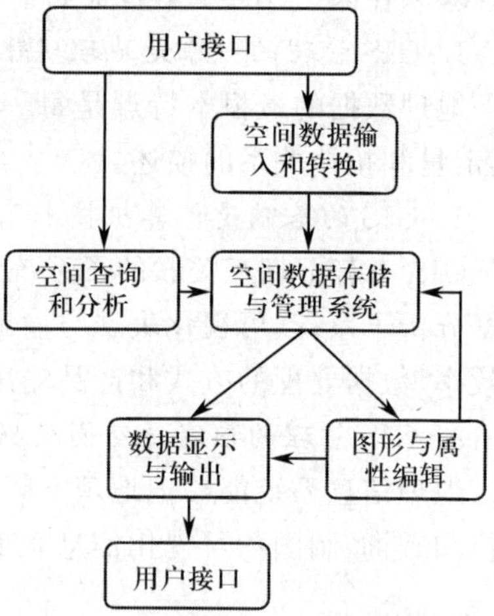

图 2-22　地理信息系统软件组成

3. 地理空间数据

地理信息系统管理大量的地理空间数据。地理信息系统中的空间数据结构是指这种空间数据在系统内的组织和编码形式,它是适合于计算机系统存储、管理、处理地理图形的逻辑结构,是地理实体的空间排列方式和相互关系的抽象描述,是对数据的一种理解和解释。需要借助数据库管理系统对这些复杂的、大量的数据进行管理。GIS 数据库是某区域内关于一定地理要素特征的数据集合,主要涉及对图形和属性数据的管理和组织。

4. 应用模型

GIS 应用系统是针对某些专业领域和综合领域需求而建设的应用系统,它不仅需要管理地理空间信息,又需要基于这些地理空间信息进行分析、综合决策和可视化,实现这些功能离不开具体领域应用模型的帮助。

5. 系统管理操作人员

系统管理操作人员是 GIS 中重要的构成因素。GIS 不同于一幅静态地图,它是一个动态的地学模型。所以,仅有系统的软、硬件和数据还不能构成完整的地理信息系统,需要人为对系统进行组织、管理、维护、数据更新、扩充完善和应用开发,并灵活采用地理分析模型提取多种信息,为研究和决策服务。

三、地理信息系统分类

1. 全球性与区域性地理信息系统

区域性地理信息系统,主要以区域综合研究和全面信息服务为目标。可以有不同的规模,如国家级的、地区或省级的、市级或县级的等;可以是为各不同级别行政区服务的区域信息系统。与之相对,全球性地理信息系统研究范围更广,面向全球地理区域进行数据采集和信息服务。

2. 专题与综合地理信息系统

专题地理信息系统,是具有特定目标和专业特点的地理信息系统。它可为特定目的服务,如水资源管理信息系统、矿产资源信息系统、农作物估产信息系统、草场资源管理信息系统、水土流失信息系统、环境管理信息系统等。综合地理信息系统,是针对一定范围内的地理实物,采集并管理其多方面属性信息,形成多功能服务的信息系统,如作物长势与病虫害监测系统、湿地面积及降水监控系统等。

3. 矢量与栅格地理信息系统

矢量地理信息系统是利用几何学中的点、线、面及组合体来表示地理实体空间分布。这种数据组织方式能最好地逼近地理实体的空间分布特征，数据精度高，数据存储冗余度低，便于进行地理实体网络分析。

基于栅格模型的数据结构简称为栅格数据结构，指将空间分割成有规则的网格，在各个网格上给出相应的属性值来表示地理实体的一种数据组织形式。栅格地理信息系统利用这种数据模型进行地理数据处理。

【任务拓展】

精准农业发展中 GIS 系统的应用展望

【任务评价】

以学习小组为单位，按照项目、内容和标准进行评价，见表 2-11。

表 2-11 认知地理信息系统评价标准

评价项目	评价内容	评价标准
地理信息系统发展过程	过程认知	正确叙述发展阶段，叙述不清扣分
地理信息系统概念	知识要点	正确叙述内涵，区别一般信息系统，叙述不清扣分
地理信息系统组成	结构组成	正确叙述系统构成，辨识不清扣分
地理信息系统分类	知识要点	正确叙述分类方法及内容，叙述不清扣分

【任务巩固】

1. 你所理解的地理信息系统是怎样的？
2. 地理信息系统发展经历哪些过程？
3. 地理信息系统的组成部分是什么？

任务 2 理解地理信息系统功能

【任务目标】

1. 理解地理信息系统数据构成。
2. 掌握地理信息系统基本功能。

【任务准备】

一、知识准备

数据是地理信息的载体，是地理信息系统采集、传递、分析处理的对象，也是监测结果的最终体现。GIS 数据包含空间数据、属性数据以及两者在时间段内的演变。

(一)空间数据

数据结构即数据组织的形式，是适合于计算机存贮、管理和处理的数据逻辑结构。对于空间数据没有统一格式来存储不同类型的数据，常用的格式有栅格数据结构、矢量数据结构、二维关系表等。

1. 栅格数据结构

栅格数据结构是最简单、最直观的空间数据结构，它将空间分割成有规则的网格，是在各个网格上给出相应的属性值来表示地理实体的一种数据组织形式。如图 2-23 所示，地理空间包含：一间房屋、三条支流水域、一片森林。转化为栅格数据结构后，行列号代表位置，字母值代表地物的属性值。实物中某点房屋由单个栅格表达，三条支流线由流向具有相同属性取值的一串相邻栅格表达，大面积森林由聚集在一起的具有相同属性取值的一片栅格表达。对每个栅格属性值提取和编码，最终转变成计算机可以识别的数据。

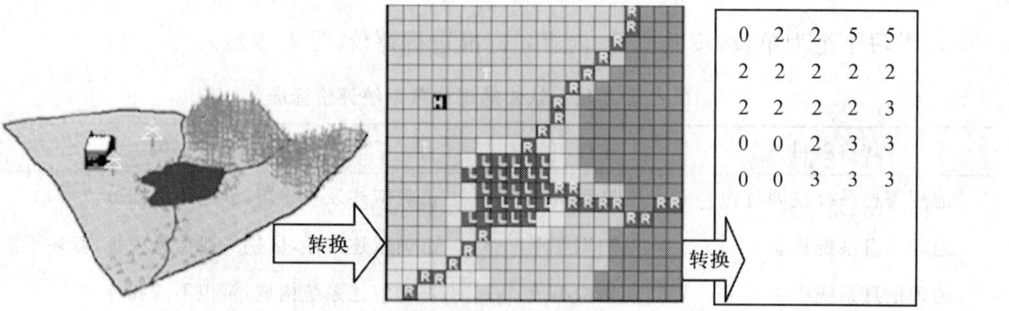

图 2-23 地理空间转化为栅格数据

2. 矢量数据结构

矢量数据结构是通过记录坐标的方式来表示点、线、面等地理实体空间分布的一种数据组织方式。矢量数据按是否明确表示各地理实体的空间相互关系，可分为实体型和拓扑型两大类。

实体型仅记录空间对象位置坐标和属性信息，不记录实体位置关系。拓扑结构明确定义空间关系，包括实体的大小、形状及属性，而且要反映出实体之间的相互关系。如图 2-24 所示，地理空间(1)包含四个地块多边形，分别为草地(2)、麦田(3)、玉米地(5)和水塘(4)。将地块边界以弧线勾勒，可得到编号 1～9 的线段和编号①～⑥弧线交点。将弧线与地块、弧线与交点、交点与坐标分别建立关系对应表，即得到一个地理实体的简单拓扑关系数据。利用计算机进行存储和分析，便于后续的监控工作。

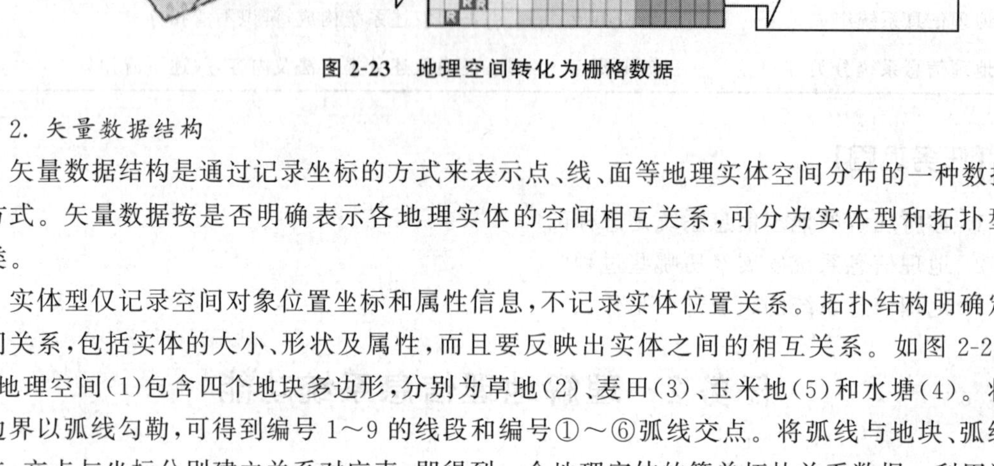

图 2-24 地理空间转化为矢量数据

3. 栅格数据与矢量数据比较分析

两者在表示地理信息方面是同等有效的,它们各具特色,互为补充。有些大型数据库既存贮栅格结构数据,又存贮矢量结构数据,根据需要来调用,以获取最强的分析能力并提高效率,表 2-12 为比较分析。

表 2-12 栅格数据与矢量数据比较

数据结构	优势	缺点
栅格	(1)结构简单 (2)便于空间数据的叠置与组合 (3)空间分析易于进行 (4)数学模拟方便 (5)技术开发费用低	(1)图形数据量大 (2)难以建立网络连接关系 (3)地图输出不精美
矢量	(1)结构严密,数据量小 (2)能完整地描述拓扑关系 (3)利于网络、检索分析 (4)图形输出精确美观	(1)结构复杂,处理技术也复杂 (2)图形叠置与图形组合很困难 (3)绘图费用高,尤其高质量绘图 (4)数学模拟和空间分析很困难

(二)属性数据

属性数据是通过地图要素的标识 ID 码与空间数据关联起来,每个地图要素只有唯一的一个 ID 码。属性数据保存在要素属性表中,表中包含有标识 ID 码和默认属性。要素属性表由行和列组成,每一行代表一个地图要素,每一列代表该地图要素的性质和特征,如图 2-25。

点ID	属性1	属性2	属性3	...
点1				
点2				

线ID	属性1	属性2	属性3	...
线1				
线2				

面ID	属性1	属性2	属性3	...
面1				
面2				

图 2-25 GIS 属性数据转换

二、资料准备

(1)教学资料:任务评价表,地理信息图片,各类 GIS 软件。

(2)与本任务相关的各类材料。

【任务实施】

地理信息系统的工作原理体现在实现其基本功能的过程中。这些功能贯穿于地理信息数据的输入、编辑、存储、管理、分析和应用决策的全过程，是应用地理信息系统的核心流程，具体如图 2-26。

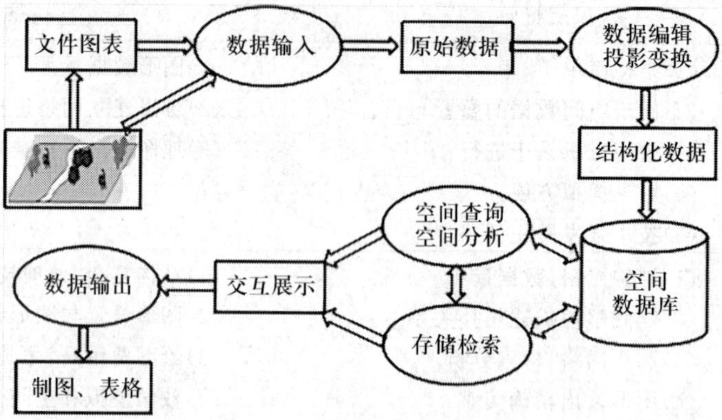

图 2-26　GIS 功能实现流程

一、地理信息数据输入

(一)空间数据输入

空间数据主要指图形实体数据，主要包含矢量数据和栅格数据两类。这些数据输入到地理信息系统中有两种基本方法，即直接采集和间接转换。

1. 矢量数据输入

用直接采集方法实现矢量数据的输入有两种基本方法，即地面测量和 GPS 测量。用间接转换方法就是把地图或数据源转换为矢量数据，具体方法有：数字化仪、扫描矢量化、屏幕数字化、摄影测量等。

2. 栅格数据输入

直接采集方法实现栅格数据输入有三种基本方法：遥感影像、卫星影像、航空影像。

用间接转换实现栅格数据输入主要有以下两种基本方法：扫描地图和间接采样。

(二)属性数据输入

属性数据的输入可以与空间数据采集同时进行。属性数据的输入大致分为三个过程：属性字段的定义、输入、校验。字段定义就是对空间要素的属性特征进行定义，按照前面的数据类型含义，选择 GIS 系统所允许的类型，设计和定义空间要素的属性。对于属性数据输入，键盘输入是最常用的输入方式。属性数据校验有两个方面：属性数据是否与空间数据正确关联、属性数据是否正确。

二、地理信息数据编辑

空间数据编辑就是在数字地图上增加、删除和修改空间要素的过程。通过空间要素编辑，一方面是改正数字地图在数字化后的错误，另一方面就是更新和变动数字地图上的空间要素。

编辑也包括一些空间数据的处理，编辑和处理可以变动空间要素的位置和拓扑关系。

三、地理信息数据存储与管理

数据库是数据存储与管理的主要技术，地理信息系统数据库（或称为空间数据库）是地理要素特征以一定的组织方式存储在一起的相关数据的集合。地理信息系统数据库能够实现如下基本功能：

（1）能够管理空间实体，描述空间实体的各种数据类型，如图形和影像类型等。

（2）能够对大容量数据进行有效存储和相关操作。

（3）能够有效对地理空间数据实现插入、删除和更新等维护操作。

（4）方便灵活地对地理空间数据进行查询和空间分析。

（5）空间数据库还需要具备对地理对象进行模拟和推理的功能。

四、地理空间数据查询与分析

虽然数据库管理系统一般会提供数据库查询语言，如 SQL 语言，可以对数据进行查询。但对于地理信息系统，需要对通用数据库的查询语言进行补充或重新设计，使其能支持空间查询。例如，地理信息系统需要查询某村庄周围山林面积和耕地面积，这些查询问题是 GIS 特有的地理查询问题。所以功能强大的地理信息系统，应该在 GIS 应用软件中设计一些空间查询语言，满足常见的空间查询需要。

五、地理信息数据输出

通过图形、表格和统计图表显示空间数据及分析结果是地理信息系统必要的输出方式，如图 2-27。作为可视化工具，图形是传递空间数据信息最有效的工具。地理信息数据输出方式以计算机制图为基础，包括地图符号设计、配置与符号化、地图注记、图幅设计、统计图表制作、

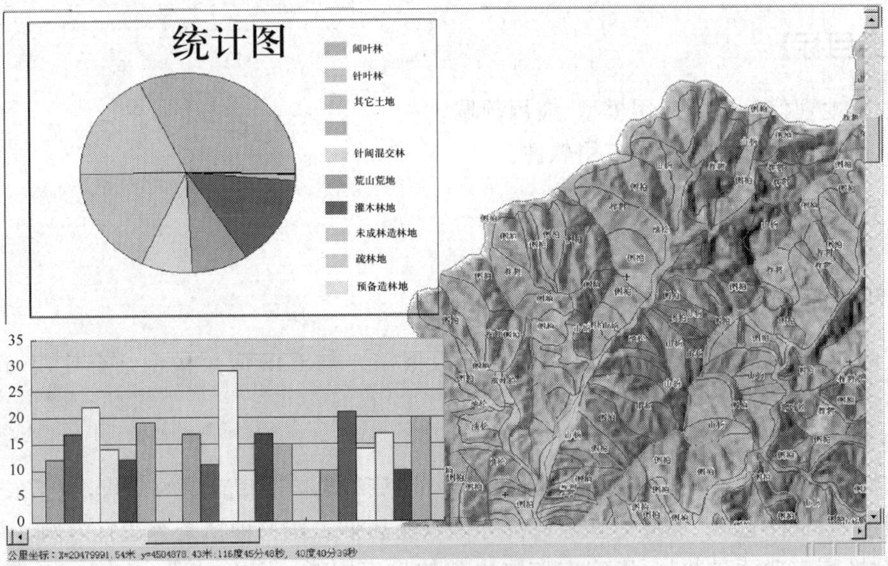

图 2-27 地理信息数据输出

图例与布局等项内容。此外对属性数据也要设计报表输出，并且这些输出结果需要通过显示器、打印机、绘图仪或数据文件显示出来，GIS 软件应该具有驱动这些设备的能力。

【任务拓展】

1. 区别地理信息系统与数据库管理系统
2. 区别地理信息系统与遥感图像处理系统

【任务评价】

以学习小组为单位，按照项目、内容和标准进行评价，见表 2-13。

表 2-13　理解地理信息系统功能

评价项目	评价内容	评价标准
地理信息数据组成	构成分析	正确叙述栅格和矢量数据内容，叙述不清扣分
地理信息系统基本功能	知识要点	正确叙述基本功能内容，叙述不清扣分
区分信息系统	各自特征	正确区别 GIS 与其他信息系统，区分不清扣分

【任务巩固】

1. 地理信息系统数据都包含哪些类型？
2. 栅格数据和矢量数据各自的特点是什么？
3. 地理信息系统有哪些基本功能？

任务 3　地理信息系统在精准农业中的应用

【任务目标】

1. 理解地理信息系统应用模型、应用领域。
2. 掌握地理信息系统常用应用软件。

【任务准备】

一、知识准备

在实际应用中，地理信息的栅格和矢量等数据需要与 GIS 应用模型结合使用，这样可以简化 GIS 系统工作流程，提高系统处理效率。

1. 适宜分析模型

适宜性分析在地学中应用很多，如针对土地的某种特定开发活动的分析，包括农业应用、作物类型区划、道路选线、环境适宜性评价等。以亚热带农作物种植是否适宜为例。首先收集数据，包括区域农业背景数据、影响农作物生长的生态因子（积温、光照、土壤 pH、降水量、年均温、空气相对湿度等）。然后，构建空间数据库，建立指标图层，确定指标等级（适宜、较适宜、一般适宜、不适宜等)。其次,进行 GIS 叠加分析适宜性。最后生成结果图,为决策者提供参考意见,如图 2-28 所示。

2. 地学模拟模型

地学模拟模型可以分析多种要素之间的关系,模拟或预测某种地理过程或现象,如气候变化、沙漠化过程、土地退化过程、土壤侵蚀变化、河道演变过程等。例如:已有某区域地形等基础信息,通过构建 GIS 数据库、建模,并在 3DGIS 系统中模拟地理环境,通过改变参数可研究水土流失情况,如图 2-29 所示。

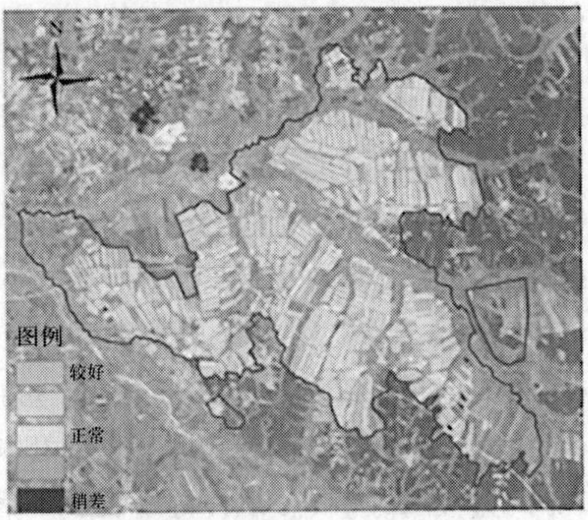

图 2-28 农作物适宜分析评价结果

图 2-29 某区域 GIS 虚拟水土变化

3. 发展预测模型

发展预测模型是运用已有存储数据和系统方法,对事物进行科学的数量分析,探索某事物在今后可能的发展趋势,并进行评价和估计,以调节计划或行动。在地理信息系统研究中,农业劳动力预测、农业资源预测、粮食产量预测以及农业生产要素预测等,都是经常要解决的问题。图 2-30 为某农场某年份粮食产量预测结果。

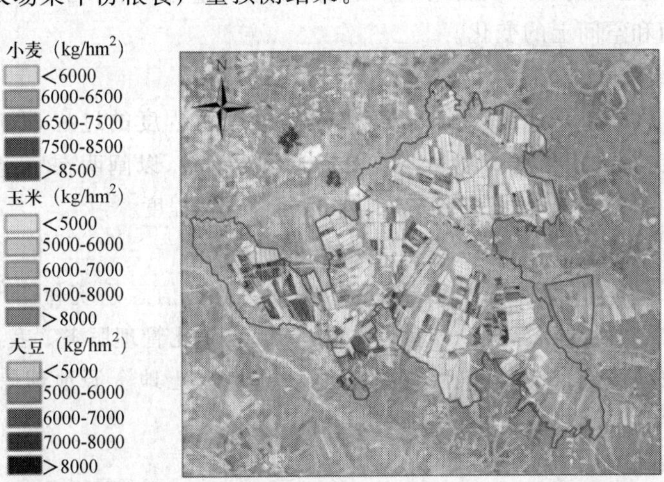

图 2-30 粮食产量预测

(来源:黑龙江七星农场农田监控系统截图)

二、资料准备

(1)教学资料:任务评价表,地理信息图片,各类 GIS 软件。

(2)与本任务相关的各类材料。

【任务实施】

一、GIS 在精准农业中的应用内容

随着信息技术快速发展,地理信息系统已经广泛应用到农业资源与环境的管理、规划及区划,农业灾害监测管理,数字农业等涉及地理信息的几乎所有领域,并发挥着越来越重要的作用。

1. 农业病虫害管理

GIS 在农业病虫害管理中的应用主要集中在病虫害空间动态监测、发生趋势预测及其风险评估等几个方面。病虫害时空动态分析一般从两个角度进行,首先以基本区域为研究对象、观察害虫发生量在一段时间的变化情况;然后,通过空间相关分析并结合时序分析,揭示害虫在空间和时间上变化的规律性。例如:运用 GIS 技术研究历史上蝗虫爆发与土壤特性的相关性,以及与降雨的关系,发现蝗虫的猖獗与土壤类型关系密切,并且降雨与其种群密度有显著相关。通过分析 10 年间蝗虫资料,进行路边和田间发生量统计预测,绘制出蝗虫发生程度的空间分布图,这对预测和控制害虫发生、制定精准农业生产策略有重要意义。

2. 农作物产量估算

农作物产量估算是精准农业进行生产资料准备的前提。GIS 是农作物产量估算的重要技术之一,GIS 通过对全球定位系统和遥感技术获得的基础数据进行采集、存储、分析和输出,获得地面要素的实况信息。例如,利用 GIS 可对卫星资料预处理并高精度地提取农作物种植面积;利用 GIS 可对遥感图像加工,生成并输出估产区域产量分布图;利用 GIS 还可获得研究区域内水稻产量时间和空间上的变化。

3. 土地适宜性评价

农业土地适宜性评价是评价土地对某种种植方式适宜程度的过程,即通过对农用土地自然属性的综合鉴定,将农用土地按质量差异划分成若干等级,以阐明在一定科学技术水平下,农用土地在各种利用方式中的优劣及对农作物的相对适宜程度。

4. 农业资源清查

农业资源清查是针对农业资源的属性进行清查。地理信息系统将图形与数据库有机结合,可实现农业资源档案的计算机一体化,为农业资源自动化管理服务。我国已建成了一些区域性的农业资源地理信息系统,如气候资源地理信息系统、土地资源地理信息系统、水资源地理信息系统、农业生物资源地理信息系统等。

5. 在精准农业其他方面的应用

GIS 作为解决空间问题的有效工具,不仅在上述方面得到较深入应用,而且在攻克精准农业不断出现的新课题中也发挥作用。例如:水稻产量时空变化研究、评价农业化学制品施用的效率、灌溉空间预测等。

二、GIS 的应用软件平台

GIS 应用软件作为地理信息系统的重要组成部分，是实现系统功能、支持地理信息数据分析处理的关键。目前国外主流 GIS 软件是 ESRI 公司研发的 ArcGIS 软件。国内主流 GIS 软件是超图公司研发的 Surper Map 软件，其他国产软件还有 GEOSTAR、MapGIS 等软件。见表 2-14 所示。

表 2-14 国内外常用 GIS 软件

公司名称	主要软件产品
环境系统研究所 ESRI	Arc/info、Arc View、Arc GIS
Autodesk 公司	Auto Cad Map
Mapinfo 公司	Mapinfo
北京超图地理信息有限公司	Super Map GIS 全系列软件
武汉中地	MAPGIS 全系列软件
武汉测绘科技大学 GIS 研究中心	GeoStar 系列软件

1. ArcGIS 软件简介

ArcGIS 软件由若干模块组成，每个模块完成不同的功能。主要的工作流程为：数据的准备与标准化；数据的输入及编辑；建立拓扑关系与属性库的联接；投影与坐标转换、图形拼接。软件操作界面如图 2-31。

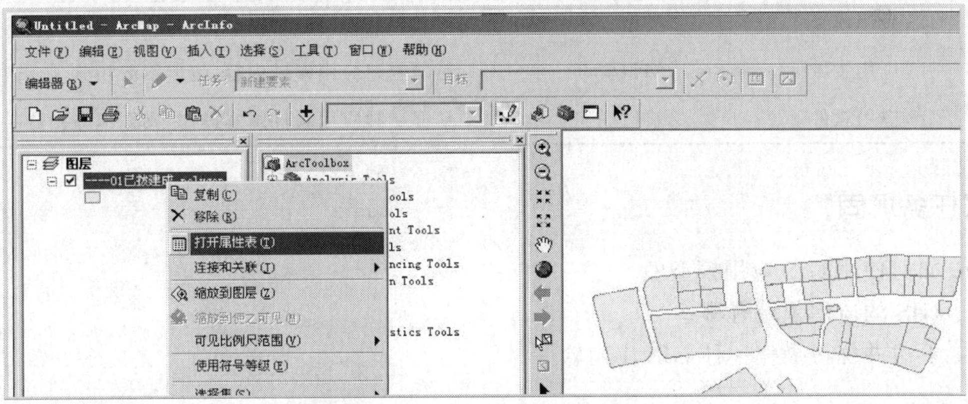

图 2-31 ArcGIS 软件操作界面

（来源：Arc 软件官网）

2. Super Map 系类软件

Super Map 系类软件是我国自主研发的地理信息系统软件，所采用的组件技术易于实现办公自动化(OA)与其他管理信息系统(MIS)的无缝集成。用户不需要学习专门 GIS 开发语言，可以选择自己熟悉的程序设计语言来开发应用系统，如：Visual Basic、Delphi、C＋＋Builder、Power Builder、Visual C＋＋等。系统组件包含如下部分：核心组件、图例组件、制图组件、拓扑组件、3D 组件、辅助开发组件、空间数据引擎等。

三、"3S"技术集成

"3S"技术集成是将全球定位系统(GNSS)、遥感技术(RS)和地理信息系统(GIS)根据应用需要有机组合,得到功能更强大的新型系统的技术和方法。"3S"技术集成的方式可以在不同技术水平上实现,最简单的办法是三种系统分开而由用户综合使用,进一步是三者有共同的界面,做到表面上无缝集成,数据传输则在内部通过特征码相结合,最好的办法是整体集成,成为统一的系统。

在精准农业领域,"3S"技术集成是发展趋势。例如:地理信息系统能够根据地块中土壤特性和土地条件,结合 GNSS 接收机提供的位置数据,指挥播种机进行定量播种,播种疏密程度与土地肥力和土壤质地等作物生长环境相适应。在 GIS 和 GNSS 指挥下,农药喷洒机可以定位到病虫害发生地,进行农药的准确、自动喷洒。RS 技术和 GIS 技术结合,可以提供多种数据源,为建立农田基础数据库奠定基础。

【任务拓展】

GIS 新技术

【任务评价】

以学习小组为单位,按照项目、内容和标准进行评价,见表 2-15。

表 2-15 地理信息系统在精准农业中的应用

评价项目	评价内容	评价标准
GIS 应用模型	类型分析	正确叙述不同应用模型作用,叙述不清扣分
GIS 应用领域	知识要点	正确叙述应用领域内容,叙述不清扣分
GIS 应用软件	软件操作	掌握一种应用软件基本操作,操作不当扣分

【任务巩固】

1. 如何使用 GIS 应用模型?
2. GIS 的应用领域有哪些?
3. 下载并练习操作一种 GIS 应用软件。

模块3　农田信息采集与处理技术

项目1　土壤信息采集与制图

【项目描述】

某县启动测土配方施肥项目。为了给配方施肥提供依据，需要进行土壤采集及化验工作，要求在全县16个乡镇200多个村采集土样514个，其中包括麦田、菜地、果园等土样。在土样采集完毕以后，对土样进行晾晒、过筛、封装处理以及土壤化验工作，在化验中，技术人员分工协作，分别测定了土样中N、P、K、有机质含量及pH。

土壤信息采集是为了获取精准农业实施范围内土壤的类型、质地、肥力特性等方面的信息。一般在农作物生产季节播种之前，需要按一定的要求在农田中采集土壤样品，对样品进行化验，得到相应的土壤属性数据。如果配备了田间土壤速测设备，就可以在田间迅速得到相关的土壤数据，这样就可以建立带有准确空间位置属性信息的土壤属性数据库，为地理信息系统和农业专家系统进行管理和智能决策提供基础信息。

本项目分为土壤采样、快速测定土壤水分、快速测定土壤养分、土壤养分分异现状的快速制图技术4个工作任务。

通过本项目的训练，认知土壤的基本知识；完成土壤样品的采样、土壤水分和养分的快速测定、土壤养分分异现状的快速制图等工作内容，掌握土壤水分速测仪、土壤养分速测仪的使用与维护方法，熟悉常用仪器的使用方法和技巧；培养学生认真、严谨、科学的工作态度以及团队沟通协作能力与精神。

任务1　土 壤 采 样

【任务目标】

1. 认识土壤的基础知识。
2. 掌握土壤的采集、处理和保存方法。

【任务准备】

一、知识准备

土壤样品采集与处理

所采集的土壤样品必须具有代表性。另外，在土壤采样、处理、存储直到进行室内分析的过程中，应该避免任何可能改变土壤样品性质的因素存在。

为了进行正确的、规范的采样，应首先制订一个计划，这个计划包括：目的、地点、样点数、采样时间、采样方法和步骤，后处理和分析项目等，同时应注意查阅在同一地区或地点的前人的研究结果。

1. 采样的分类

土壤采样因目的不同而有所不同。通常有以下几类：

(1)研究土壤的基本质量和性质：测定大量和微量养分元素状况、pH、有机质等。

(2)编制土壤图：分析的项目常包括土壤化学性质、土壤矿物性质以及生物的和物理的性状。

(3)法律或法规的仲裁需要：需事先确定采样地点及样点密度，主要采取表土。

2. 采样的原则

(1)土壤性状的空间和时间的变异性。土壤性状的变异性在空间上有水平方向的变异和垂直方向上的变异，在时间上有季节性变异和年际间的变异。

(2)一个土壤样品只能代表一种土壤条件。

3. 采样布点

田间采样一般以多点采样进行取土，采集混合土样，特殊情况下可仅采一点。在一个采样区甚至一个田块，常常需要把多点采集的土样混合成一个混合样。每个土壤单元设 3～7 个采样区，单个采样区可以是自然分割的一个田块，也可以由多个田块所构成，其范围以 200 m×200 m 左右为宜。混合样采集主要有对角线法、梅花点法、棋盘式法、蛇形法。

4. 采样深度

采样深度与采样的类型有关，一般应参照以下规定执行：

农户农田表层采样深度一般在 15～20 cm；农场采样可在 20 cm 左右；在研究移动性较大的养分(如无机 N)时，采样深度多在 1 m 左右；草原土壤采样深度在表层 5～15 cm；研究降雨等大气沉降影响时，采样深度一般在 0～5 cm。采样深度在一般情况下均不应跨越土壤发生层次。

5. 采样数量

以化学分析为目的的土样，通常不应少于 0.5 kg；如果样品是作为“准样”的(分析标准)，则至少要有 2 kg；采集农田土壤混合样时一般取 1 kg。如果土样中存在大粒砂粒、矿物、卵石等应该剔除，并且在分析结果报告中予以说明，并给出在这些砾石等存在时的含量。如果采来的土壤样品量太多，可用四分法将多余的土壤弃去。

6. 样品记录

装入样品袋，样品袋一般由棉布缝制而成，如潮湿样品可内衬塑料袋(供无机化合物测定)或将样品置于玻璃瓶内(供有机化合物测定)。

采样时，由专人填写样品标签、采样记录；标签一式两份，一份放入袋中，一份系在袋口，标签上标注采样时间、地点、样品编号、监测项目、采样深度和经纬度。采样结束，需逐项检查采样记录、样袋标签和土壤样品，如有缺项和错误，及时补齐更正。将底土和表土按原层回填到采样坑中，方可离开现场，并在采样示意图上标出采样地点，避免下次在相同处采集剖面样。

7. 样品流转

在采样现场样品必须逐件与样品登记表、样品标签和采样记录进行核对，核对无误后分类装箱。运输过程中严防样品的损失、混淆和玷污。对光敏感的样品应有避光外包装。由专人将土壤样品送到实验室，送样者和接样者双方同时清点核实样品，并在样品交接单上签字确认，样品交接单由双方各存一份备查。

8. 样品制备

土壤样品从田间采集后需要一定的处理，主要是风干、磨细和过筛。

9. 样品保存

样品需按样品名称、编号和粒径在样品库中进行分类保存。样品库应保持干燥、通风、无阳光直射、无污染；要定期清理样品，防止霉变、鼠害及标签脱落。

样品入库、领用和清理均需记录。

二、资料准备

1. 主要的设备、仪器、材料

GPS、罗盘、照相机、卷尺、广口瓶、天平、样品袋、样品箱、工作服、工作鞋、安全帽等。

2. 工量具

铁锹、铁铲，孔径 0.25 mm(20 目)尼龙筛、胶塞(或圆木棍)、木板(或胶板)等。

3. 教学资料

任务评价表、样品标签、采样记录表、铅笔、资料夹等。

4. 技术资料

(1)监测区域的交通图、土壤图、地质图、大比例尺地形图等资料。

(2)监测区域土类、成土母质等土壤信息资料。

(3)监测区域工农业生产及排污、污灌、化肥农药施用情况资料。

(4)收集监测区域气候资料(温度、降水量和蒸发量)、水文资料。

(5)收集监测区域遥感与土壤利用及其演变过程方面的资料等。

【任务实施】

一、任务描述

在大田中，采集 1 kg 有代表性的土壤样品，并在实验室中进行样品的制备。

二、实施步骤

(一)确定采样路线

采样的布点方法和样点数量选择上，一般采用蛇形布点采样，对于地形变化小、地力较均匀、采样单元面积较小的地块也可采用梅花形布点取样。样点要避开路边、田埂、沟边、肥堆等特殊部位。蔬菜地混合样点的样品采集要根据沟、垄面积的比例确定沟、垄采样点数量。果园采样要以树干为圆点，向外延伸到树冠边缘的 2/3 处采集，每株对角采 2 点。

(二)采集土样

采集土样时,应先除去地面落叶杂物,用土铲去掉表层 3 mm 左右的土壤,然后再使用土铲取样。可用土铲斜着向下切取一薄片的土壤样品(图 3-1),然后将土样集中起来混合均匀。每一点采取的土样,深度要一致,上下土体要一致;采样深度一般取耕作层土壤20 cm 左右。

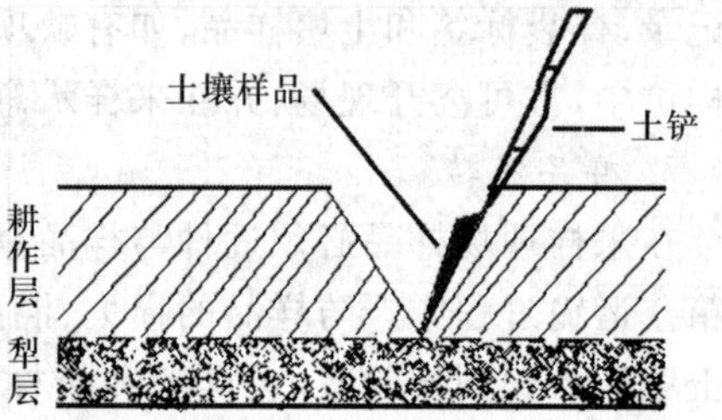

图 3-1　土样采集

(三)确定样品数量

从混合均匀的土样中取出 1 kg 备用。如果采来的土壤样品量太多,可用四分法将多余的土壤弃去。

(四)装袋和标记

将 1 kg 土样装入样品袋中,填写样品标签和采样记录表。标签一式两份,一份放入袋中,一份系在袋口,标签上标注采样时间、地点、样品编号、监测项目、采样深度和经纬度。采样地点经纬度由 GPS 读取。

(五)样品流转

采样完毕后,仔细将样品逐件与样品登记表、样品标签和采样记录进行核对,核对无误后分类装入样品箱内。样品送到实验室,送样者和接样者双方同时清点核实样品,并在样品交接单上签字确认。

(六)样品制备

取风干土样 100～200 g,放在木板或胶板上用胶塞或圆木棍碾碎,放在孔径 0.25 mm(20 目)尼龙筛中,使之通过,留在筛上的土块再倒在木板上重新碾碎,如此反复多次,直到全部通过为止。不得抛弃或遗漏。样品装入广口瓶后,填写并贴上标签。

【任务评价】

以学习小组为单位,按照项目、内容和标准进行评价,见表 3-1。

表 3-1　土壤采样评价标准

评价项目	评价内容	评价标准
采样路线的确定	基础知识认知	结果正确,每错一处扣任务完成情况分
土壤采样操作	操作方法	按操作步骤、方法正确,每错一处扣任务完成情况分
确定样品数量操作	操作方法和结果	操作方法和填写结果正确。每错一处扣相关专业知识与任务完成情况分
装袋和标记操作	操作方法和填写结果	同上
样品流转	操作方法	操作方法正确。每错一处扣相关专业知识与任务完成情况分
样品制备操作	操作方法和填写结果	操作方法和填写结果正确。每错一处扣相关专业知识与任务完成情况分
任务完成	任务完成情况和实验报告	根据实验报告填写情况进行评分
职业素养	学习态度、团队协作、自我管理、创新精神	根据自评与互评记录、小组活动记录进行评分

【任务巩固】

1. 简述土壤采样的布点方法、样点数量及使用条件。
2. 土壤样品标签上包含哪些内容？采样地点的经纬度如何获得？

任务2　快速测定土壤水分

【任务目标】

1. 认识土壤水分速测仪的组成及部件作用。
2. 掌握使用土壤水分速测仪测量土壤水分的方法。

【任务准备】

一、知识准备

(一)土壤水分测量仪的组成

土壤水分测量仪一般由土壤水分传感器、数据采集器、上位机软件及通讯电缆、电源适配器等组成，另外还需选配土钻等附件。如图 3-2 所示。

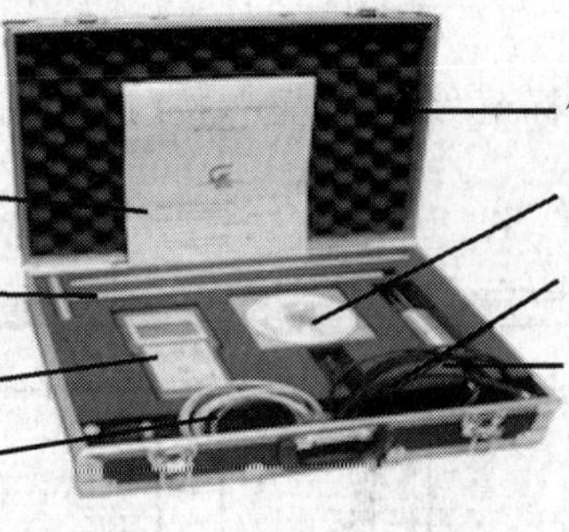

图 3-2　土壤水分测量仪

(二)土壤水分测量仪的使用

1. 土壤水分测量仪的主要技术参数(表 3-2)

表 3-2　土壤水分测量仪的主要技术参数

测量参数	土壤容积含水量
量程	0～100%(m^3/m^3)
精度	体积含水量 50%以内误差为 1%～3 %，标定后可更精确，达到 1%以内
测量区域	90%的影响在围绕中央探针的直径为 3 cm、长为 6 cm 的圆柱体内
供电方式	锂电池
输出信号	0～2 V/0～2.5 V 或 0～20 mA/4～20 mA

2. 数据采集器的面板和按键功能

数据采集器的面板和按键一般如图 3-3 所示，不同厂家的面板和键设计的位置有所不同，但基本功能相同。

图中，【on/off】键是开/关机键，【G/A】键是 GPS 坐标、算术平均值转换和数字设置键，按【存储】键将数据存储到数据采集器里，按【∧】键可以返回上级菜单；按【∨】键可以查阅及指示光标当前位置，【进入】键具有确认、进入功能。

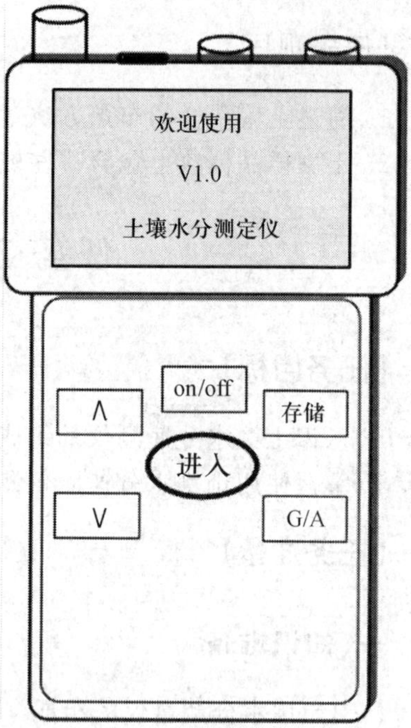

图 3-3　土壤水分测量仪的面板和按键

3. 数据采集器的使用

(1)测量。长按【on/off】键几秒钟，数据采集器会显示系统开机画面，初始化完成后，界面如图 3-4 所示：

界面中，体积含水量(%)表示测量参数，01 区表示待测区域的序号，001 表示区域内待测点号，Average＝00.00 表示已测点的算术平均值。“查询”键表示已测点的数据查询及删除提示，“设置”键是待测区域及数采功能设定提示。

将土壤水分传感器正确安装到监测点，仪器开始自动测量，测量完成后，显示屏即显示测量点的实时土壤水分值。按“保存”键，仪器将测量结果保存到存储器中。

(2)设置。按【∨】键，移动光标至“系统设置”，按【进入】键，进入“系统设置”主界面，如图 3-5 所示。

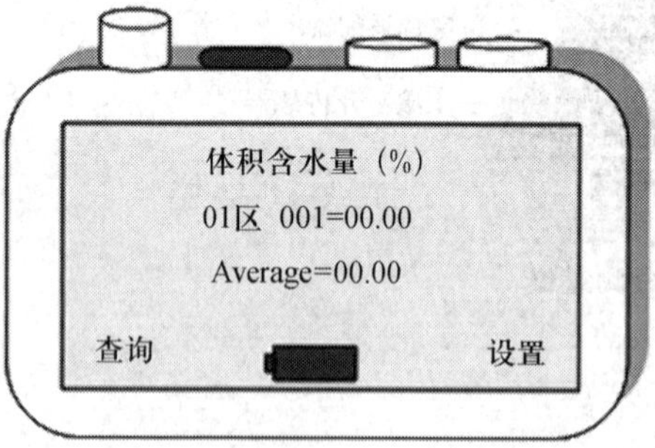

图 3-4　数据采集器主界面

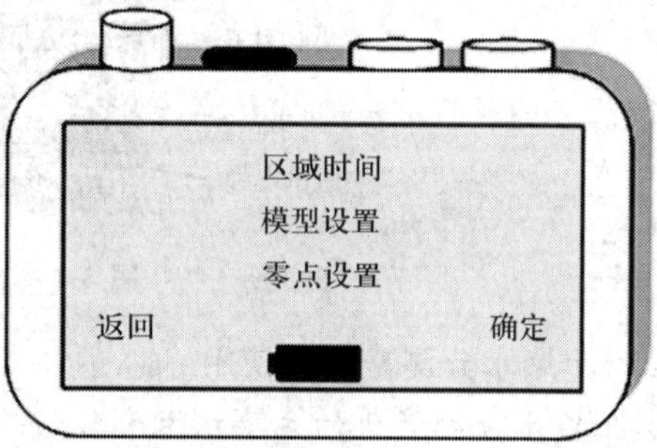

图 3-5　数据采集器设置界面

通过【∨】键、【∧】键、【进入】键的相互配合可完成区域时间、模型、零点、按键音、关机时间等的设置操作。

4. 数据采集软件的使用

数据采集软件安装到电脑以后，双击桌面的“数据采集程序”快捷方式，即可进入数据采集程序，如图 3-6 所示：

通过相应菜单或工具栏按钮可完成数据的读取与保存、设置等操作。

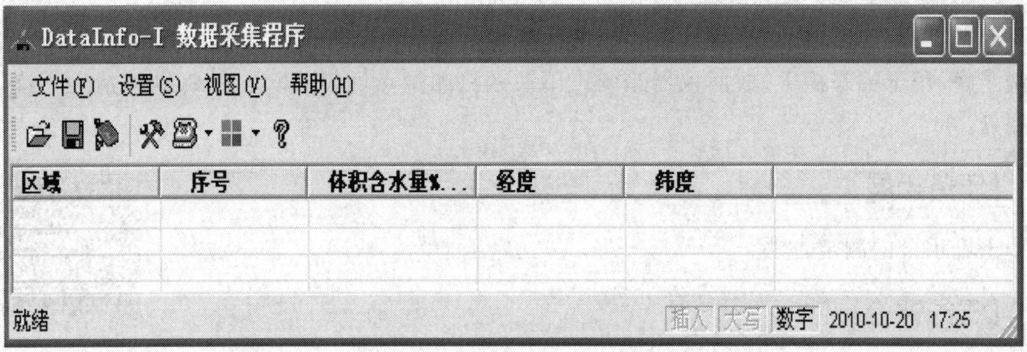

图 3-6　数据采集软件界面

二、资料准备

(1)主要的设备、仪器、材料:土壤水分测定仪、工作服、工作鞋等。

(2)工量具:铁锹或铁铲、卷尺等。

(3)教学资料:任务评价表、记录表、铅笔、资料夹等。

(4)技术资料:土壤水分测定仪用户使用手册。

【任务实施】

一、任务描述

水分测量仪测量指定地块土壤水分,并使用上位机软件完成数据采集。

二、实施步骤

1. 土壤水分测量仪的组装

将水分传感器的航空插头与数据采集器前段的水分传感器接口相连接(请注意插针与插口的匹配),即完成了土壤水分测定仪的硬件组装。如需使用延长杆,可将延长杆与传感器手柄相连,便于测量。

2. 土壤水分被测点的制备

在被测地点用铁锹挖一个规格为长 0.4 m、宽 0.6 m、深 0.4 m 的深坑,作为被测剖面。

3. 土壤水分传感器的安装

在被测剖面地表以下 10 cm、20 cm 和 50 cm 处分别埋设土壤水分传感器。

4. 土壤水分的测定

正确组装土壤水分测量仪,将土壤水分传感器正确安装到监测点,打开数据采集器,分别测量并储存 10 cm、20 cm 和 50 cm 处的数据。

5. 使用上位机软件完成数据采集

将数据采集器和电脑连接,保持数据采集器开机状态,打开数据采集程序。在设置中的"串口设置"选择对应的串口,"区域设置"选择对应的区域,在文件中的"获取数据",即可获取相应区域的数据。将读取的数据记录到记录表中。

6. 仪器复位和测量点回填

测量完毕,使用清洁、干燥的软布清洁数据采集器等仪器外部。土壤水分传感器要用清水清洗干净,用干棉布擦干,放回仪器箱内。用铁锹将测量点回填、压实,并将铁锹清理干净,放回原处。

【任务拓展】

土壤水分的测定方法

【任务评价】

以学习小组为单位,按照项目、内容和标准进行评价,见表 3-3。

表 3-3　快速测定土壤水分评价标准

评价项目	评价内容	评价标准
土壤水分测量仪的组装	构造原理认知	每错一个扣分
土壤水分被测点的制备	制备方法和质量	按操作步骤、方法正确、规格达标,每错一处扣任务完成情况分
土壤水分传感器的安装	安装方法	安装按要求,达标。每错一处扣任务完成情况分
土壤水分的测量	操作方法	操作方法正确。每错一处扣相关专业知识与任务完成情况分
使用上位机软件完成数据采集	操作方法	同上
任务完成	任务完成情况和实验报告	根据实验报告填写情况进行评分
职业素养	学习态度、团队协作、自我管理、创新精神	根据自评与互评记录、小组活动记录进行评分

【任务巩固】

1. 土壤水分测量仪的组成部分有哪些?
2. 安装土壤水分传感器时应注意什么?
3. 如何使用上位机软件完成数据采集?

任务 3　快速测定土壤养分

【任务目标】

1. 认识土壤养分速测仪的组成及部件作用。
2. 掌握使用土壤养分速测仪测量土壤养分的方法。

【任务准备】

一、知识准备

土壤养分的测试方法很多,主要可分为常规化学分析法、土壤养分速测法、离子汇集法及土壤养分系统研究法。下面重点介绍土壤养分速测法。

(一)土壤养分速测仪的组成和使用

1. 土壤养分速测仪的组成

土壤养分速测仪一般包含主机及打印机(内置)、滤光片、比色皿等附件,还有电源适配器等配件。另外,有的仪器还配有玻璃器皿(容量瓶、刻度吸管、三角瓶、蒸馏管、吸收瓶等)、药品、滤纸、洗耳球、铝盒等附件。如图3-7所示。

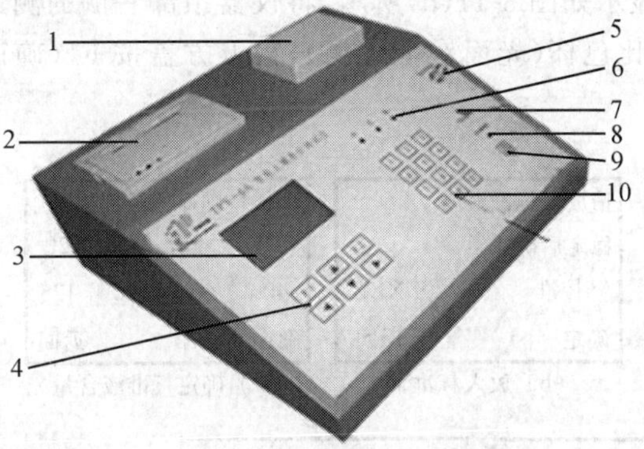

1.养分测定比色装置暗盒
2.打印机
3.显示屏
4.功能控制组合键
5.pH及盐量电极插座
6.养分测定光源指示灯
7.充电指示灯
8.电源指示灯
9.软件自动控制开关
10.键盘

图3-7 土壤养分速测仪

2. 土壤养分速测仪的使用

(1)开机。按产品使用说明书,正确连接仪器后,打开电源键,显示屏显示开机画面,初始化完成后,界面如图3-8所示。

(2)功能选择。按上下箭头选择项目,按F1(确认)键,则分别进入"系统设定""语言选择""输出选择"界面,如图3-9(a)、(b)、(c)所示。

土壤测试
读取保存值
系统设定
确定

图3-8 土壤养分速测仪主界面

时间
语言
输出选择
确定

(a) 系统设定界面

中文
ENGLISH
确定

(b) 语言选择界面

打印机
计算机
确定

(c) 输出选择界面

图3-9 土壤养分速测仪功能界面

(3)土壤测试。按上下箭头选择"土壤测试"项目,按F1(确认)键,则可以进入"土壤测试"界面,如图3-10(a)所示。按上下箭头选择相应测试项目,按F1(确认)键,则可分别进入相应的测试项目。

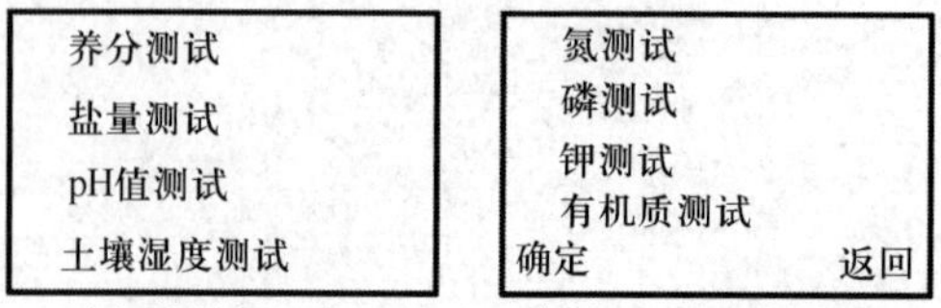

(a) 土壤测试界面　　(b) 测试项目选择界面

图 3-10　土壤养分速测仪土壤测试界面

选择相应的测试项目后，按照界面的操作提示，即可完成项目测试。以“土壤中铵态氮的测定”为例，当系统显示如图 3-11(a)所示时，将仪器顶部右侧的测试装置方盖打开，将空白液比色杯放入(光面对准光源)，盖上方盖按 F1(确认)。系统显示如图 3-11(b)所示，将仪器顶部右侧的测试装置方盖打开，取出空白液比色杯，放入标准液比色杯(光面对准光源)，盖上方盖按 F1(确认)。系统显示如图 3-11(c)所示，按上下箭头键，选择标准液含量(注：氮为 20、磷为 20、钾为 100)，按 F1(确认)。系统显示如图 3-11(d)所示，将仪器顶部右侧的测试装置方盖打开，取出标准液比色杯，放入被测液比色杯(光面对准光源)，盖上方盖按 F1(确认)，即可完成测量，测量结果如图 3-11(e)所示。

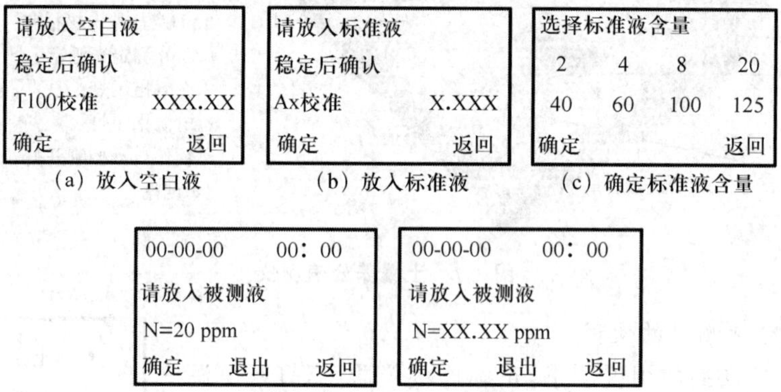

(a) 放入空白液　　(b) 放入标准液　　(c) 确定标准液含量

(d) 放入被测液　　(e) 测量结果

图 3-11　土壤中铵态氮的测定

(二)空白液、标准液和土壤待测液的制备

(1)空白液的制备。用一只干净的塑料吸管向一个玻璃比色皿内加水至 2/3 位置，作为空白液。

(2)标准液的制备。用塑料吸管向另一个玻璃比色皿中滴入 18 滴水，再从箱中找到相应的标准液(如氮标准液、磷的标准液)，滴入 2 滴标液，然后摇匀。此标准液浓度为 20 mg/kg。如果滴入的是“钾标准液”，则此标准液浓度为 100 mg/kg。

(3)土壤待测液的制备。取 3 平勺土样(4 g)放入试剂箱中写有土样的塑料瓶中，用注射器加水 20 mL，加 1 平勺 1 号粉(1 g 左右)盖上瓶盖，摇动 10 min 过滤，此为土壤待测液。

二、资料准备

(1)主要的设备、仪器、材料：土壤养分测试仪及附件、天平(感量 0.01 g)、工作服、工作鞋、滤纸、蒸馏水、土样(10 g)、口取纸等。

(2)工量具：吸管 3 只、注射器(20 mL)1 只、土样瓶 3 只、玻璃比色皿 7 只、小勺 1 只等。

(3)教学资料:任务评价表、记录表、铅笔、资料夹等。

(4)技术资料:土壤养分测试仪用户使用手册。

【任务实施】

一、任务描述

使用土壤养分测试仪完成指定土样土壤铵态氮、有效钾、速效磷测定。

二、实施步骤

(一)土壤待测液的制备

(1)氮待测液的制备按照如下步骤进行:①取3平勺土样(4 g)放入土样瓶中,用注射器加水20 mL,加1小勺1号粉(1 g左右)盖上瓶盖,摇动10 min,过滤。具体步骤如图3-12所示。②取1个口取纸,用笔写上“氮待测液”贴到比色皿上。③向该比色皿内滴入待测液20滴。④向该比色皿内加入2滴氮1号试剂,摇匀,再加入2滴氮2号试剂,摇匀。停放10 min,再各滴入10滴水,备用。

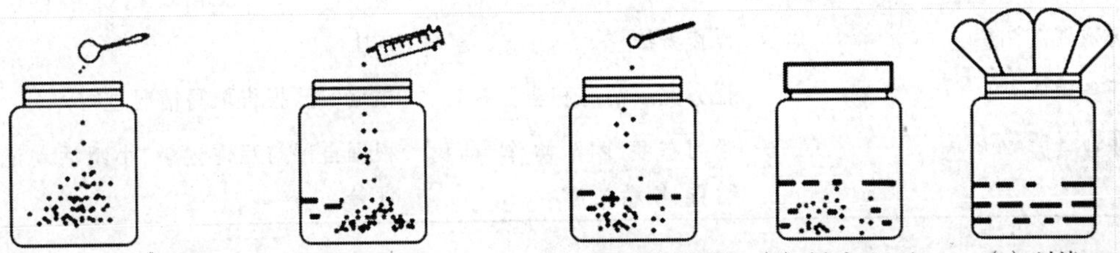

(a) 取3平勺土样放入样瓶 (b) 用注射器加水20 mL (c) 加1小勺1号粉 (d) 摇动10 min (e) 过滤

图 3-12 土壤中铵态氮的测定

(2)钾待测液的制备与氮待测液的制备基本一致,仅需在第④步中将氮试剂更换为钾试剂即可。

(3)磷待测液的制备参照氮、钾待测液进行。步骤①中将1号粉更换为2号粉(0.5 g左右);步骤④将氮试剂更换为磷试剂。

(二)空白液的制备

用一只干净的塑料吸管向一个玻璃比色皿内加水至2/3位置,作为空白液。

(三)标准液的制备

(1)取3个口取纸,分别用笔写上“氮标准液”“钾标准液”“磷标准液”,分别贴到3只玻璃比色皿上。

(2)用塑料吸管分别向三个玻璃比色皿中滴入18滴水。

(3)从箱中找到“氮标准液”“钾标准液”“磷标准液”,向相应玻璃比色皿中滴入2滴标液,然后摇匀。

(四)测定和打印

按产品使用说明书,正确连接仪器后,打开电源键,按照用户使用手册的测试步骤进行土壤铵态氮、有效钾、速效磷的测定。并将测量结果打印出来。

(五)仪器复位

测量完毕,使用清洁、干燥的软布清洁数据采集器等仪器外部。关机时必须拔掉交流电源线,并检查比色皿槽内比色皿是否取出,以免药液洒入槽内造成电路腐蚀损坏。将仪器箱、药品箱和其他附件放入指定位置。

【任务评价】

以学习小组为单位,按照项目、内容和标准进行评价,见表 3-4。

表 3-4 快速测定土壤养分评价标准

评价项目	评价内容	评价标准
土壤养分测试仪	构造原理认知	每错一个扣分
土壤待测液、标准液和空白液制备	制备方法和质量	按操作步骤、方法正确、规格达标,每错一处扣任务完成情况分
铵态氮的测定	操作方法	操作方法正确。每错一处扣相关专业知识与任务完成情况分
有效钾的测定	操作方法	同上
速效磷的测定	操作方法	同上
任务完成	任务完成情况和实验报告	根据实验报告填写情况进行评分
职业素养	学习态度、团队协作、自我管理、创新精神	根据自评与互评记录、小组活动记录进行评分

【任务巩固】

1. 土壤养分的测定项目和方法有哪些?
2. 简述土壤氨、钾待测液的制备步骤。

任务 4 土壤养分的快速制图

【任务目标】

1. 认识土壤养分制图的作用。
2. 掌握使用 Arcview 制作土壤养分图的方法。

【任务准备】

一、知识准备

(一)土壤养分快速制图的一般步骤

土壤养分图的制作过程可分为网格取样、养分分析、建立养分数据库、建立采样点图层、数据库链接、空间插值、养分分类等步骤。土壤养分快速制图的一般步骤如图 3-13 所示。

1. 网格取样

方法是将所取样的地块分成一定大小的网格，对每一网格进行混合样取样，以消除土壤在小范围内的变异。在实际取样过程中，也可在网结（即网格线的交点）上取样，只要保证样点间距基本一致即可。为了后期成图方便，最好在采样同时使用差分GPS对每个取样点定位，记录下每个取样点的精确坐标。

2. 样品分析

从田间采集的土壤样品，须在室内经过风干、磨碎、过筛等处理，然后进行土壤养分的化学分析。根据土壤养分图制作目的不同，选择合适的土壤养分分析方法，当用于土壤养分管理时，最好选择土壤的有效养分，而用于土壤评价时，可选用土壤的迟效性养分。需要注意的是，不同的养分种类、不同养分形态，其分类方法都不相同。不同的分析方法，其测定值的分类也不同。所以，在制图时，养分种类、养分形态、分类指标等均应匹配。

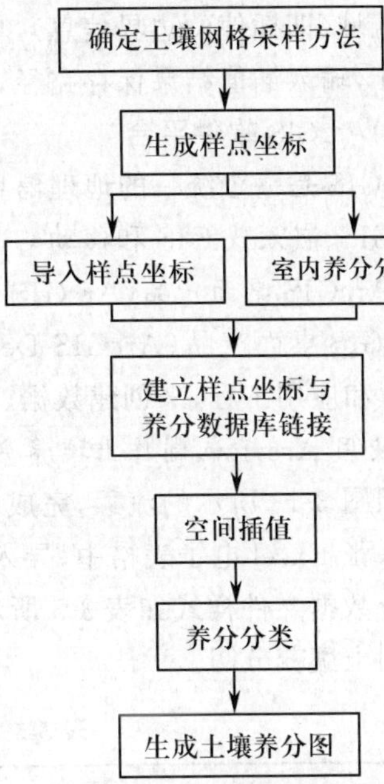

图3-13 土壤养分快速制图的一般步骤

3. 建立养分数据库

土壤养分数据库建立的方法很多，不同的数据库平台，其方法各异。当土壤养分仅用于土壤养分制图时，可建立较为简单的数据库，或将电子表格的养分数据存为数据库格式的文件即可。通常，空间数据库建立可以通过ArcGIS软件平台实现。首先，利用GPS接收机将野外采样点的定位数据导入GIS软件中，其次，添加采样点的土壤养分测试数据，建立土壤养分数据库。

4. 建立采样点图层

土壤养分的田间采样结束后，在土壤养分分析的同时，即可建立采样点图层，当采用GPS定位的方法采取土壤时，每一个采样点均有一个样品编号和X、Y的坐标，在Excel上将其保存为CSV格式（逗号分隔）文件，并将文件复制到ArcGIS的工作目录下，然后运行命令，将土壤采样点的编号与坐标全部导入ArcGIS系统，然后，给土壤采样点图层建立拓扑关系，实现土壤养分数据库链接。

5. 空间插值

空间插值，是运用数学方法根据观测点数据或样本数据推算区域内其他任一点的值，以便描述和研究连续型面状实体的空间分布和变化特征的技术。空间插值方法分为两类：一类是确定性方法，另一类是地质统计学方法。确定性插值方法是基于信息点之间的相似程度或者整个曲面的光滑性来创建一个拟合曲面，比如反距离加权平均插值法（IDW）、趋势面法、样条函数法等；地质统计学插值方法是利用样本点的统计规律，使样本点之间的空间自相关性定量化，从而在待预测的点周围构建样本点的空间结构模型，比如克立金（Kriging）插值法。

在ArcGIS软件中，启动软件，进入软件操作界面，选择菜单项“空间分析”下拉菜单“空间插值”，弹出对话框，输入土壤采样点图文件，选择插值方法，点击按钮“下一步”，弹出对话框后，先点击“选择属性Z”，确定土壤养分中养分属性作为插值对象，然后选择定义边界方式，确定研究区域(即插值的边界信息),单击“下一步”按钮,弹出对话框,确定生成的分布图的网格单元大小,输入插值结果保存路径,生成土壤养分空间变异分布图。

(二)ArcGIS 软件平台

ArcGIS 是一个统一的地理信息系统平台,主要由 4 个基础框架组成:桌面产品 Desktop、服务器 GIS、嵌入式 GIS 和移动 GIS。

1. ArcGIS 桌面产品(ArcGIS Desktop)

ArcGIS 桌面产品(ArcGIS Desktop)是一套完整的专业 GIS 应用,利用它来管理复杂的 GIS 流程和应用工程,来创建数据、地图、模型和应用。

2. 使用 Arcview 制作土壤养分图

按照图 3-13 所示的流程,完成土壤网格采样、室内养分分析,将采样和分析获得的信息输入到同一张 Excel 电子表格中,导入 Access,可以建立样点位置及养分信息数据库,采样点坐标及养分数据文件样式如表 3-5 所示。接下来,可以使用 ArcGIS 桌面产品中的 Arcview 工具快速绘制土壤养分图。

表 3-5　采样点坐标及养分数据文件样式

编号	*X*	*Y*	pH	OM	N	…	Zn
1	120.628 460 27	33.399 726 02	8.2	0.95	15.6	…	1.8
2	120.599 349 47	33.399 096 67	8.3	0.88	18.6	…	2.2
3	120.578 695 32	33.398 926 21	8.3	0.82	11.5	…	1.9
…							

(1)建立样点图层。打开 Arcview 后、在 table 状态下,使用 add 按钮,将 Access 导出的包含采样点位置坐标 *X*、*Y* 及样点需要插值的土壤养分含量的 dbf 文件导入。在 View 状态下,新建一个空的 View,并打开;在 View 菜单下使用 Add Event Theme 命令,将 dbf 样点坐标 *X*、*Y* 作为 Event Theme 的 *X* field 和 *Y* field,即可将样点导入 Arcview 建立样点图层。使用 Theme 菜单下的 Convert to shape file 命令将形成的样点图层 view. dbf 转化成 shape 文件格式。

(2)建立边界图层。在 Arcview 中,将地块边界的各个拐点的地理坐标 *X*、*Y* 按照上面的方法建立一个点图层之后,使用 View 菜单下的 New theme 命令,选择建立 polygon 图层,然后使用 Draw Rectangle 按钮连结各个拐点形成多边形边界图图层。

(3)空间插值。插值前,首先要对养分数据进行初步的检查,包括数据的常规统计特征、有无异常值等。可以使用地统计软件如 GS+对养分数据进行初步的地统计分析,确定养分是否存在空间自相关。

使用 Extension 命令加载 Kriging interpolation 拓展模块,然后在 Analysis 菜单下使用 Kriging interpolation 命令,在插值对话框中选择带插值的养分名称作为插值字段,选择合适的插值模型,使用地块的边界图层作为插值的 barrier theme,输出格式中选择线形或表面图。如果选择表面内插,弹出的对话框中还要选择输出网格大小,一般为默认,栅格文件输出范围选择 Same as view,确定后就可以输出插值后的养分图了。如果样点比较多,选择的插值得出的栅格较小,可能插值过程时间比较长。空间插值后得到土壤养分的分布图。

(4)养分分类。对养分进行管理和评价还要使用再分类,可对养分图在 Analysis 菜单下使用 Reclassify 命令,按照一定的范围对养分值进行分类,赋予新的值,如 1、2、3 或者低、中、高等表示方法,生成多边形组成的养分的等值线图。

二、资料准备

(1)主要的设备、仪器、材料:计算机、打印机、ArcGIS 软件平台(10.0 以上)、MicrosoftOffice(2007 以上,包含 Excel、Access)等。

(2)教学资料:任务评价表、铅笔、资料夹等。

(3)技术资料:ArcGIS10.0 用户使用手册、采样点坐标及养分数据表、行政区划图、地貌图、土壤图等。

【任务实施】

一、任务描述

使用 Arcview 制作指定区域的土壤铵态氮、有效钾、速效磷养分图。

二、实施步骤

1. 制定采样点坐标及养分数据表

根据提供的数据资料,按照 ArcGIS10.0 用户使用手册的步骤,制定采样点坐标及养分数据表(参照表 3-5)。导入 Access。需要建立某种养分的养分图时就在 Access 中打开这个表格,将样点坐标和所选择的养分含量数据导出 dbf 格式文件。

2. 建立样点图层

(1)打开 Arcview 后,导入的采样点坐标及养分数据表的 dbf 文件。

(2)在 View 状态下,新建一个空的 View。

(3)在 View 菜单下使用 Add Event Theme 命令,将 dbf 样点坐标 X、Y 分别定义为 Event Theme 的 X field 和 Y field,将样点导入 Arcview,建立样点图层。

(4)使用 Theme 菜单下 Convert to shape file 命令将形成样点图层 view.dbf 转化成 shape 文件格式。

3. 建立边界图层

(1)在 Arcview 中,使用 View 菜单下的 New theme 命令,选择建立 polygon 图层。

(2)然后使用 Draw Rectangle 按钮连结各个拐点形成多边形边界图层。

4. 空间插值

(1)使用 Extension 命令加载 Kriging interpolation 拓展模块,然后在 Analysis 菜单下使用 Kriging interpolation 命令,在插值对话框中选择带插值的养分名称作为插值字段。

(2)选择合适的插值模型,使用地块的边界图层作为插值的 barrier theme,输出格式中选择线形或表面图,栅格文件输出范围选择 Same as view,确定。

5. 养分分类

在 Analysis 菜单下使用 Reclassify 命令,按照一定的范围对养分值进行分类赋值,生成多边形组成的养分的等值线图。

6. 打印及仪器复位

使用打印机，分别打印土壤铵态氮、有效钾、速效磷养分图。工作完毕，关闭计算机，完成实验报告。

【任务评价】

以学习小组为单位，按照项目、内容和标准进行评价，见表 3-6。

表 3-6　土壤养分的快速制图评价标准

评价项目	评价内容	评价标准
ArcGIS 软件平台	结构认知	每错一个扣分
制定采样点坐标及养分数据表	制备方法和质量	按操作步骤、方法正确、规格达标，每错一处扣任务完成情况分
建立样点图层	操作方法	操作方法正确。每错一处扣相关专业知识与任务完成情况分
建立边界图层	操作方法	同上
空间插值	操作方法	同上
养分分类	操作方法	同上
任务完成	任务完成情况和实验报告	根据实验报告填写情况进行评分
职业素养	学习态度、团队协作、自我管理、创新精神	根据自评与互评记录、小组活动记录进行评分

【任务巩固】

1. 与土壤养分图绘制相关的关键技术有哪些？
2. 简述土壤养分快速制图的一般步骤。
3. 在 Arcview 中如何进行空间插值？

项目2 农作物长势监测与产量测定

【项目描述】

冬小麦和春玉米作为某省主要粮食作物，每年种植面积大约230多万 hm^2，产量约占全年粮食总产的85%以上，在农业生产中占有举足轻重的地位。2013年，该省启动了"基于遥感和作物模型的农作物长势监测及产量预估"项目，实现了全省农作物种植面积提取、长势监测及产量预估。

利用卫星遥感技术，进行作物识别与种植面积的提取，对农作物进行区域大尺度的实时长势动态监测和产量预测，可以实现及时、准确地掌握粮食生产状况，加强田间生产管理，为政府有关部门制定科学合理的粮食政策提供科学依据。

本项目分为监测农作物长势和估测农作物产量、谷物联合收获机测产3个工作任务。

通过本项目的训练，认知卫星遥感技术的基本知识；完成农作物长势的监测、农作物产量的估测、谷物联合收获机的测产等工作内容，掌握作物长势监测、产量估测的方法及联合收获机测产的方法，熟悉相关软件的使用方法和技巧；培养学生认真、严谨、科学的工作态度以及团队沟通协作能力与精神。

任务1 监测农作物长势

【任务目标】

1. 认识卫星遥感技术的基础知识。
2. 掌握利用遥感资料进行作物长势监测的方法。
3. 掌握使用植物冠层分析仪测定作物的叶面积指数的方法。

【任务准备】

一、知识准备

一般来说，作物的长势是指作物生长的状况与趋势。作物长势能够及时反映农情信息，从政府、市场到农户都需要及时更新的作物长势信息。通过对农作物长势的实时监测，能够为农业生产的田间管理提供及时、科学的依据，并为农作物产量估测提供必要的基础数据。传统作物长势监测多依赖地面调查，造成农情信息获取成本高、时效性差，调查结果常受主观人为因素影响较大。近年来，随着遥感技术的不断发展，为作物长势信息的快速、准确、动态获取提供了重要的技术支撑。

(一)叶面积指数测量

叶面积指数的测量主要有直接测定方法和间接测定方法两种。

1. 直接测定法

先测定所有叶片的叶面积，再计算叶面积指数。叶面积测量方法有求积仪测定法、称重法、方格计算法、排水法、经验公式计算法、异速生长法等。其中常用的有利用叶片形状的标准形状法、根据叶面积与叶重之间关系的称重法以及利用叶面积与胸径的回归关系推算叶面积的易速生长法。因要剪下全部待测叶片，直接测量多数属于毁坏性测量，或至少会干扰冠层、叶片角度的分布，从而影响数据的质量，且费时、费力。

2. 间接测定法

利用冠层结构与冠层内辐射与环境的相互作用这一可定量耦合关系，通过测定辐射的相关数据推断冠层的结构特征，具体有顶视法和底视法。间接测定法可以避免直接测定法所造成的大规模破坏植被的缺点，不受时间的限制，获取数据量大，仪器容易操作，方便快捷，但仍需要用直接测定法所得结果进行校正。

目前，在田间多采用植物冠层分析仪（图 3-14）测定作物叶面积指数从而进行作物长势的监测。

植物冠层分析仪一般由传感器和处理器两部分组成，获取的图像可以通过 USB 接口直接将测点图像显示和存储在计算机上。植物冠层图像分析仪采用冠层孔隙率与冠层结构相关的原理，根据光线穿过介质减弱的比尔定律，在对植物冠层定义了一系列假设前提的条件下，采用半理论半经验的公式，通过冠层孔隙率的测定，计算出冠层结构参数。

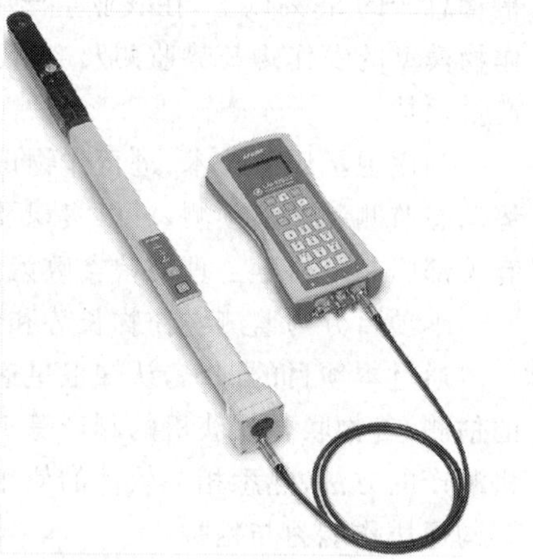

图 3-14　植物冠层分析仪

（二）植被指数

农作物叶面在可见光红光波段有很强的吸收特性，在近红外波段有很强的反射特性，利用卫星不同波段探测数据，通过这两个波段测值的组合可得到植被指数。植被指数主要反映植被在可见光、近红外波段反射与土壤背景之间的差异，在一定条件下能用来定量说明植被的生长状况。

常见的植被指数主要有比值植被指数（RVI）、归一化植被指数（NDVI）、绿度植被指数（GVI）、垂直植被指数（PVI）、土壤调节植被指数（SAVI）、差值植被指数（DVI）、增强型植被指数（EVI）等。其中，归一化植被指数（NDVI）和增强型植被指数（EVI）资料在作物与植被研究中应用广泛。

1. 归一化植被指数（NDVI）

归一化植被指数（Normalized Difference Vegetation Index，NDVI），也称为生物量指标变化，反映植物冠层的背景影响，如土壤、潮湿地面、雪、枯叶、粗糙度等，且与植被覆盖有关。计算公式为：

$$NDVI=\frac{\rho_{NIR}-\rho_{RED}}{\rho_{NIR}+\rho_{RED}} \tag{3-1}$$

其中：ρ_{NIR} 和 ρ_{RED} 分别代表近红外波段和红光波段的反射率。

归一化植被指数(NDVI)的值介于−1和1之间。负值表示对可见光高反射,地面覆盖为云、水、雪等;0表示 NIR 和 R 近似相等,地面有岩石或裸土等;正值表示有植被覆盖,且随覆盖度增大而增大。

2. 增强型植被指数(EVI)

为了克服归一化植被指数(NDVI)的缺陷,根据大气校正所包含的影像因子大气分子、气溶胶、薄云、水汽和臭氧等因素进行全面的大气校正,通过参数构建了一个同时校正土壤和大气的影响反馈机制,即增强型植被指数(Enhanced Vegetation Index, EVI),其计算公式为:

$$\mathrm{EVI}=2.5\times\frac{\rho_{NIR}-\rho_{RED}}{\rho_{NIR}+6.0\rho_{RED}-7.5\rho_{BLUE}+1} \tag{3-2}$$

其中:ρ_{NIR}、ρ_{RED} 和 ρ_{BLUE} 分别代表近红外波段、红光波段和蓝光波段的反射率。

增强型植被指数(EVI)扩大了作物与背景的差异,消除了残留的大气干扰和土壤背景的影响,在植被茂密的地区更不容易饱和,对作物覆盖区或受土壤背景影响较大的地区,采用EVI代替NDVI资料来识别作物的发育期和长势更为合适。

(三)基于MODIS-EVI资料进行农作物长势监测

作物监测和产量预测的方法很多,其中利用遥感信息进行作物长势分析是最具前途的方法之一。利用遥感植被指数曲线形态变化与作物苗情变化的响应关系,提取植被指数曲线的特征参数,推测作物的生长发育状况,从而实现对作物长势的监测。目前,作物长势监测多是基于NOAA AVHRR、SPOT Vegetation和MODIS-EVI数据进行。下面,以MODIS-EVI数据为例进行作物长势的监测。

1. 数据获取

MODIS数据来源于美国国家航空与航天局(NASA),用户可在其网站LAADS WEB(https://ladsweb.nascom.nasa.gov/data/search.html)上免费下载,界面如图3-15所示。

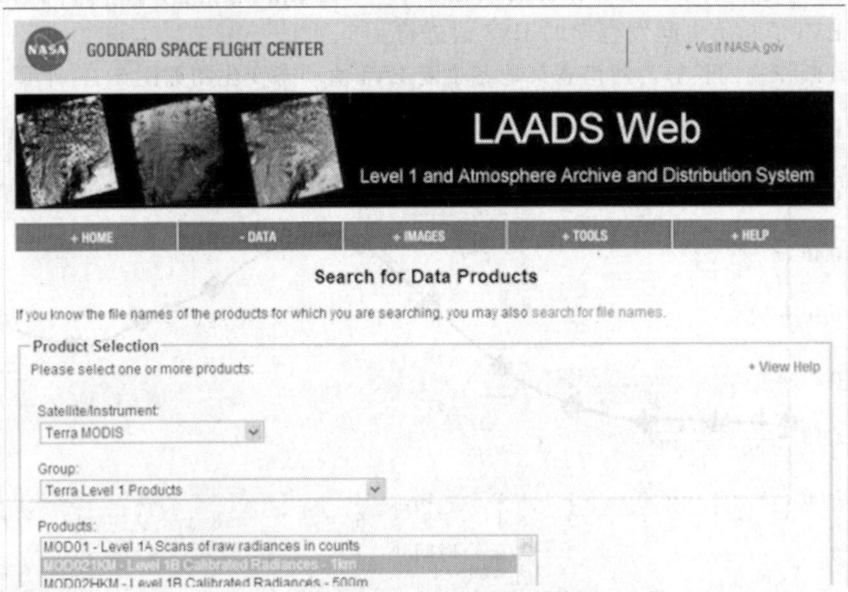

图3-15 LAADS WEB网站界面

打开网页，选中需要的数据源类型、数据时间，在“spatial selection”选项中选择“latitude/longtitude”，按经纬度形式选择影像范围，点击“search”查到需要的数据。

勾选所需要的数据，点击“order files now”，输入接收信息的邮箱，点“order”开始订购该数据。如果要搜索多天数据，可以选“add files to shopping cart”继续搜索其他日期的数据。点击“Data->Track Orders”可以查看所有已订购的数据的状态。如果“state”显示“avalable”即可开始下载。下载的数据文件为 HDF 格式。

2. 数据预处理

MODIS 数据存在着受云、雪等影响会产生错误数据和缺失数据的问题，在实际应用中首先需要判断某一站点的数据是否丢失过多。若某站点某年的数据缺失达 4 期，该站点这年数据就不适合作为研究依据，应舍弃该年数据。数据有缺少但未达到 4 期，可以用线性插值方法进行插值处理。从而使得每一旬都有相对可靠的数据作为研究对象。另外，需要选择合适的滤波方法对数据进行滤波处理。

遥感图像需要经过资料和裁切以确定研究的区域，一般使用 ENVI 软件实现整合和裁切工作。

3. 作物发育期的识别

在不同发育期，作物的生长特点和规律都是不同的，简单的对比不同生长阶段的增强植被指数(EVI)，并不能反映作物长势的好坏和可能的产量高低，而应该对同一发育期的 EVI 对比，首先需要对作物的发育期进行识别。下面以冬小麦为例对作物发育期的识别进行介绍。

小麦的返青、抽穗和成熟 3 个时期是其关键发育期。随着冬小麦在关键发育期的植株特性、叶片形态特征的变化，其光谱特性也会发生相应的变化。如图 3-16 所示，从返青期到成熟期其增强植被指数 EVI 变化明显。

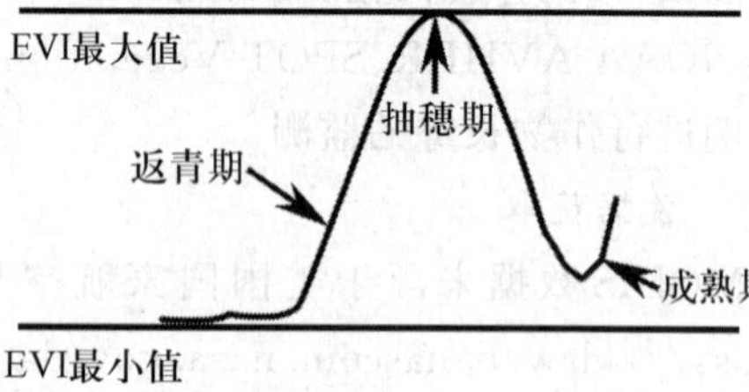

图 3-16　冬小麦发育期 EVI 的变化特征

4. 作物长势监测结果分析

根据获取的遥感数据识别出作物的关键发育期后，将其 EVI 值与历史同发育期的 EVI 值进行比较，便可判断作物的长势。河南省某地冬小麦 EVI 值动态变化图如图 3-17 所示。

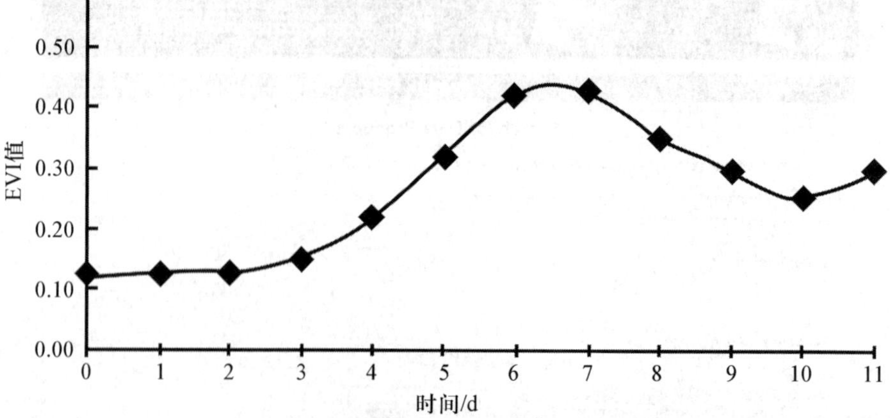

图 3-17　河南省某地冬小麦 EVI 值动态变化图

二、资料准备

(1)主要的设备、仪器、材料:植物冠层分析仪等、工作服、工作鞋、工作帽等。

(2)教学资料:任务评价表、记录表、铅笔、资料夹等。

(3)技术资料:植物冠层分析仪使用手册等。

【任务实施】

一、任务描述

在大田中,使用植物冠层分析仪测定作物的叶面积指数。

二、实施步骤

(一)连接仪器

将植物冠层分析仪的传感器和处理器两部分通过串口相连,并锁紧螺丝。

(二)开机和初始化设置

1. 按 ON 键开机

记录观测地点、观测对象等操作的参数时,需要输入字母或数字,配合采集器的按键完成录入。

2. 按 SETUP 键进行初始化设置

(1)sensor X(setup,FCT11)。

(2)set clock(oper,FCT05)。

(3)set prompt(oper,FCT12)。

(4)set seq=0,重复次数为 0,即转为人工模式。

(三)测量

依次按如下按键,完成测量 ON→LOG→What→Where→Several A→Y(A、B 测量转换)→Several B→按实际情况重复[Several A→Y(A、B 测量转换)→Several B]→LOG→FCT 09。

(1)测量时,应尽可能避免直射的阳光,尽量在日出日落时或多云的天气进行测量,如果避免不了,那么需要注意:

① 使用 270°的遮盖帽或更小的视野遮盖帽。

② 背对阳光进行测量,遮挡住日光和操作者本身。

③ 对植物冠层进行遮阴处理。

④ 如天空云分布不均匀导致光线不均匀,等待云彩飘过并遮挡了阳光时再进行测量。

(2)按下 LOG 键,依次输入"what"和"where";what 可以记录每次观测植被类型;而 where 则输入观测所在地。也可根据需要设置,比如用 what 设置观测的点号(1、2、3,……),where 输入观测站点名(如,xingshou,以后可以不变)。

(3)输入后按下 ENTER 进行观测,每进行一次观测生成一个独立序号的 LAI 文件(如,第 88 号文件,表示第 88 次观测)。

(4)观测中需要按照如上设置的 Seq 观测顺序进行观测,即 1 次上,6 次下的观测顺序完成一块农田的观测。

(5)1 次上观测，即让传感器高于冠层，不受任何植被遮挡，直接观测天空的数值，观测过程中确保水平，另外一般采用 30°角的遮光板，遮光部分正对观测员；调整合适位置后，按下采集器上的 ENTER 或传感器手柄上的按键，听到采集器两声蜂鸣，即数据采集完毕。采集冠层上方的数据后，要对冠层下方进行 6 次采集。保证冠层上下方观测时使用同一遮光板，使遮光部分正对观测员。变化冠层下方的观测位置后，继续采集，重复采集 6 次后。采集器会自动计算 LAI 数值。

(四)实验结果与分析

对实验楼下林地进行 4 次测量，结果如表 3-7 所示：

表 3-7 实验结果记录表

序号	叶面积指数(LAI)	叶面积指数标准差(SEL)	冠层下天空可见度(DIFN)	平均叶倾角(MTA)	平均叶倾角标准差(SEM)	采样数据对数(SMP)
第一组						
第二组						
第三组						
第四组						

【任务评价】

以学习小组为单位，按照项目、内容和标准进行评价，见表 3-8。

表 3-8 监测农作物长势评价标准

评价项目	评价内容	评价标准
连接仪器操作	操作方法	按操作步骤、方法正确，每错一处扣任务完成情况分
开机和初始化设置操作	操作方法和结果	操作方法和填写结果正确。每错一处扣相关专业知识与任务完成情况分
测量操作	操作方法和填写结果	同上
任务完成	任务完成情况和实验报告	根据实验报告填写情况进行评分
职业素养	学习态度、团队协作、自我管理、创新精神	根据自评与互评记录、小组活动记录进行评分

【任务巩固】

1. 农作物长势监测的常用方法有哪些？各有什么优缺点？
2. 简述遥感技术的工作原理和系统组成。
3. 常见的植被指数有哪些？

任务2 估测农作物产量

【任务目标】

1. 认识农作物估产的含义及分类。

2. 掌握使用 ArcMap 软件浏览地理数据的方法。

【任务准备】

一、知识准备

(一)作物估产

1. 田间测产估产

田间测产估产通常有目测估产、测数预测和割取预测 3 种方法。

2. 遥感估产

遥感估产是基于遥感技术,利用搭载在各种遥感平台(地面、气球、飞机、卫星等)上的传感器(照相机、扫描仪等)接收电磁波,根据地面上物体的波谱反射和辐射特性,识别作物的类型和状态,在收集分析各种农作物不同生育期不同光谱特征的基础上,通过平台上的传感器记录的地表信息,辨别作物类型,监测作物长势,并在作物收获前,预测作物的产量的一系列方法。遥感估产用于大面积的农作物估产。

遥感估产的过程大体上可以分为以下八个步骤:遥感信息获取与处理;遥感估产区划;地面采样点布设及观测;建立背景数据库;农作物种植面积的提取;长势及灾害监测;建立遥感估产模型;估算总产并对其精度进行评估。

(二)遥感估产模型

遥感估产模型是农作物遥感估产的核心内容之一,经过多年的探索研究,估产模型从初期简单的光谱或指数统计回归模型,逐渐发展到今天以作物生理生态机理为基础的区域生长模拟遥感模型阶段。农作物遥感模型的建立,是将遥感信息作为输入变量或参数,直接或间接表达作物生长发育和产量形成过程中的影响因素,单独或与其他非遥感信息相结合,依据一定的原理和方法构建单产模型,进而驱动模型运行的过程。估产模型一般划分为产量-遥感光谱指数的简单统计模型、潜在-胁迫产量模型、产量构成三要素模型以及作物干物质量-产量模型等几种模式。

1. 产量-遥感光谱指数的简单统计模型

产量-遥感光谱指数简单统计模型是指利用产量直接与遥感光谱指数进行简单相关统计分析来估算作物产量。这种模式通常有两种方式:一种是直接以遥感波段作为自变量,使用单波段或多波段为模型驱动因子与产量建立估算模型,以 Tennakoon 模型和 Thenkabail 模型为代表;另一种是将遥感数据影像各波段组合成各种不同形式的遥感指数,以这些遥感指数直接或间接作为模型驱动因子构建相关统计模型估算产量,以 Barnett 模型和 Quarmay 模型为代表。

产量-遥感光谱指数简单统计模型不考虑作物产量形成的复杂过程,建立的模型简洁明了，计算方便，是一种较为普遍的产量估算模式。但是，这种作物产量估算模式所建立的模型没有明确的生物物理机制，难以真正反映作物的生长发育过程，区域外推的适用性不高。

2. 潜在-胁迫产量模型

潜在-胁迫产量模型是指结合作物的生长与发育期，以作物生长期的自身生理数据（如叶面积指数、地上生物量、叶绿素浓度等，即潜在产量因素）计算潜在产量，以作物发育期的生态环境条件（如水分、养分、温度、光照以及灾害等，即胁迫产量因素）估算胁迫产量，从而进行农作物产量估算的模型。以 Barnett 模型和 Boken 模型为代表。

潜在-胁迫产量模型可以灵活地侧重两个产量方面，采用不同的指数来分别表达作物产量，也有一定合理的精度。但是如何有效地确定并估算作物潜在产量和胁迫产量还是一个有待深入研究的问题。

3. 产量构成三要素模型

产量构成三要素模型是从作物产量构成要素——单位面积植株数（穗数）、每株（穗）平均粒数、穗粒重出发，结合作物生育期，以遥感信息来分别表达三者建模进行农作物产量估算的模型。产量构成三要素模型的表达式为：单位产量＝单位面积植株数（穗数）×每株（穗）平均粒数×穗粒重，借助于遥感信息，并结合作物生育期度量出三者。

基于遥感信息的产量构成三要素模型在小范围建立的模型往往有一定的精确度，但是在迁移时精度不高，需要经过校准。

4. 作物干物质量-产量模型

作物干物质量-产量模型基于遥感信息数据估测作物地面上干物质量，然后再依据作物干物质量与果实部分间的关系得到作物产量。以 TOPOPROD 模型、BEPS 模型、FIELD 模型为代表。

二、资料准备

(1)主要设备、仪器、材料：计算机（联网）、彩色打印机、ArcGIS Desktop（10.0 以上）、ArcMap 等。

(2)教学资料：任务评价表、铅笔、资料夹等。

(3)技术资料：ArcGIS 用户使用手册、××市土地利用及街区矢量数据（自行准备）。

【任务实施】

一、任务描述

使用 ArcMap 软件浏览地理数据。

二、实施步骤

(一)启动 ArcMap

执行菜单命令：开始→所有程序→ArcGIS→ArcMap，当出现 ArcMap 对话框时，点击"一个新的空地图"单选按钮，然后点击 OK 确定。

(二)检查要素图层

执行菜单命令 File→Open。

浏览到包含有你下载的练习数据的文件夹然后点击××. mxd。

点击 Open 按钮，打开地图文档后，你会看到××市的地图。地图显示以图层表示的几种地理要素。一个图层表示某种专题信息。

(三)显示其他图层

在地图中显示其他图层、铁路、街道及 ESRI 的位置。

选中 Railroads 图层旁边的检查框，××市的铁路就会显示在图中，选中 Streets 旁边的检查框就可以显示××市的街道。

(四)查询地理要素

在 ArcMap 中，通过在地图显示区点击某个要素可以查询其属性。放大地图可以更清楚地查看单个要素。

创建书签，可以存储包含 ESRI 和附近街道的地理区域。执行菜单命令"视图"(View)→"书签"(Bookmarks)→"ESRI"，当前显示区就被调整到书签 ESRI 所定义的区域。

(五)检查其他属性信息

在图层列表(TOC)中，选中 Railroads，然后点击右键执行"打开属性表"命令，这时会显示与"Railroads"图层相关的属性表窗口。这个表中的每一行是一个记录，每个记录表示"Railroads"图层中的一个要素。同样的方法，可以查看图层——Donut Shops、Railroads、Streets 及 Land Use 的属性表。

(六)设置并显示地图提示信息

地图提示以文本方式显示某个要素的某一属性，保持将鼠标放在某个要素之上时，将会显示地图提示。将鼠标指针停留在代表圈饼点位置的一个符号的中心位置，可以显示圈饼点的名称。

在图层属性对话框中设置，地图提示信息来自数据表中的哪一个字段。在图层列表中(TOC)，右键点击图层——Donut Shops 的名字，然后点击"属性"命令。在出现的属性对话框中，点击"字段"选项页。通过设置主显示字段来设定地图提示信息的对应字段。

在主显示字段下拉列表框中，选中字段：Address，点击 OK 按钮关闭图层属性对话框。将鼠标保持在图层——Donut Shops 中的任意一个要素之上。这个要素的"Address"就为作为地图提示信息显示出来。

(七)根据要素属性设置图层渲染样式

首先，在图层列表(TOC)中反选 Land use 边上的检查框(将√去掉)，从而关闭图层 LandUse 的显示。然后右键点击图层——Streets，点"属性"菜单命令。在出现的图层属性对话框中，点击"符号"选项页。在对话框的左边区域，有地图渲染方式列表。点击"类别"，依次点击"唯一值"。在"值字段"下的下拉列表中，选择字段"CLASS"。点击按钮"添加全部值"。点击按钮"应用"(Apply)，图层——Streets 就以会根据属性字段——CLASS 的取值不同而采用不同的符号表示。

(八)根据属性选择要素

在图层列表(TOC)中，反选图层——Railroads 边上的检查框，关闭这个图层。因为下面的操作不需要显示这个图层。

执行菜单命令"选择"→"通过属性选择"。

在属性选择对话框中，你可以构造一个查询条件。通过构造表达式[Select * From

StreetWHERE“STR_NAME”=“Ⅰ10”],可以从数据库中找出第 10 号州际公路,选中要素将会在属性表及地图中高亮显示。

(九)使用空间关系选择地理要素

执行菜单命令“选择”→“通过位置选择”。

在“位置选择”对话框中,对选择操作,形成如下的一个表达式,“我想要从图层——Donut Shops 中选择要素,这些要素位于距图层——Street 中被选中的要素 1 000 m 的区域内”。选中检查框“对要素进行缓冲区操作”,缓冲距离设为 1 000 m。点“应用”按钮,点“关闭”按钮。这时,在地图显示区中,处于沿 10 号州际公路 1 000 m 缓冲区范围内的油炸圈饼点就会被高亮显示。

(十)退出 ArcMap

执行菜单命令“File”→“Exit”,关闭 ArcMap。

【任务评价】

以学习小组为单位,按照项目、内容和标准进行评价,见表 3-9。

表 3-9　估测农作物产量评价标准

评价项目	评价内容	评价标准
ArcMap 软件界面的认知	软件认知	每错一个扣分
检查要素图层	操作方法	按操作步骤、方法正确、规格达标,每错一处扣任务完成情况分
显示其他图层	操作方法	同上
查询地理要素	操作方法	同上
检查其他属性信息	操作方法	同上
设置并显示地图提示信息	操作方法	同上
根据要素属性设置图层渲染样式	操作方法	同上
根据属性选择要素	操作方法	同上
使用空间关系选择地理要素	操作方法	同上
任务完成	任务完成情况和实验报告	根据实验报告填写情况进行评分
职业素养	学习态度、团队协作、自我管理、创新精神	根据自评与互评记录、小组活动记录进行评分

【任务巩固】

1. 遥感估产的过程可以分为哪几个步骤?
2. 地理信息系统的组成部分有哪些?
3. 常见的遥感估产模型有哪些?

任务3 谷物联合收获机测产

【任务目标】

1. 认识测产的目的和意义。
2. 认知测产谷物联合收获机的组成和工作原理。
3. 掌握使用移动 GIS 平台测绘指定地块的方法。

【任务准备】

一、知识准备

(一)测产谷物联合收获机的组成和工作原理

谷物联合收获机测产系统由传感器、数据采集、数据处理三部分组成。系统通过前端传感器采集收割机的作业速度、收割宽度,计算实际收割面积;通过谷物流量传感器或在卸粮时采集收获的粮食重量,根据收割面积计算单产;GPS 定位传感器定时采集收割地块信息且进行中心优化,每块地收割完毕将其中心位置的经纬度存储到数据库中。

精确农业田间测产方法是:单产量=(谷物质量流量－水分含量＋损失量)/(收割机行驶速度×割幅宽度)。

(二)谷物流量传感器

谷物流量传感器是测产系统的核心部件,其测量精度、抗干扰性能对产量分布图的准确性有决定性的意义。目前,对谷物产量监测所采用的方法主要有测量质量流量和体积流量两种方式。

(三)土壤测产系统产量图

产量图对于处方农作、精细农作具有不可忽略的指导意义。过去农场都是粗放施肥,那么在产量较高、土地肥沃的位置就会施肥过剩,造成经济损失,并且污染环境;而在产量较低土壤不够肥沃的地方,可能还会发生缺肥的现象,造成减产并且导致经济损失。通过产量监测,绘制产量图可反映出客观存在的地域差异性,对产量图和土壤特性相结合分析,就可以划分出不同的农田管理区域,预测农田谷物产量的变化趋势,合理施肥,进而对农田的投入、产出进行效益分析。

谷物收割机测产系统中大都有与其相配套的产量图生成软件。

二、资料准备

(1)主要的设备、仪器、材料:计算机(需联网)、彩色打印机、MG758 移动 GIS 平台等。

(2)教学资料:任务评价表、铅笔、资料夹等。

(3)技术资料:MG7 系列用户使用手册。

【任务实施】

一、任务描述

使用 MG758 移动 GIS 平台测绘指定地块,导出数据,并使用 Excel 查看。

二、实施步骤

(一)项目建立与设置串口

开机后,在主屏幕下选择“Mobile GIS”,点击打开,选择右侧第一项设置,点击进入界面并建立项目名称、设置串口。

项目建立名称为“××地块测绘项目”;串口 CNSS 设置为“COM6,波特率 9600”;GPS 设为“打开模式”。采集设置为“时间模式或距离模式”,界面设置为“简体中文”,单位设置为“米、公制”;航迹设置为“开、否、颜色、距离或时间”。

(二)设置坐标格式

选择基准 1,坐标系统设置为“地理坐标系统(BLH)”,椭球类型设置为“WGS84”,高程设为“MSL”,地理坐标单位设置为“度/分/秒”。然后设置椭球类型参数,维持默认值。

(三)野外数据采集

在主页面上点击“GIS 采集”,进入选择界面。

1. 采集点

选择“采集点”,在定位点停留一会儿,待坐标数据基本稳定不变时,点击“保存”,系统自动存入该点数据。

2. 采集线

选择“采集线”,先对线路名称命名,也可按系统自动记录次序命名。在欲记录航迹的起点处开始点击绿色区域,系统开始计时,并且显示红色,到达终点后点击“保存”,系统自动存入该航线数据,时间区域变为绿色,并显示长度、点数等信息。

3. 采集面

选择“采集面”,先对线路名称命名,也可按系统自动记录次序命名。在欲测量面积的起点处开始点击绿色区域,系统开始计时,并且显示红色,到达终点后点击“保存”,系统自动存入该其余面积数据和边界轨迹,时间区域变为绿色,并显示周长、面积、点数等信息。

以上在野外均可进行点位拍照。

4. 保存数据

返回到设置项目主页,点击项目,弹出当前项目设置,可以显示出所有点、线、面的数据个数,点击“数据个数”,可以查看点、线、面的具体数量,点击其中任一选项,可以显示具体内容,点击保存,则将整个项目文件存储为一个以项目名称命名的新文件夹。

(四)采集与传输数据

连接数据采集仪与电脑,启动设备同步软件。

在开始→程序→启动 Windows Mobile 设备中心,点击“不设置设备就进行连接”→点击“移动设备设置”→点击“连接设置”。然后点击“文件管理”→点击“浏览设备上的内容”,弹出设备选项,选择“Unistrong PocketPC”,再选择“Storage Card”,双击该文件显示出所有文件夹,将“××地块测绘项目”文件夹复制到计算机的任意位置。

(五)数据处理

(1)打开文件。在“开始—程序—选择文件夹 Unistrong GIS Office—启动 GIS Office”。用左上角的“文件”工具条打开已经复制到电脑中的“××地块测绘项目”文件。

(2)设置显示内容。打开后显示存入的所有点、线、面,用工具放大缩小查看,在“选项”工具条中进行勾选设置显示内容。

(3)导出数据。在工具条“文件”选项中选择“导出”。导出“形状文件(＊SHP)”或“GISCSV文件(＊csv)”等,以供在ArcGIS或EXCEL中进行编辑。

(4)查看或编辑数据。启动ArcGIS软件,导入“××地块测绘项目.shp”文件夹中的文件进行查看或编辑。启动EXCEL软件,打开“××地块测绘项目.csv”文件夹中的文件,进行查看或编辑。

【任务评价】

以学习小组为单位,按照项目、内容和标准进行评价,见表3-10。

表3-10　谷物联合收获机测产评价标准

评价项目	评价内容	评价标准
认知移动GIS平台	构造原理认知	每错一个扣分
项目建立与设置串口	操作方法	按操作步骤、方法正确、规格达标,每错一处扣任务完成情况分
坐标系设置	操作方法	同上
野外数据采集	操作方法	同上
采集与传输数据	操作方法	同上
数据处理	操作方法	同上
任务完成	任务完成情况和实验报告	根据实验报告填写情况进行评分
职业素养	学习态度、团队协作、自我管理、创新精神	根据自评与互评记录、小组活动记录进行评分

【任务巩固】

1. 谷物联合收割机测产系统测产的目的是什么?
2. 移动GIS平台测绘地块的实施步骤有哪些?

项目3　农作物病虫草害监测

【项目描述】

某县启动冬小麦病虫害及杂草生长监测项目。为了及时掌握冬小麦是否受到病虫害侵扰及冬小麦的健康程度，需要对健康小麦区进行抽样，掌握作物病虫害信息，进行有效控防。同时，由于杂草对农作物的生长很不利，它与农作物争夺土壤、阳光和养分，而且极易蔓延生长，因此，需要通过对杂草面积和种类的识别，有效减少草害。

本项目分为监测农业作物病虫害、计算机视觉技术识别杂草及田间调查处方图生成方法3个工作任务。

通过本项目的训练，认识农作物病虫害遥感监测基础，了解利用遥感方法提取病虫害信息的步骤，了解主要病虫害的光谱特征；认识计算机视觉，了解计算机视觉技术在杂草识别中的应用；学会生成田间调查处方图；培养学生认真严谨科学的工作态度以及团队沟通协作能力与精神。

任务1　监测农作物病虫害

【任务目标】

1. 了解主要病虫害的光谱特征。
2. 了解利用遥感方法提取病虫害信息的步骤。

【任务准备】

一、知识准备

(一)农作物病虫害遥感监测

应用遥感技术监测农作物病虫害，主要通过以下三条途径：应用遥感手段探测病虫害对农作物生长生成的影响，跟踪其发生演变状况，分析估算灾情损失；应用遥感手段监测病虫害滋生地，即虫源或寄主基地的分布及环境要素变化来推断病虫害爆发的可能性；应用遥感技术直接研究害虫及寄主的活动行为。

1. 农作物病虫害监测

病虫害使植物生长发生形态或生理的变化，都必然导致植物光谱反射与辐射特性的变化，从而使遥感图像光谱值发生变异，在高分辨率、大比例尺遥感图像上有时还可以直接辨识出遭受病虫害袭击的异化影像，有时甚至可以看到害虫副产品如蚂蚁堆、昆虫蜜露等物的存在。

应用红外遥感技术，包括航空和地面，可以比肉眼提前发现玉米枯萎病、棉花青枯病、黄萎病、甜菜叶斑病、黄瓜萎蔫病、苹果根腐病、葡萄霜霉病。还可以及早探测出蚜虫、黏虫、线虫、红蛀虫、红蜘蛛等重要害虫对作物和果树林木的侵袭。所以红外遥感，特别是彩红外航空摄影目前已成为监测农作物、果园、森林病虫害的重要技术手段。

2. 农作物害虫活动行为的遥感监测

农作物害虫的个体一般均较细小，应用一般波动式遥感器很难捕捉到它们的存在信息，可是运用人工主动向目标物发射微波束，然后根据目标反射回来的微小特征而识别物体的主动遥感器——雷达，则可直接探测体型达到一定程度的害虫，特别是监测密集群体的活动行为效果更好。

目前应用于研究昆虫行为的雷达波长为 4.2 cm，对于体型较大的昆虫个体进行探测的最大距离为 1.5～2 km，密集群体的探测距离则可达数十千米。

目前监测昆虫活动行为的雷达有地面雷达和机载雷达之分。地面雷达探测距离有限，而机载雷达则可跟踪昆虫飞行，具有很大的应用潜力。

二、资料准备

(1)主要的设备、仪器、材料：植物病害诊断仪（图3-18）、试纸、保险丝、电源线一根、打印纸、指示液、样品袋、样品箱、塑料碗、工作服、工作鞋、安全帽等。

(2)工量具：剪刀、镊子等。

(3)教学资料：任务评价表、样品标签、采样记录表、铅笔、资料夹等。

(4)技术资料：植物病害诊断仪用户手册。

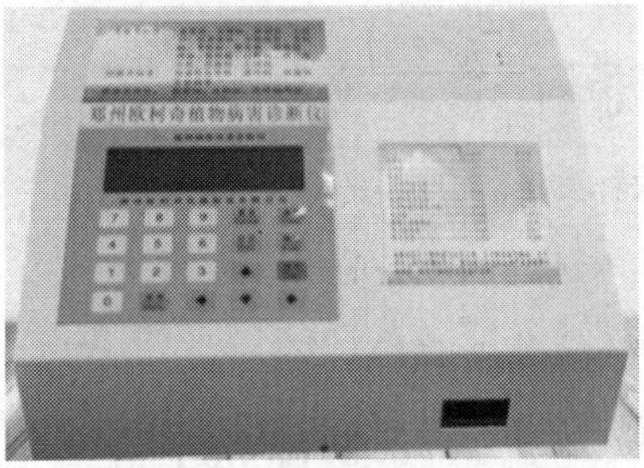

图 3-18　植物病害诊断仪

【任务实施】

一、任务描述

细菌、真菌和病毒是引起农作物病害的主要原因。这些病害微生物一般通过茎、叶、根系、果实等侵染植物，大部分病害在染病初期虽较易防治，但一般不易被人察觉，病害一旦发生，防治不仅困难而且效果较差，致使农作物减产，甚至绝收。如何在病害发病初期进行检测和及时防治，对防止病害的发生尤为重要。通过实验，快速分析确定各种农作物病害的种类，为防治病害及用药提供科学理论依据。

任务要求：检测农田植物茎、叶、根系、果实等被侵染植物的病害种类。

二、实施步骤

(一)任务点取样

去农田观察作物生长及病害情况，用剪刀、镊子等工具截取植物的根、茎、叶剪碎放置于样品袋中。

(二)作物病虫害检测

(1)打开电源，仪器开始自检，检测槽缓慢移出，等待测试。

(2)截取植物的根、茎、叶剪碎放置于塑料碗中，数量是塑料碗容积的 1/5～1/3。

(3)用滴管分别吸取等量的五种指示液,滴入盛有植物的塑料碗中,搅拌均匀,放置 2～3 min 待测。

(4)用清水冲洗滴管后吸取指示剂和植物碎片的混合液少许,均匀涂抹到指示条上,将指示条放入测试槽中彩条块朝上。

(5)轻轻按动"测试"键,听到"嘟"一声后,测试仪开始检测,测试槽和指示条缓慢移至仪器中,然后返回,这时仪器开始自动打印检测结果。

(6)记录数据。

(三)仪器复位

作业完毕,清洁仪器外部。用专用清洁剂清洁测试槽和打印头。仪器复位。

【任务评价】

以学习小组为单位,按照项目、内容和标准进行评价,见表 3-11。

表 3-11　监测农作物病虫害评价标准

评价项目	评价内容	评价标准
取样质量	取样的典型性	按操作步骤、方法正确、规格达标,每错一处扣任务完成情况分
样本制备	制备的规范性	按操作步骤、方法正确、规格达标,每错一处扣任务完成情况分
样本检测	操作方法	按操作步骤、方法正确、规格达标,每错一处扣任务完成情况分
任务完成	任务完成情况和实验报告	根据实验报告填写情况进行评分
职业素养	学习态度、团队协作、自我管理、创新精神	根据自评与互评记录、小组活动记录进行评分

【任务巩固】

1. 作物病虫害遥感监测的基本原理是什么?
2. 利用遥感原理提取病虫害信息的步骤有哪些?

任务 2　计算机视觉技术识别杂草

【任务目标】

1. 认识计算机视觉技术。
2. 了解计算机视觉技术在杂草识别中的应用。

【任务准备】

一、知识准备

(一)计算机视觉技术在杂草识别中的应用

杂草与农作物争夺土壤、阳光和养分,而且极易蔓延生长。用计算机视觉来识别杂草的面积和种类，不仅能有效地减少草害，提高农产品的产量和质量，而且能大大节约除草剂的使用，降低投入，还能保护生态环境，具有重要的经济意义和生态意义。

(二)计算机视觉技术识别杂草的方法

用于杂草识别的图像有：灰度图像、光谱图像、真彩色图像和遥感图像，所采用的主要分析方法有：颜色特征分析法、纹理特征分析法、形状特征分析法。

1. 利用杂草的颜色特征进行识别

颜色是人眼识别物体的重要特征，利用不同杂草呈现不同的颜色来区分杂草是计算机视觉中一种常见而又非常有效的方法，也是目前研究最广泛的方法之一。

2. 利用杂草的形状特征进行识别

杂草叶子形状是鉴别杂草的重要信息来源。杂草的形状特征特别适合于对室内杂草的叶面病害诊断，或是对种子的在线和离线的检测。但是自然环境下生长的杂草多数情况下叶子是相互交织在一起的，非常难提取单片叶子的各种特征，不太适于户外环境下的杂草识别。

3. 利用杂草纹理特征进行识别

图像区域的纹理特征是识别农作物的主要依据之一。图像中被检测物体与背景的区别，往往不完全在于颜色的差别，而是在于它们的纹理差别。因为统计纹理模型是随机产生的，描绘了图片上结构恒定不变的特征，而且图片的视觉感受不受图片上位置的影响。

4. 利用杂草的多特征融合进行识别

杂草是生物界的自然体，它的形状、颜色、大小、方向、结构等都是自然变化的，在实际识别中有时候仅仅利用一个因素分级并无法达到精确识别的要求，需要利用多个特征综合分析，并结合智能分类器的识别方法。

二、资料准备

(1)主要的设备、仪器、材料：JDCL-003颜色识别检测系统、计算机、PLC控制器、样品袋、工作服、工作鞋等。

(2)工量具：剪刀、镊子等。

(3)教学资料：任务评价表、记录表、铅笔、资料夹等。

(4)技术资料：JDCL-003颜色识别检测系统用户使用手册。

【任务实施】

一、任务描述

通过JDCL-003颜色识别检测系统识别各作物、作物各部位颜色。

二、实施步骤

(一)任务点取样

去农田观察作物生长及病害情况，用剪刀、镊子等工具截取不同颜色的植物叶片及植物不同部位的叶片放置于样本袋中。

(二)作物颜色识别实验步骤

(1)颜色识别系统的组装，将JDCL-003颜色识别检测系统与计算机、PLC控制器相连接。

(2)打开电源,仪器开始自检,等待测试。

(3)将待测量叶片放置测试位置,手动操作颜色识别并记录。

(4)将待测量叶片放置测试位置,自动操作颜色识别并记录。

(三)仪器复位

测量完毕,使用清洁、干燥的软布清洁采样放置位置。拆除 PLC 控制器、JDCL-003 颜色识别检测系统、计算机连接线,并放回原位。

【任务拓展】

计算机视觉技术识别杂草面临的困难及未来发展方向

【任务评价】

以学习小组为单位,按照项目、内容和标准进行评价,见表 3-12。

表 3-12 计算机视觉技术识别杂草评价标准

评价项目	评价内容	评价标准
颜色识别系统组装	组装过程	按操作步骤、方法正确、规格达标,每错一处扣任务完成情况分
取样质量	取样的典型性	按操作步骤、方法正确、规格达标,每错一处扣任务完成情况分
样本手动检测	操作方法	按操作步骤、方法正确、规格达标,每错一处扣任务完成情况分
样本自动检测	操作方法	按操作步骤、方法正确、规格达标,每错一处扣任务完成情况分
任务完成	任务完成情况和实验报告	根据实验报告填写情况进行评分
职业素养	学习态度、团队协作、自我管理、创新精神	根据自评与互评记录、小组活动记录进行评分

【任务巩固】

1. 什么是计算机视觉?
2. 计算机视觉技术主要应用杂草的哪些特征进行识别?

任务 3 田间调查处方图生成方法

【任务目标】

1. 认识田间调查处方图的作用。
2. 了解绘制田间调查处方图的方法。

【任务准备】

一、知识准备

(一)“处方防治”的概念及意义

1.“处方防治”的概念

“处方防治”就是根据病虫草害的发生区域进行按需防治，在病虫草害发生的地方喷洒化学农药，而在没有发生病虫草害的地方不喷洒化学农药。根据病虫草害发生程度轻重，在发生程度比较严重的地方多喷洒化学农药，在发生程度不严重的地方少喷洒或不喷洒化学农药。

2.“处方防治”的意义

一方面可以减少化学农药使用数量，另一方面可以在使用化学农药过程中充分考虑其他生产因素。

(二)病虫草害处方图的生成

病虫草害处方图生成一般是在GPS系统帮助下，采用现场调查采样方法。采样系统包括卫星信号接收系统、田间采样信息记录设备以及处方图生成数据处理的GIS软件。采样人员在田间行走，实时记录地块中不同位置的杂草分布情况，通过在GIS软件对得到的病虫草害分布进行插值分析，根据分析结果确定化学农药喷洒方法。

(三)病虫草害处方图的应用

图3-19和图3-20是一个地块经过田间采样、信息处理后得到的化学除草剂喷洒处方图，其中图3-19是苗前除草剂喷洒处方图，喷洒草甘膦用于去除地块中已出苗的杂草；图3-20则是作物出苗后用于喷洒苗后除草剂的作业处方图。

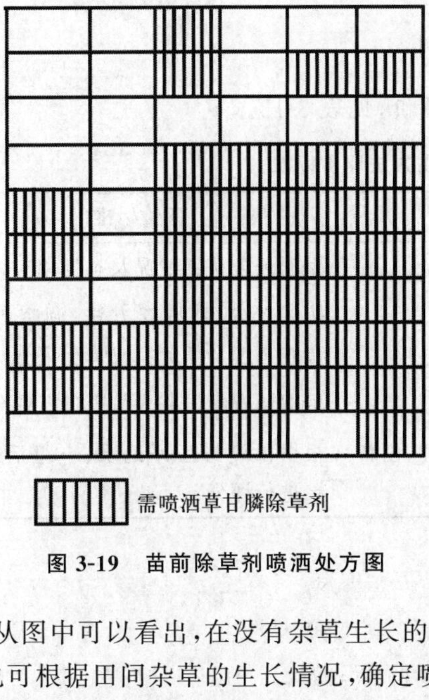

图3-19　苗前除草剂喷洒处方图

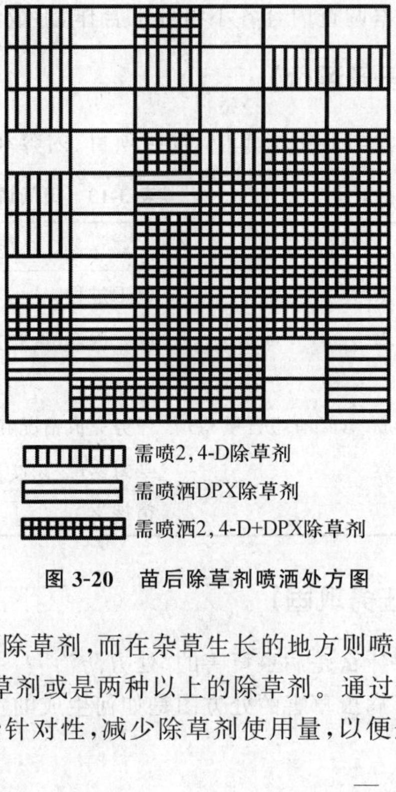

图3-20　苗后除草剂喷洒处方图

从图中可以看出，在没有杂草生长的地方不喷洒除草剂，而在杂草生长的地方则喷洒除草剂，也可根据田间杂草的生长情况，确定喷洒一种除草剂或是两种以上的除草剂。通过选择不同的除草剂达到控制不同杂草的目的，增加杂草防治针对性，减少除草剂使用量，以便达到减少除草剂喷洒总量的目的。

【任务实施】

一、任务描述

通过地块作物病虫害田间调查，掌握病虫害田间调查方法。

二、实施步骤

(一)根据地块情况任务分工

根据各小组地块实际情况进行小组分工，确定调查任务。

(二)作物病虫害田间调查内容

1. 发生和为害情况调查

采用一般调查了解当地病虫害种类、发生时期与发生量及为害程度等，病虫害的调查以田间调查为主。

采用重点调查病虫害的始发期、盛发期、盛发末期及数量消长规律等。

2. 病虫及天敌发生规律的调查

调查寄主范围、发生世代、病虫越冬场所、越冬基数、越冬虫态、病原菌越冬方式等。

3. 防治效果调查

施药前后的病虫发生程度或密度的对比调查；施药区与对照区发生程度对比及不同防治措施、时间、次数对比调查等。

(三)调查报告撰写

根据调查内容各小组分工合作，形成调查报告。

【任务评价】

以学习小组为单位，按照项目、内容和标准进行评价，见表 3-13。

表 3-13　田间调查处方图生成方法评价标准

评价项目	评价内容	评价标准
小组分工	分工过程	根据任务认领情况及态度相应评分
调查过程	调查内容、调查方法	按调查内容、调查方法、调查结果、调查态度及任务完成情况评分
任务完成(含调查报告撰写)	任务完成情况和调查报告	根据调查报告完成情况进行评分
职业素养	学习态度、团队协作、自我管理、创新精神	根据自评与互评记录、小组活动记录进行评分

【任务巩固】

1. 什么是病虫草害的“处方防治”？

2. 病虫草害的处方图是如何生成的？

项目 4　农业气象信息的监测

【项目描述】

某山区通过对其土壤、降水、湿度和风力等气象信息监测、整理、分析后，决定在该山区中种植苹果，并及时通报光照及雨量等可影响苹果品质的气象信息。进入冬季后，对温度和降水等农用天气信息进行监测并预报，果农可根据预报的农业气象信息对采摘、储存、运输、出售等工作进行合理安排。

农业气象信息的监测是为了获取准确的雨情、墒情、农情和农业气象灾害等信息，为因地、因时制宜确定生产的类型、结构、改善种植制度、调整作物布局、引种和搭配品种、荒地的开发利用以及对不同农业气象灾害防御措施的选择等提供科学依据。

本项目分为认知农业气象信息和农业气象信息的监测 2 个工作任务。

通过本项目的训练，认识农业气象信息基础知识；了解观测气象信息的意义、原则和要求以及观测场地选择与建立，场内仪器布置方法；能利用常见观测仪器进行局部区域农业小气候监测；掌握监测信息整理和分析方法；培养学生认真、严谨、科学的工作态度以及团队沟通协作能力与精神。

任务 1　认知农业气象信息

【任务目标】

1. 认识农业气象信息的基础知识。
2. 了解观测气象信息的意义、原则和要求。
3. 了解观测场地选择与建立，场内仪器布置的方法。

【任务准备】

一、知识准备

(一)农业气象信息及相关知识

1. 农业气象信息和预报

农业气象信息包括农业气象灾害信息和雨情、墒情、农情等信息。

农业气象预报包括农用天气预报、农业气象灾害预报、作物发育期预报以及产量预报等。

2. 农业气象监测

农业气象监测是发展农业气象事业的基础工作，包括仪器的研制、站网设置和观测监测方法等。

3. 农业小气候

包括农田小气候、地形小气候、森林小气候、水域小气候、畜舍小气候以及各种人工影响措施小气候。

(二)气象观测要求

气象观测是用目力和仪器对大气现象进行观察和测定。气象观测要求具有一定的代表性、比较性和准确性。因此,在选择观测场所,所用仪器及安装方法,观测时间、程序和方法等方面,都要按照国家《地面气象观测规范》,并结合专业需要进行工作。

二、资料准备

(1)主要设备、仪器、材料:风向风速器、自记仪器百叶箱、温度表百叶箱、备用百叶箱、雨量器、虹吸雨量器、遥测雨量计、E-601 型蒸发器、小型蒸发器、日照计、地面温度表、曲管地温表。

(2)工量具:卷尺。

(3)教学资料:任务评价表、自记纸、黑色硬铅笔、资料夹等。

(4)技术资料:观测场区域气候资料(温度、降水量和蒸发量)、水文资料、国家《地面气象观测规范》。

【任务实施】

一、任务描述

在自建观测场中,观测温度、雨量、日照、风等气象信息,并做记录。

二、实施步骤

(一)观测场地的选择与建立

1. 观测场地的选择

观测场是取得地面气象资料的主要场所,地点应设在能较好地反映本地较大范围气象要素特点的地方,避免局部地形的影响。观测场四周必须空旷平坦,避开陡坡、洼地、丛林和高大建筑物,并尽量选在当地最多风向的上风方。观测场边缘与四周孤立障碍物的距离,至少是该障碍物高度的 3 倍以上;距离较大的水体(水库、湖泊、河、海)的最高水位线,水平距离至少在 100 m 以上。观测场四周 10 m 范围内不能种植高秆作物,围栏上不得生长蔓生植物或晾晒衣物,以保证气流畅通。

2. 观测场的建立

观测场面积应为 25 m×25 m,如条件限制,可为 16 m(东西向)×20 m(南北向)。场地应该平整,保持均匀草层,草高不超过 20 cm。

观测场四周应设高度约 1.2 m 的稀疏围栏,场内要铺设 0.3～0.5 m 宽的小路,只准在小路上行走,以保护场内仪器设备和场地的自然状态。

(二)观测场内的仪器布置

观测场内仪器的布置(图 3-21),要注意互不影响,便于观测。具体要求:

(1)高的仪器安在北面,低的仪器安在南面,东西排列成行,南北互相错开。

(2)仪器之间,南北间距不小于 3 m,东西间距不小于 4 m。仪器距围栏不小于 3 m。

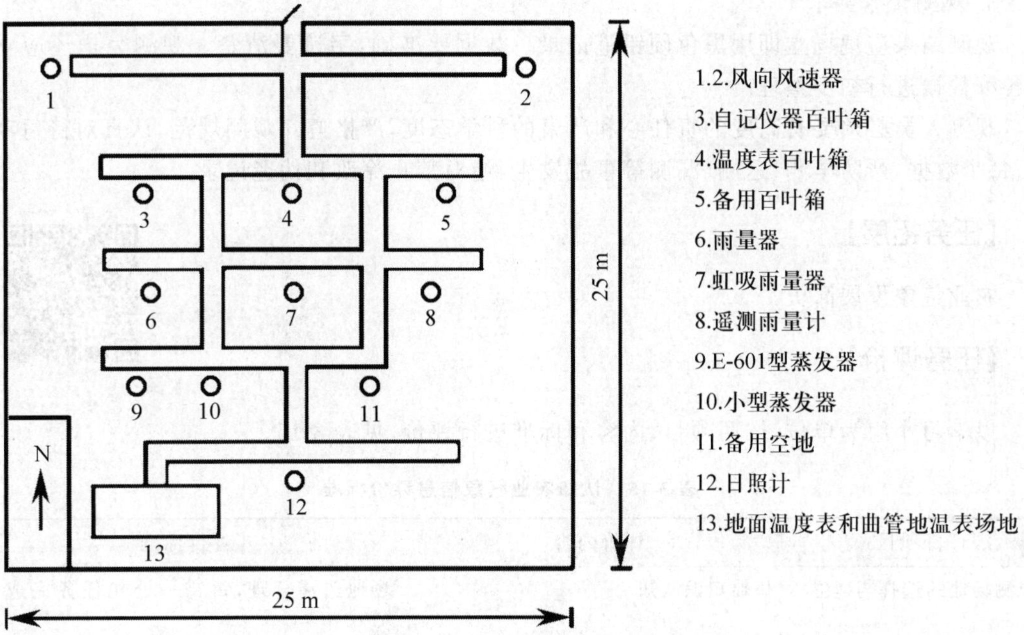

图 3-21 观测场仪器布置参考图

(3)观测场门开在北面。仪器安置在紧靠东西向小路的南面。观测人员应从北面接近仪器。

(4)各类仪器安置高度、深度、方位、纬度、角度应符合"规范"要求。

(三)气象观测的基本规则

1. 观测时次、时制和日界

定时观测每日4次制(2时、8时、14时、20时)和3次制(8时、14时、20时)。日照用真太阳时,以日落为日界。其余项目均以北京时20时为日界。

2. 观测项目和程序

观测项目和程序如表3-14所示。根据专业需要开展的特殊观测,其观测次数、时间和项目等可以自行确定。

表 3-14 观测项目和程序

观测时间		观测项目
时	分	
1、7、13、19	30	巡视仪器及观测准备,特别注意湿润球及溶冰
1、7、13、19	45～60	云状,云量,能见度,天气现象,风速,风向,地温(0 cm、5 cm、10 cm、15 cm、20 cm、40 cm),气温,湿度,气压。温度计、湿度计、气压计读数,并作时间记号
8	0	降水,冻土,雪深,雪压
14	0	80 cm、160 cm、320 cm地温。温度计、湿度计、气压计换自记纸
20	0	降水,蒸发,最高、最低气温和地面最高最低温度,并调整以上温度表。雨量计换自记纸
日落后		换日照纸

3. 观测记录要求

观测结果应现场立即用黑色硬铅笔记录。数据要准确，字迹要清楚。观测完毕还应立即对各种数据进行初步整理。

观测人员必须要有高度的责任心和严肃的科学态度，严格遵守观测规范，认真对待每项观测、每个数据，严防早测、迟测、漏测等事故发生，绝对禁止涂改和伪造记录。

【任务拓展】

农业气象发展简史

【任务评价】

以学习小组为单位，按照项目、内容和标准进行评价，见表3-15。

表3-15 认知农业气象信息评价标准

评价项目	评价内容	评价标准
观测场地的选择与建立	基础知识认知	场地选择合理，每错一处扣任务完成情况分
仪器的布置与安装	操作方法和结果	按操作步骤、方法正确，每错一处扣任务完成情况分
观测过程	记录时间和填写结果	记录时间和填写结果准确，每错一处扣任务完成情况分
观测结果	数据的完整性	数据完整，每错一处扣相关专业知识与任务完成情况分
任务完成	任务完成情况和记录数据的整理	根据整理完成的数据填写情况进行评分
职业素养	学习态度、团队协作、自我管理、创新精神	根据自评与互评记录、小组活动记录进行评分

【任务巩固】

1. 绘制本校或本地农业气象观测场仪器布置图，并说明是否符合要求。
2. 观测场内的仪器应如何布置？
3. 地面气象观测主要包括哪些项目？

任务2 农业气象信息的监测

【任务目标】

1. 了解测点选择以及监测高度、深度和观测时间确定原则。
2. 能利用常见监测仪器进行小气候监测。
3. 掌握小气候监测资料的整理和分析方法。

【任务准备】

一、知识准备

(一)测点的选定

小气候具有“范围小”“差异大”“很稳定”的特点,而农业小气候又受当地自然地理条件、作物和农业技术措施的影响,因此,在测点选择上与常规气象观测中有很大差异。农业小气候监测中选择测点时应该掌握以下三点原则:

1. 代表性

指选定的测点在自然地理条件、作物种类、作物长势以及农业技术措施等方面要能够代表农田或研究地段的一般情况。

2. 比较性

指作为对比因子的监测时间、监测高度等要保持一致。

3. 监测地段面积的大小

进行多个项目监测时,仪器要布置在一定面积地段上。面积过小,仪器间相互影响较大;而监测地段过大时,又可能造成监测时间上的差异,同时也给监测工作带来了很大不便。一般情况下,可掌握在 10 m×10 m 即可。

(二)农业气候资料的统计方法

一个地区农业气候特征,常用一些特征量来表示,如总数、平均数、极值、频率、保证率、变率等。

(三)小气候资料的整理与分析

资料整理应在监测完后立即进行。主要包括将各项监测记录进行器差订正和整编,以便核实记录的合理性。一般整编主要包括计算平均值、选取极值、计算极差等。

二、资料准备

(1)主要的设备、仪器、材料:现代农业无线温湿度传感器、一体式风向风速仪、手持式光合有效辐射测量仪、土壤温度记录仪、计算机等。

(2)工量具:测杆、卷尺、茶色镜等。

(3)教学资料:任务评价表、记录表、铅笔、资料夹等。

(4)技术资料:主要设备和仪器的使用说明书。

【任务实施】

一、任务描述

在选定的测点内,利用监测设备完成对温湿度、风速、光照等农业小气候要素信息的采集、记录和整理分析。

二、实施步骤

(一)确定监测点

根据监测点选定原则,寻找符合要求且具有一定面积可以布置仪器的地段作为监测点。

(二)确定监测项目

常见的监测项目包括:不同高度空气温湿度、不同深度土壤温湿度、风速风向、光照度、地面最高温度、地面最低温度以及监测时日光状况等。本任务中主要监测土壤温度、风速、温度、湿度、光照等 5 个要素。

(三)确定观测高度和深度

进行农业小气候监测时,各要素的监测高度和深度一般为:

(1)空气温度和湿度。一般取 20 cm、150 cm、作用面附近和作物层顶处。20 cm 代表作物株间贴地层小气候;150 cm 处资料可与大气候资料进行对比;作用面是作物枝叶最茂密的地方,这里气象要素变化最剧烈,而且也是光合作用最强的层次。

(2)风。通常取 20 cm、作用面和作物层顶以上 1 m 三个高度。

(3)光照度。通常取作物层顶(代表植株外自然光照)、作用面(反映作物冠层的受光情况)和地面(反映作物下部的透光情况)三个高度。

(4)土壤温度的观测。通常取 0 cm、5 cm、10 cm、15 cm、20 cm 等深度。当然根据研究对象的需要可适当调整。

(四)安装监测设备、仪器

在选定场地内,根据监测项目内容,按照监测高度和深度的要求,参照设备的使用说明安装各监测设备、仪器,并做好调试工作,为数据的采集和记录做好准备。

(五)确定监测时间并记录数据

监测时间对于资料的准确性和比较性有很大的影响,确定记录数据的监测时间应遵循以下原则:

(1)所选监测时间应尽可能包括气象台站的监测时间,以便相互比较。

(2)所选监测时间得到的日平均值,要尽可能接近实际日平均值。

(3)所选监测时间要能够反映出气象要素的日变化特征,包括振幅和相位。

根据上述原则确定好时间后将监测信息填入常用小气候监测记录表,如表 3-16、表 3-17 所示。

表 3-16　土壤温度监测记录表

被测量	时间	高度/cm				
		地面	5	10	15	20
土壤温度/℃	8:00					
	14:00					
	20:00					

表 3-17　农业小气候监测项目记录表

被测量	时间	高度/cm				
		地面	20	50	150	作用面
光照/lx	8:00					
	14:00					
	20:00					

续表 3-17

被测量	时间	高度/cm				
		地面	20	50	150	作用面
风速/(m·s^{-1})	8:00					
	14:00					
	20:00					
温度/℃	8:00					
	14:00					
	20:00					
湿度/%	8:00					
	14:00					
	20:00					
天气情况	8:00					
	14:00					
	20:00					

(六)数据整理分析

数据记录完成后立即整理,并计算各要素的日平均值。将各个仪器设备监测的所有数据上传至计算机,利用软件生成各要素随时间变化曲线。

【任务评价】

以学习小组为单位,按照项目、内容和标准进行评价,见表3-18。

表 3-18　农业小气候的监测评价标准

评价项目	评价内容	评价标准
监测点的确定	选定原则	每错一个扣分
监测设备、仪器的安装	安装方法及高度、深度	按操作步骤、方法正确、规格达标,每错一处扣任务完成情况分
数据记录	完整性、准时性、准确性	记录按要求,达标。每错一处扣任务完成情况分
数据整理和分析	计算结果及曲线的绘制	结果正确。每错一处扣相关专业知识与任务完成情况分
任务完成	任务完成情况和实验报告	根据实验报告填写情况进行评分
职业素养	学习态度、团队协作、自我管理、创新精神	根据自评与互评记录、小组活动记录进行评分

【任务巩固】

1. 设计一个农业小气候监测方案。
2. 农业小气候监测点的选择应遵循什么原则？为什么？

模块4　变量作业技术

项目1　变量作业处方图的生成

【项目描述】

某设施农业生产基地的连栋温室计划新建一套水肥一体化系统，要求根据土壤特性和作物生长规律，利用灌溉设备同时把水分和养分均匀、准确、定时定量地供应给作物，满足作物生长需求。

变量作业技术源于精准农业的思想，是指以土壤性状、作物生长状况以及季节气候等因素为依据，农业装备根据它所处的位置自动调节农业物料投入速率的一种技术。变量作业技术已成为精准农业体系最为重要的研究内容，在耕作、播种、除草、施肥、病虫害控制、栽培以及灌溉等农业生产中得到日益广泛的应用，其充分体现了因地制宜、科学管理的思想理念，对于最大限度挖掘耕地生产潜力、实现农业生产要素高效利用和保护农田生态环境具有重大意义。

本项目分为变量施肥处方图的生成、变量灌溉处方图的生成2个工作任务。

通过本项目的训练，完成变量施肥处方图、灌溉处方图的生成等工作内容，了解植物体内的营养元素种类及其生理功能，了解水分对于植物的重要作用和植物对水分吸收过程，掌握采用空间插值法生成变量施肥处方图的方法，熟悉 ArcGIS Desktop 软件的操作方法，培养学生认真、严谨、科学的工作态度以及团队沟通协作能力与精神。

任务1　变量施肥处方图的生成

【任务目标】

1. 了解植物体内的营养元素种类及其生理功能。
2. 掌握变量施肥处方图的生成方法。

【任务准备】

一、知识准备

除了植物生长所需要的空气、温度、湿度、光照等环境因子外，植物还需要不断地从土壤中吸收营养物质以满足其自身生长发育需求。土壤养分充足，各种养分元素配比适当，能促使植物生长发育良好,以及提高作物产量和品质。

(一)植物所需的营养元素

植物体内的营养元素种类现研究发现有60种以上。植物必需营养元素共有16种:碳、氢、氧、氮、磷、钾、钙、镁、硫、铁、铜、硼、钼、锌、锰、氯。

植物所需营养元素在植物生长发育中起着重要作用。若其数量不足,则限制植物生长,降低产量。

(二)变量施肥处方图的生成方法

施肥处方图生成过程包括:土壤养分数据的采样和分析、土壤养分的空间变异特性分析、产量目标的确定和专家施肥模型的选择、研究区域施肥处方单元尺度的确定、数字化管理分区施肥处方图件的生成五个步骤,前三项内容在模块三的项目3中的任务3中已经做了介绍,本模块仅就施肥处方图的生成步骤做出说明。

目前多采用空间插值法生成精准施肥处方图,即从有限的样本点数据来预测栅格数据中单元的值。施肥处方图的作业是在ArcGIS Desktop中进行,利用它内嵌的空间分析模块进行插值分析。由于施肥处方图要求派生出未知点的预测值,因而利用空间分析模块提供的克里金插值函数来实现。空间分析模块提供了两种克里金插值方法:普通克里金插值法和全局克里金插值法。普通克里金方法(Ordinary Kriging)是最普通和应用最广的克里金方法。克里金插值法内插方法公式如下,表达为数据的权重总和。

$$\hat{Z}(s_0) = \sum_{i=1}^{N} \lambda_i Z(s_i) \tag{4-1}$$

其中,$Z(s_i)$是已测得的第i个位置的值;λ_i是在第i个位置上测得值的未知的权重;s_0是预测的位置;N是已知点(已测得值的点)的数目。

克里金插值方法通过以下两个步骤完成:①生成变异函数和协方差函数;②预测未知点的值。用克里金方法对数据进行两次运算,第一次是估算这些数据的空间自相关,而第二次是做出预测。

二、资料准备

(1)主要的设备、仪器、材料:计算机、打印机、ArcGIS软件平台(10.0以上)等。

(2)教学资料:任务评价表、铅笔、资料夹等。

(3)技术资料:ArcGIS 10.0用户使用手册、施肥量数据表、行政区划图、地貌图、土壤图等。

【任务实施】

一、任务描述

使用ArcGIS Desktop制作指定区域的变量施肥处方图。

二、实施步骤

(一)利用克里金插值生成一个表面

(1)单击Spatial Analyst模块的下拉箭头,选择Interpolateto Raster并单击Kriging。

(2)单击Input points的下拉箭头并单击要加入的点数据集。

(3)单击 Z value field 的下拉箭头并单击要加入的字段。

(4)单击你所需要的克里金方法。两种可供选择的方法:可变搜索半径的克里金插值和固定搜索半径的克里金插值,如图 4-1 所示。

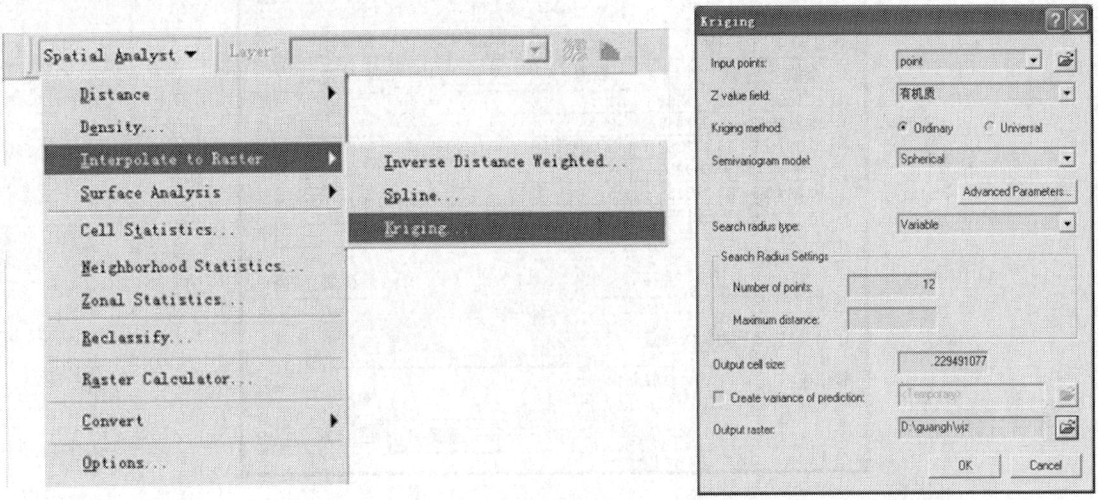

图 4-1　克里金插值生成表面

(5)单击 Semivariogram model 下拉箭头并单击要使用的模型。

(6)单击 Search radius type 的下拉箭头并单击 Variable。

(7)可选项,改变缺省的输入点的数目。

(8)可选项,指定一个最大距离。

(9)可选项,改变输出数据的缺省单元尺寸。

(10)可选项,现在是否需要生成预测的标准误差。

(11)键入输出结果的名称或使用缺省值在工作目录下生成一个临时文件。

(12)单击 OK。

最终生成如图 4-2 所示的栅格数据。

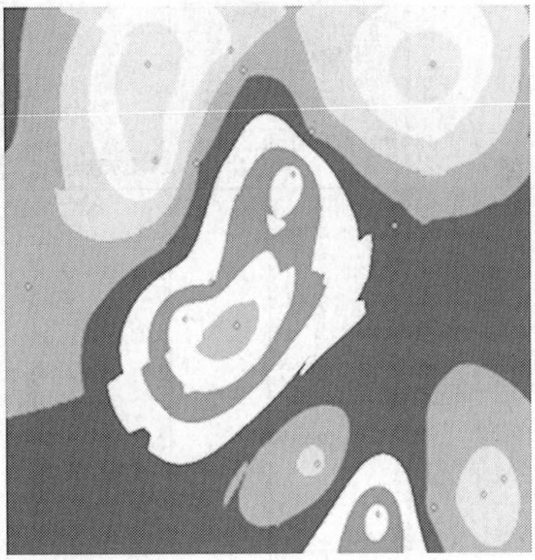

图 4-2　栅格数据图

(二)对生成的栅格数据重分类

(1)单击 Spatial Analyst 模块的下拉箭头,选择重分类,在弹出窗口选择分类,如图 4-3 所示。

(2)修改重分类后的施肥量为合适值,确定后可生成施肥量栅格数据,如图 4-4 所示。

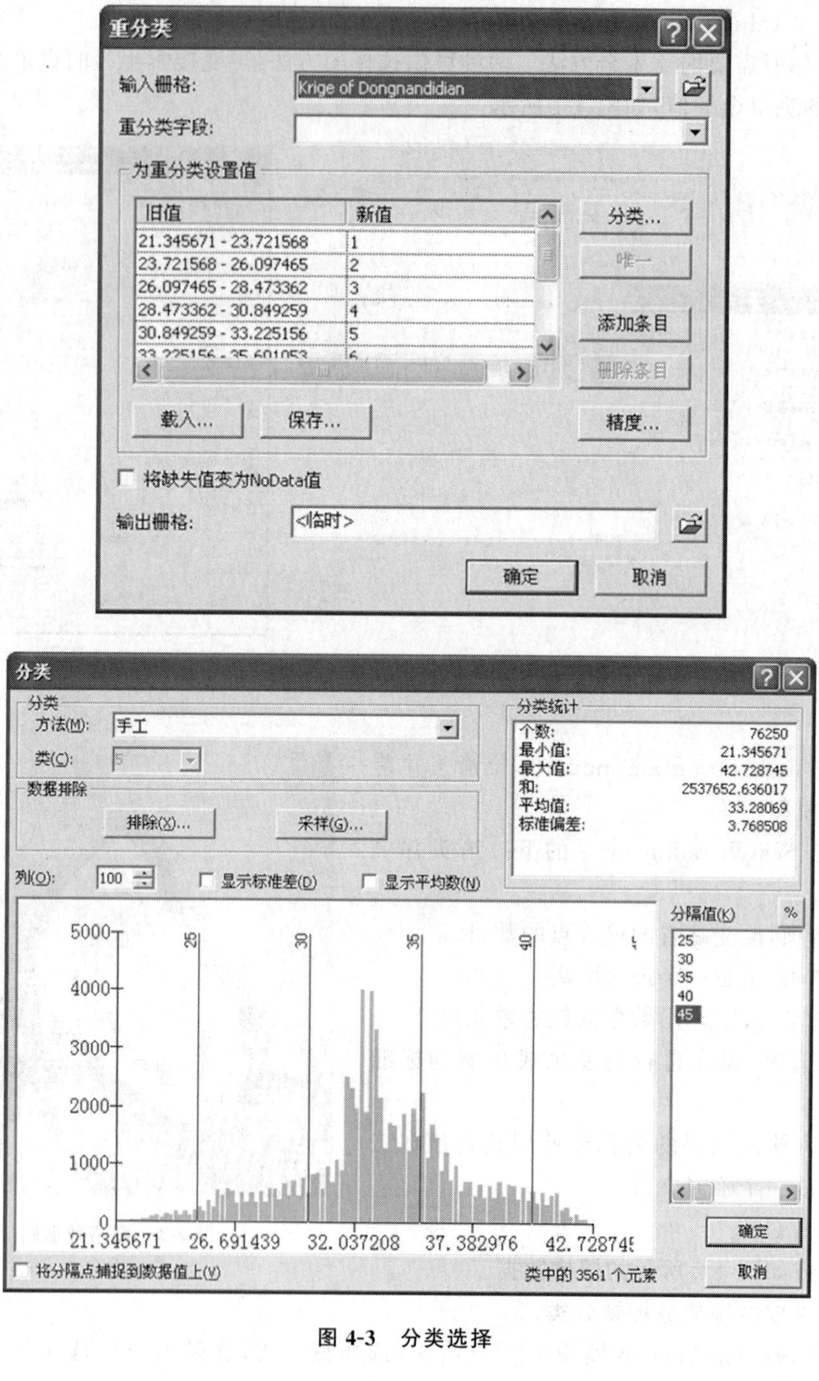

图 4-3 分类选择

(3)单击 Spatial Analyst 模块的下拉箭头，选择转换，栅格到要素把栅格数据转换为. shp 文件。转换后生成的. shp 文件中的 gridcode 字段就是施肥量数据，最终处方图的效果如图 4-5 所示。

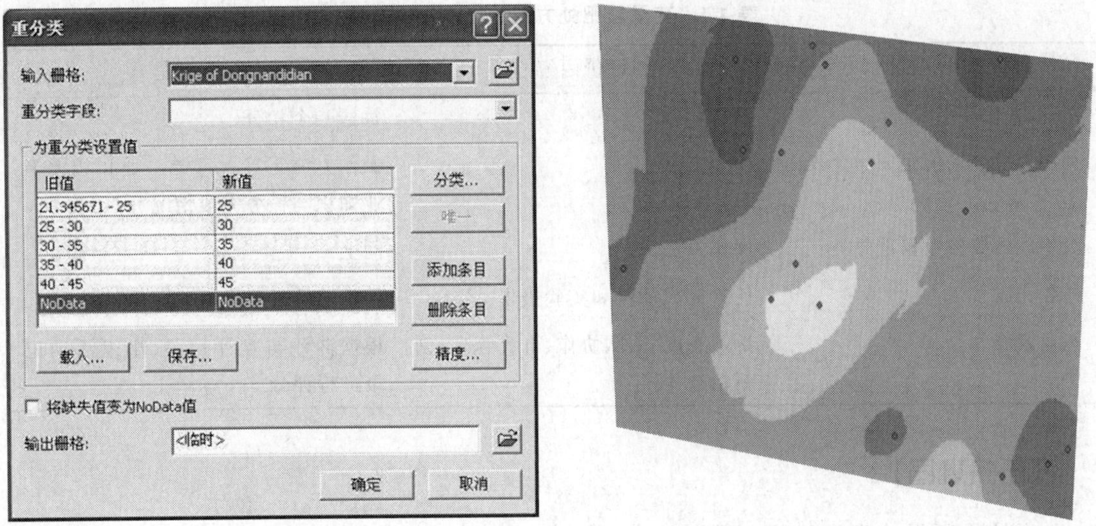

图 4-4　施肥量栅格数据

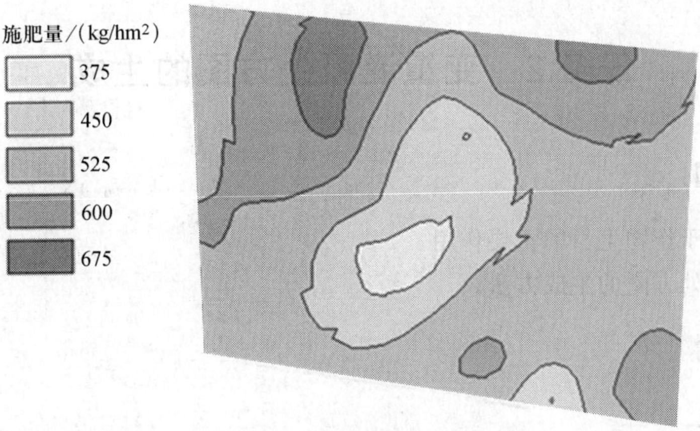

图 4-5　施肥处方图

(三)打印变量施肥处方图

完成上述步骤后即可打印变量施肥处方图。

(四)结束工作

工作完毕,复位仪器,关闭计算机,完成实验报告。

【任务评价】

以学习小组为单位,按照项目、内容和标准进行评价,见表 4-1。

表 4-1 变量施肥处方图的生成评价标准

评价项目	评价内容	评价标准
ArcGIS 软件平台	结构认知	每错一个扣分
利用克里金插值生成一个表面	操作方法	操作方法正确。每错一处扣相关专业知识与任务完成情况分
对生成的栅格数据重分类	操作方法	同上
任务完成	任务完成情况和实验报告	根据实验报告填写情况进行评分
职业素养	学习态度、团队协作、自我管理、创新精神	根据自评与互评记录、小组活动记录进行评分

【任务巩固】

1. 植物所需的营养元素有哪些?
2. 克里金插值方法的一般步骤是什么?
3. 简述使用 ArcGIS Desktop 制作变量施肥处方图的一般步骤。

任务 2 变量灌溉处方图的生成

【任务目标】

1. 认识水对于作物生长的重要作用。
2. 掌握灌溉处方图的生成方法。

【任务准备】

一、知识准备

变量灌溉的实施,需要处方图来进行指导,驾驶员可以通过处方图的指示控制平移喷灌机行走速度,对不同的地块实施不同的灌溉量。

1. 灌溉处方图的生成步骤

目前,处方图生成主要依托应用地理信息系统等技术,在生成处方图时需要经过以下步骤:采样点数据导入和点数据图生成;插值图的生成;效益分析;处方图生成。其流程如图 4-6 所示。

2. 采样点土壤含水量测定

处方图生成需要有充分、准确的数据作为支撑。土壤含水量测量,是处方图中灌水量计算依据,土壤含水量测定的准确性会直接影响处方图的合理性。土壤含水量测量方法参见本书模块 3 之项目 1 相关内容。测量或取样时要记录采样点的地理坐标,需要 GPS 来定位。

其他需要的数据还有土壤类型、作物生育期、气象数据等,前两种数据可以在实地观察得到,气象数据可以通过一些气象监测设备测得或在一些气象网站得到。

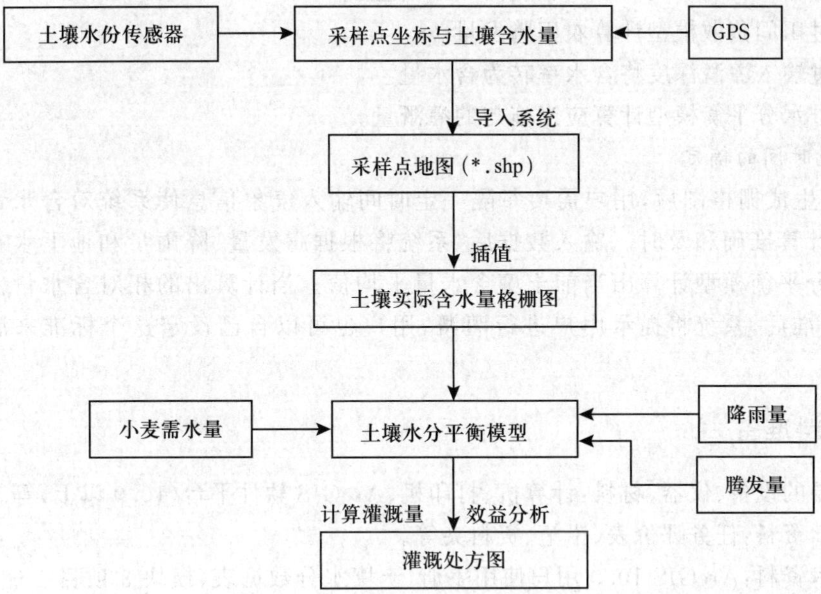

图 4-6 灌溉处方图的生成步骤

3. 采样点数据导入与插值

将整理好的采样点的土壤水分数据,形成坐标和含水量值一一对应的文本文件,将其导入系统,系统将生成采样点的含水量图,采样点及其含水量信息会显示在地图上,并存入地图的数据库中。

采样点数目是有限的,而生成处方图所需土壤水分数据应该是连续的,在这种情况下,就需要对含水量点图进行空间插值,生成连续的含水量栅格图。与施肥处方图生成类似,通常采用距离反比插值法和克里金插值法两种插值算法。

4. 栅格图的生成

首先,用户在采样点图上输入想要进行插值的区域,生成边界,采样点图上会生成矩形的边界区域,点击矩形的顶点以记录顶点坐标值,系统根据得到的坐标算出矩形长度和宽度,并根据用户输入栅格长宽值计算出需要生成的栅格行数和每行的栅格数。一行栅格生成完毕后,再以上一行第一个栅格左下角的顶点为起点生成栅格,以此类推,到生成所有栅格为止。由于工作线很可能与水平线成一定夹角,生成的栅格也要保持这个夹角,所以在生成栅格时要对栅格各顶点进行偏转,使其与工作线的方向保持一致。画栅格过程中,要把栅格的序号、坐标以及插值出的土壤含水量值添加到与地图文件相关联的数据库文件中,便于用户在地图显示窗口或数据库中查看。

在生成处方图以前应根据实际情况来决定栅格尺度,如地块大小、形状、灌溉方式等。栅格越小,水量的分配就越精细,精准灌溉的效果也越好,但会加大灌溉的难度以及增加工时;反之,如果栅格过大,灌溉时在地块各区域的水量分配就会变得平均而降低精准灌溉的效果。

5. 灌溉量的计算

生成处方图前,系统会根据用户输入的数据计算各栅格灌溉量,计算过程如下:

(1)通过作物生长阶段和土壤类型查出适宜作物生长的含水率。

(2)通过输入日期和地区查出相应的气象信息。

(3)通过田间蒸散模型计算农田腾发量。

(4)通过输入灌溉深度将含水率转为含水量。

(5)通过水分平衡模型计算应当施与的灌溉量。

6. 灌溉时间的确定

系统在生成栅格图后,用户需要每隔一定时间输入气象信息使系统对含水量数据进行调整,确保计算准确和及时。输入数据后,系统将根据腾发量、降雨量和地下水补给量等数据,根据水分平衡模型计算出当前土壤含水量平均值。当计算出的相对含水量低于系统设定的灌水标准后,系统将提示用户进行灌溉,用户也可以自己设定这个标准来满足不同情况的需要。

二、资料准备

(1)主要的设备、仪器、材料:计算机、打印机、ArcGIS 软件平台(10.0 以上)等。

(2)教学资料:任务评价表、铅笔、资料夹等。

(3)技术资料:ArcGIS 10.0 用户使用手册、土壤水分数据表(模块 3 项目 1 任务 2)、行政区划图、地貌图、土壤图等。

【任务实施】

一、任务描述

使用 ArcGIS Desktop 制作指定区域的变量灌溉处方图。

二、实施步骤

(1)查询适宜作物生长的含水率。

(2)查询所在地区的气象信息。

(3)按照图 4-6 中给定的灌溉处方图的生成步骤,参照本项目任务 1 中的方法,生成灌溉处方图。

(4)打印灌溉处方图。

(5)工作完毕,关闭计算机,复位仪器,完成实验报告。

【任务评价】

以学习小组为单位,按照项目、内容和标准进行评价,见表 4-2。

表 4-2 变量灌溉处方图的生成评价标准

评价项目	评价内容	评价标准
ArcGIS 软件平台	结构认知	每错一个扣分
气象信息的查询	操作方法	操作方法正确。每错一处扣相关专业知识与任务完成情况分

续表 4-2

评价项目	评价内容	评价标准
作物所需含水量的查询	操作方法	同上
灌溉处方图的生成	操作方法	同上
任务完成	任务完成情况和实验报告	根据实验报告填写情况进行评分
职业素养	学习态度、团队协作、自我管理、创新精神	根据自评与互评记录、小组活动记录进行评分

【任务巩固】

1. 简述灌溉处方图的生成步骤。
2. 灌溉量的确定有哪些影响因素？

项目2 变量施肥技术

【项目描述】

上海市农业机械研究所和上海交通大学等单位运用全球定位系统 GPS,研发出具有智能变量施肥、播种、旋耕功能的变量施入作业机,是我国首台自主研制的基于 GPS 的智能变量施入作业机具。设计了电机驱动和液压驱动两种方案,同时设计了多种变量施肥处方生成模式,可实现通过 GPRS 远程下载作业信息的触摸屏显示及设定,以及曲线任意调整方式。

本项目分为认知基于处方图的变量施肥和基于传感器的实时变量施肥两个工作任务。

通过本项目的训练,了解基于处方图的变量施肥、基于传感器的变量施肥基本方法。培养学生认真、严谨、科学的工作态度以及团队沟通协作能力与精神。

任务1 基于处方图的变量施肥

【任务目标】

1. 了解基于处方图的变量施肥基本方法。
2. 了解旋耕变量施肥机的工作原理。

【任务准备】

一、知识准备

变量施肥是以不同空间单元的土壤肥力分布、产量数据与其他多层数据(土壤理化性质、病虫草害、气候等)的叠合分析为依据,以作物生长模型、作物营养专家系统为支持,以高产、优质、环保为目的的变量处方施肥理论和技术。在全面获取了作物产量、土壤参数的时空变异信息后,根据植物生长模型以及气象等环境条件,利用地理信息系统(GIS)和决策支持系统(DDS),最后可得到施肥作业的处方;以这个处方为依据,以 DGPS 作为农业装备田间定位工具,借助于电子及液压自动控制机构,就可按照处方图实现期望的变量施肥。

(一)旋耕变量施肥机

以国家农业信息化工程技术研究中心王秀等开发的基于处方图的旋耕变量施肥机为例,如图 4-7 所示。

首先,根据作业地块的土壤中养分含量信息,结合所播种作物的肥料需求和专家知识,再根据地块已有历史信息,生成该土壤条件下所需施用化肥的作业处方图。将该处方图导入精细变量施肥机控制系统的计算机内,计算机把该处方图内有关施肥量的信息与安装在拖拉机上 GPS 测得的地理位置信息相互匹配,自动取得该位置年所需施肥数量,并将当前位置处的施肥数量值传输给施肥控制系统的中央控制器,中央控制器将这些数字信号转换成模拟信号

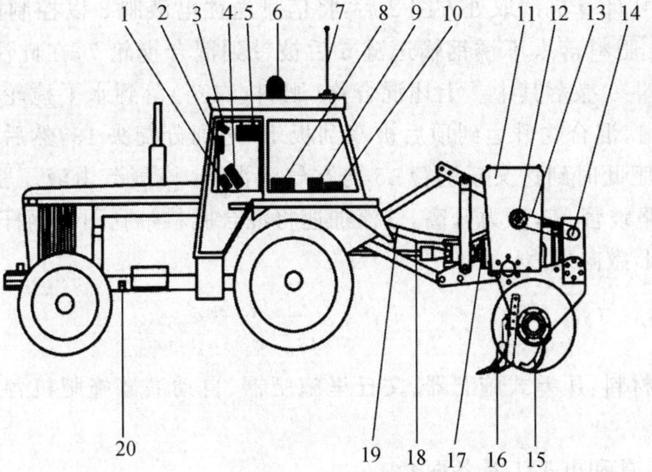

图 4-7 旋耕变量施肥机结构

（来源：汪懋华. 精细农业. 北京：中国农业大学出版社，2011.）

后控制液压节流阀的开度，通过调整供油的数量达到控制液压马达以及排肥器转速的目的。液压马达的转速信号通过安装在轴上的编码器反馈给控制器，控制器把接收的编码信号换算成施肥量反馈给计算机，计算机在屏幕上显示出目前位置单位面积所施肥料的数量。施肥机械田间作业信息如拖拉机行走轨迹、速度、GPS 信号情况、作业面积、肥料箱中所剩肥料数量以及田间施肥量都可以由驾驶室内的计算机实时记录，供后续处理与分析。

(二)变配方施肥机

如图 4-8 所示，此施肥机可按田块的不同需要，有针对性地撒施不同配方及不同量的干粉混合肥。具体工作过程如下：田间各局部所需肥料、农药及微肥的比例及单位面积用量，都事

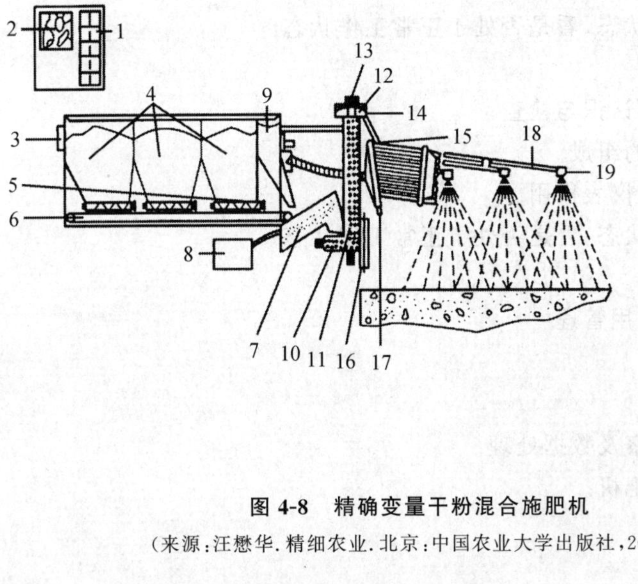

图 4-8 精确变量干粉混合施肥机

（来源：汪懋华. 精细农业. 北京：中国农业大学出版社，2011.）

先已编程存入微处理器 1 中，计算机读取处方图 2 后，将信息送往电液阀 3 以控制由肥料斗 4 经计量轮 5 排出的肥料量。肥料落入不锈钢输送链 6 后被带到混合搅轮 7，在此注入泵 8 将农药注入，同时微肥从微肥斗 9 撒落其中。上述混合物(肥料、农药)落到水平搅轮 10 中进一步搅拌并推送到竖直搅轮 11，混合物升运到顶后被双刮板 12 送到分配头 13，然后进入 20 个分立的输送管 14 中。混合肥此时到达文丘里管 15 与空气流混合，该气流由液压驱动鼓风机 16 产生并被分送到空气多路歧管 17，压力升高，气流加速将混合肥料带到不锈钢杆管 18 和喷嘴-反射管 19 处，随即以扇形撒向地表。

二、资料准备

(1)主要的设备、仪器、材料：压差式施肥器、文丘里施肥器、自动灌溉施肥机各 1 套；液肥容器、量测设备适量。

(2)工量具：常用钳工工具和电工工具各两套。

(3)教学资料：任务评价表、记录表、铅笔、资料夹等。

(4)技术资料：施肥器、施肥机的使用说明书。

【任务实施】

一、任务描述

了解施肥器、施肥机的功能作用，正确使用施肥器、施肥机进行灌溉施肥作业，按比例配制肥液，对施肥器、施肥机进行日常运行及维护。

二、实施步骤

(一)压差式施肥器结构认识与检查

(1)研究压差式施肥器的组成。

(2)了解控制阀门、量测仪表作用。

(3)检查施肥器的工作状态，看是否处于正常工作状态。

(4)按比例配制肥液。

(二)文丘里施肥器结构认识与检查

(1)研究文丘里施肥器的组成。

(2)了解控制阀门、量测仪表作用。

(3)检查施肥器的工作状态，看是否处于正常工作状态。

(4)按比例配制肥液。

(三)自动灌溉施肥机使用管理

(1)控制阀门操作。

(2)肥液浓度控制。

(3)施肥机工作状态观察及数据处理。

(4)按维护项目管理施肥机。

【任务拓展】

水肥一体化施肥方式的发展历史

【任务评价】

以学习小组为单位，按照项目、内容和标准进行评价，见表 4-3。

表 4-3 施肥器结构认识与检查评价标准

评价项目	评价内容	评价标准
施肥器组成	结构是否熟悉	结果正确，每错一处扣任务完成情况分
控制阀门、量测仪表作用	能了解各种阀门及测量仪表功能	同上
施肥器的正常工作状态	检查施肥器工作状态方法是否正确	操作方法正确、填写结果准确。每错一处扣任务完成情况分
配制肥液比例	针对不同设备能正确配制肥液比例	同上
任务完成	任务完成情况和实验报告	根据实验报告填写情况进行评分
职业素养	学习态度、团队协作、自我管理、创新精神	根据自评与互评记录、小组活动记录进行评分

【任务巩固】

1. 简述基于处方图的变量施肥过程。
2. 施肥机管理维护的主要项目有哪些？

任务 2 基于传感器的实时变量施肥

【任务目标】

1. 了解粉状肥料的变量施肥基本方法。
2. 了解液体肥料的变量施肥基本方法。

【任务准备】

一、知识准备

(一)粉状肥料的变量施肥

图 4-9 是德国 Amazone 公司开发的一种实时变量施肥机示意图，该机器主要适用于麦类作物的春季追肥。在该机器的中央控制单元里存储有变量施肥处方图，但同时在拖拉机的前部又安装了基于光谱分析技术的作物长势传感器，主要用以监测作物冠层的叶绿素含量，通过叶绿素判断作物的营养状态，进而计算出氮的追肥需要量，然后控制施肥机。

图 4-9　德国 Amazone 公司开发的一种实时变量施肥机示意图

（来源：汪懋华. 精细农业. 北京：中国农业大学出版社，2011.）

图 4-10 显示基于光谱技术的实时变量施肥机核心部分——作物长势传感器 N-Sensor 的工作原理。该仪器安装在拖拉机驾驶室的顶部，由光电传感器、2 个二极管阵列分光计、光纤和 1 个微控制器组成。其中 S_1 分光计与安装在拖拉机两侧的 4 个传感器相连，用来分光来自作物表面的反射光（450～900 nm，光谱分辨率为 3.3 nm）。为了使得作物冠层光谱测量具有可比性，需要根据环境光强（太阳光强）对反射光谱测量结果进行修正。S_2 分光是由光纤传递进来的通过余弦校正散射体的太阳光，所监测的波长范围以及光谱分辨率都与 S_1 相同。集成化的环境光强修正装置和特别的观测角度可以保证准确获得拖拉机两旁的冠层反射光谱，并得到高稳定性的光谱指数。整个系统由驾驶室的用户终端控制，在系统运行时终端可以显示最佳的施氮比率，系统还可以与 GPS 接收机连接，将实际施肥数据存储在 PCMCIA 卡中。

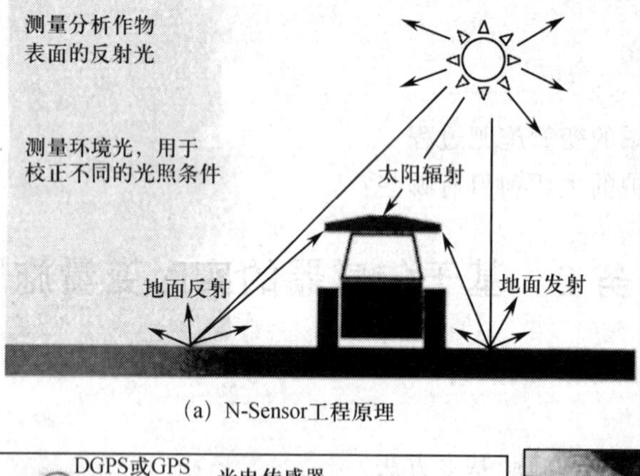

(a) N-Sensor工程原理

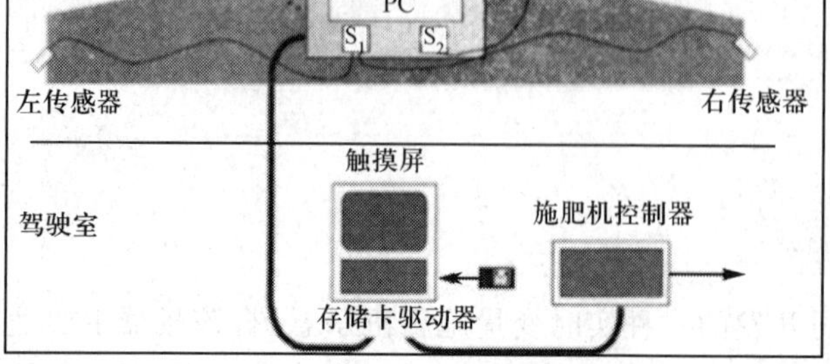

(b) 传感器结构示意图

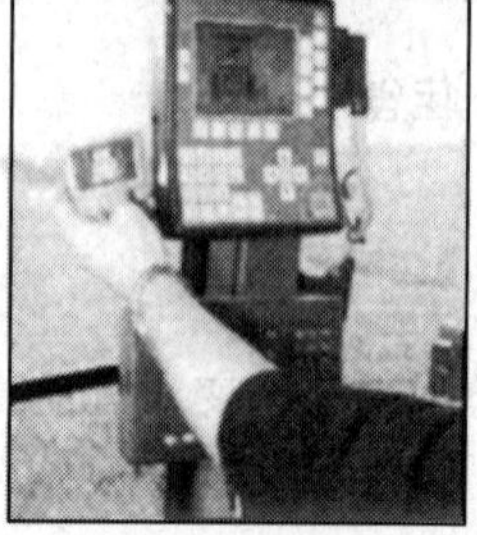

(c) 监控界面和存储卡

图 4-10　基于光谱技术的实时变量施肥机工作原理

（来源：汪懋华. 精细农业. 北京：中国农业大学出版社，2011.）

此系统在传统施肥试验基础上提出了一种用来估计最佳施氮比率(即单位面积施氮量)的标定算法。试验中,对不同生长状态的作物施用不同比率的氮肥,观察不同施肥对不同生长状态作物的影响,进而判断最佳的施氮比率。根据这些试验得到标准标定函数,将它写在 N-Sensor 的软件中。这个函数描述了怎样的施氮比率才能适应由 N-Sensor 所指出的氮供给的相对差别,但实际的施氮比率则取决于农户自己,农户必须对一小块特定区域的作物给出一个施氮比率的推荐值,然后再用 N-Sensor 测量出这个点的植被指数(N-Sensor value),以得到的结果作为参考值就可决定对应于各种植被指数的实际施氮比率,如图 4-11 所示。最小和最大的施氮比率由农民确定,当测量的植被指数低于特定临界值时,表明作物长势非常不好,已没有继续栽培的意义,这时系统就会自动减少施氮比率来避免无效施肥。

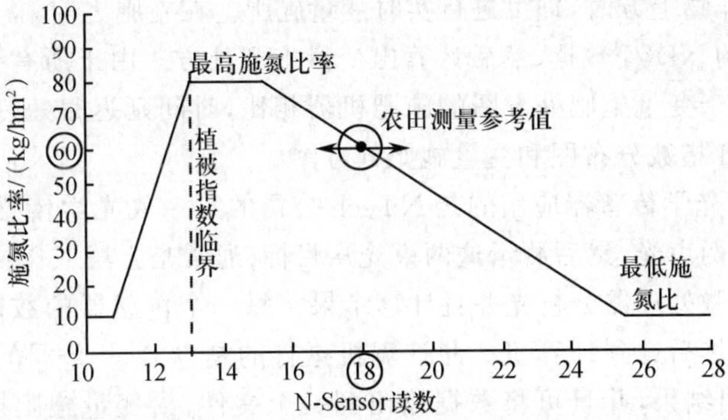

图 4-11 施肥量的计算模型

(来源:汪懋华. 精细农业. 北京:中国农业大学出版社,2011.)

使用 N-Sensor 可以探测到田间各处作物的氮营养水平之间的差别并能根据这个差别来进行变量施肥,避免局部田块氮肥过剩或欠缺。应用结果表明,基于 N-Sensor 的变量施肥可以增加产量和氮的有效利用,降低成本,还可使作物同时成熟,更适合机器收割,从而降低收割损失。

除了光谱测量部分,此机器的另一个特点是可以同时追施 2 种肥料。后部的储肥罐被分为 2 个分室,分别储存 2 种不同的肥料,在每个分室底部都有肥料送出装置。作业时中央控制单元按照各自的施肥量同时指挥 2 套装置送出各自所需的施肥量,待机械装置将其混合后施在大田里。

(二)液体肥料的变量施肥

1. 概述

与 N-Sensor 类似,美国学者以及 NTech Industries 公司开发了用于喷施液体肥料的变量施肥机。该机器仍然是利用光学传感器监测作物冠层的反射光谱,根据作物的营养状况改变和控制液肥的喷洒量,实现变量施肥。

代表性产品是 GreenSeeker RT200 变量施肥成图系统,如图 4-12 所示。该系统依据作物的归一化植被指数,作为进行变量施肥的工具,同时具有植被指数成图功能,可用于作物生长分析和历史数据收集。此类数据可与其他标准参数联合起来用于识别作物的营养反应、生长状况、产量、胁迫、病虫害的影响等。

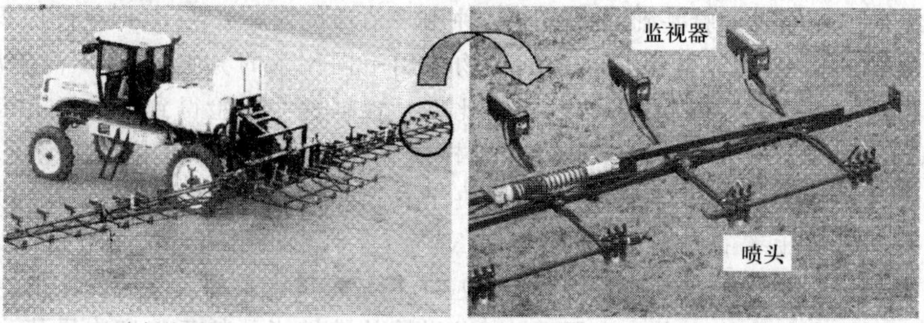

(a) 全景图　　　　(b) 局部放大

图 4-12　GreenSeeker RT200 变量施肥成图系统

(来源:汪懋华.精细农业.北京:中国农业大学出版社,2011.)

当施肥机通过作物上方时,即可进行实时变量施肥。在施肥之前,首先根据作物反射光谱实时计算作物冠层的 NDVI 数据,然后计算出变量施肥处方。由于所有变量数据都是实时采集的,因此与其他基于变量施肥处方图的施肥机器相比,时间延迟很短。GreenSeeker RT200 可以同时生成 NDVI 指数分布图和变量施肥处方图。

GreenSeeker 的光学传感器应用的是 NTech 公司的第二代光学传感技术,在两个特定波段由 LED 光源产生两束光,然后测量这两束光从目标(通常是土壤或作物)表面反射回的光能量,由传感器内部的微处理器分析光并且计算结果。每一个传感器的数据传输到传感器的接口模块并进行处理,然后送到计算机。此计算机运行的是 NTech 公司的 RT 功能软件,该软件用于实时显示输出结果,并且可将数据输出到一个文件,给变量施肥控制器提供合适的施肥量。

GreenSeeker 传感器采用主动光源。当打开这一单元,在传感器下方的方形窗口内会立即产生一束红光。传感器工作时离作物冠层的高度为 80～120 cm。传感器的测量宽度为 61 cm,这一宽度在传感器设定的高度范围内不会改变。传感器是通过方形窗口发射光到作物冠层,作物冠层的反射光聚焦到圆形窗口后的探测器。传感器的安装方向并不重要,但是矩形 LED 窗口必须和施肥机的悬臂平行。当传感器等距地安装在悬臂上时,RT200 系统的工作状态最好。传感器安装在标准的不锈钢支架上,采用 CAN 总线方式连接,外部传感器的接口都连接在 CAN 节点上。

2. *施氮肥的田间准备*

使用 GreenSeeker 进行变量施肥,必须在种植之前或种植后不久建立一个充分施氮的参考带(NRS)。NRS 用来确定作物生长所需要的氮肥量,包括确定当年最大的期望产量值及作物对过量施肥的反应等。理想的 NRS 应该能覆盖整块地的长度,至少应该有 90～150 m;另外 NRS 还应具有代表性(不应是过高或过低产量区)。建立 NRS 所需的氮肥量。例如,如果冬小麦的 NRS 采取 110 kg/hm^2 的氮肥施用量,则农田中的其他地方在播种前应施较少的氮肥,一般 22～34 kg/hm^2 是比较理想的。

图 4-13a 是 RT200 系统的主界面,系统可以只进行田间作物 NDVI 指数的监测与成图,也可以进行新变量施肥控制作业。RT Commander 软件可以与 GPS 接收机、变量控制器、RT200 接口模块进行通信。

图 4-13b 是一个变量施肥方案的例子,与 N-Sensor 类似,在某个临界值(图 4-13 中 NDVI 为 0.40)之前,施肥量随着 NDVI 减小而增加;当 NDVI 减到临界值以下时,再增加施肥量已

毫无意义，施肥比率急剧下降。

二、资料准备

(1)主要的设备、仪器、材料：实时变量施肥机1套。
(2)工量具：常用钳工工具和电工工具各1套。
(3)教学资料：任务评价表、记录表、铅笔、资料夹等。
(4)技术资料：实时变量施肥机的使用说明书。

(a)　　　　　　　　(b)

图 4-13　GreenSeeker RT200 系统的主界面(a)及施肥方案举例(b)

(来源：汪懋华.精细农业.北京：中国农业大学出版社，2011.)

【任务实施】

一、任务描述

了解实时变量施肥机的功能作用，正确使用施肥机进行施肥作业，对施肥机进行日常运行及维护。

二、实施步骤

(1)研究实时变量施肥机的各部分组成结构。
(2)观察实时变量施肥机的工作过程。
(3)对施肥机进行日常维护。

【任务评价】

以学习小组为单位，按照项目、内容和标准进行评价，见表4-4。

表 4-4　施肥机结构认识与检查评价标准

评价项目	评价内容	评价标准
施肥机的结构组成及作用	结构是否熟悉	结果正确，每错一处扣任务完成情况分
施肥机的正常工作状态	检查施肥机工作状态方法是否正确	操作方法正确、填写结果准确。每错一处扣任务完成情况分

续表 4-4

评价项目	评价内容	评价标准
施肥机的日常维护	根据要求对施肥机进行日常维护	同上
任务完成	任务完成情况和实验报告	根据实验报告填写情况进行评分
职业素养	学习态度、团队协作、自我管理、创新精神	根据自评与互评记录、小组活动记录进行评分

【任务巩固】

1. 简述 N-Sensor 的工作原理。
2. 简述液体肥料变量施肥时的变量控制方法。

项目3　变量施药技术

【项目描述】

北京小汤山国家精准农业示范基地设施温室中应用了一套温室精准施肥高效施药一体化系统，喷洒的杀菌药剂为全面广谱高效杀菌药纯品多菌灵单剂(80％WP)，浓度为1 500倍，目标作物为番茄，使用高效施肥喷药一体化系统配备的专用喷枪均匀喷洒。经过试验测试证明，能够全面控制菌核病、霜霉病、白粉病，与手动喷雾器相比，杀菌药剂的使用量减少一半。在北京大兴区长子营蔬菜育苗基地设施温室中也进行了示范推广应用，目标作物黄瓜，示范应用喷剂为农用硫酸链霉素(72％)，稀释浓度为3 500倍，一体化系统喷雾效果良好，使用后能有效防止黄瓜细菌性角斑病的发生。随着中国经济社会的发展，有关设施生产农业装备的法律制度一定会不断完善，针对设施生产研究开发的智能农业装备一定会得到大面积应用。

本项目分为认知基于处方图的变量施药和基于传感器的实时变量施药两个工作任务。

通过本项目的训练，了解基于处方图的变量施药、基于传感器的变量施药基本方法。培养学生认真、严谨、科学的工作态度以及团队沟通协作能力与精神。

任务1　基于处方图的变量施药

【任务目标】

1. 了解变量施药技术的基本概念。
2. 了解基于处方图的变量施药的基本方法。

【任务准备】

一、知识准备

(一)变量农药喷洒机的作业原理

国外已有的变量喷洒机大多为自走式；而牵引式的则类似于拖拉机的拖斗，喷雾压力泵由一个单独的汽油机来驱动。其工作原理是在实验室根据田间调查获得的信息生成对该土壤条件下所需喷洒化学农药的处方图，将该处方图导入喷雾器控制系统的计算机内，计算机把处方图中喷洒量的信息与GPS地理位置信息一一匹配，取得逐点喷洒量并经交换器把它传输给喷洒系统的中央控制器。中央控制器综合上述处方图传来的逐点喷洒量、单个喷头喷洒量、喷洒液体的压力大小以及喷洒机械前进的速度等信息，自动地调整喷洒节流阀的开度大小及阀门的关闭与开启，达到自动调整实际喷洒量的目的。喷洒机械田间的作业信息如拖拉机行走的轨迹、速度、GPS信号、作业面积、药箱中所剩药液量以及田间实际农药喷洒量都可以由驾驶室内计算机记录下来，并在作业完成后存档，供以后处理与分析之用。

变量农药喷洒机结构如图 4-14 所示，其作业过程是：拖拉机的后动力输出轴驱动隔膜泵 18，隔膜泵 18 使来自药箱 20 的喷洒药液得到加压。加压的液体经过滤网 17 滤除其中杂物，再经手动调节阀 16 减压至接近喷洒所需的压力。经过前期减压的喷洒液体通过流量传感器 5 后把液体流量的信息传给喷洒控制器 10，经过计量的喷洒药液经电动调压阀 3 进行第二次调压，调压范围则是依据喷洒控制器发出的控制信号。

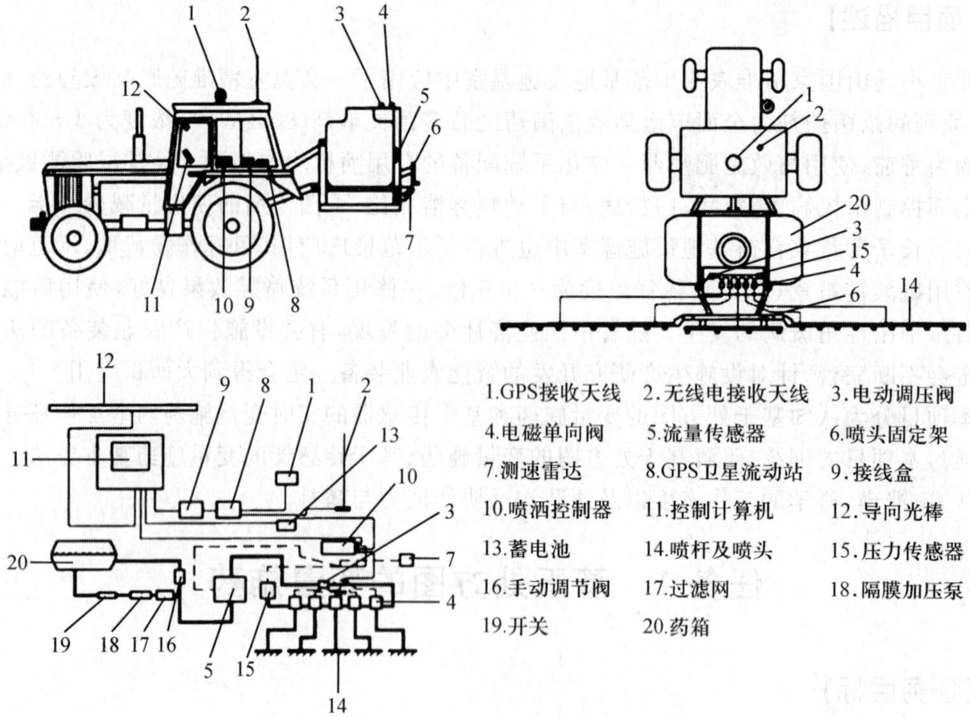

图 4-14　变量农药喷洒机

（来源：汪懋华. 精细农业. 北京：中国农业大学出版社，2011.）

拖拉机在田间行驶时，通过无线电接收天线 2 接收基站发出的无线电信号，该信号和拖拉机上 GPS 接收天线 1 收到的信号同时输入到 GPS 卫星流动站 8 进行差分，等到卫星差分信号，该差分信号经接线盒 9 输入到控制计算机 11 内。控制计算机 11 在作业之前，已经存储了喷洒处方图，拖拉机在作业行驶中根据 GPS 卫星信号，把当前位置处所需的喷洒量数据传输给喷洒控制器 10，喷洒控制器 10 依据所用型号的喷头规格喷量控制电动调压阀 3 和电磁单向阀 4 达到所要求的喷药量。

喷药机由三点悬挂机构与拖拉机相连，拖拉机后动力输出轴与隔膜加压泵 18 通过万向联轴器连接在一起。整个喷杆 14 的高度可以根据作物冠层的高低上下自由调整。喷药机喷杆由 5 段组成，左、右两段喷杆在运输状态时可以折起以便通行。

喷头的开关由电磁单向阀 4 控制，该电磁单向阀的控制信号线与喷洒控制器 10 相连，流量传感器 5 和压力传感器 15 把感应到的药液流量和压力信号输入到喷洒控制器 10，控制器通过电缆与控制计算机 11 相连。根据控制计算机 11 发出的喷药量信息，喷洒控制器 10 控制电动调压阀 3 的开度大小，达到调节喷洒流量的目的。

(二)基于处方图的变量施药技术及其关键设备

图 4-15 所示为基于处方图的除草剂变量喷施机械控制系统简图。存储有作业处方图的计算机接收 DGPS 定位信号,并根据定位信号和处方图向控制单元发出控制指令,依据这一指令,控制单元控制电磁阀打开或关闭喷嘴,从而实现除草剂的变量喷施作业。在这个系统中,作业处方图的生成是关键,除了要进行采样、调查并利用 GIS 技术预测其分布外,还要熟悉杂草品种的特性,例如有的杂草随机分布在农田的各个部分,而有的杂草则只生长在田埂上,了解这些特性将有助于生成适合的作业处方图。

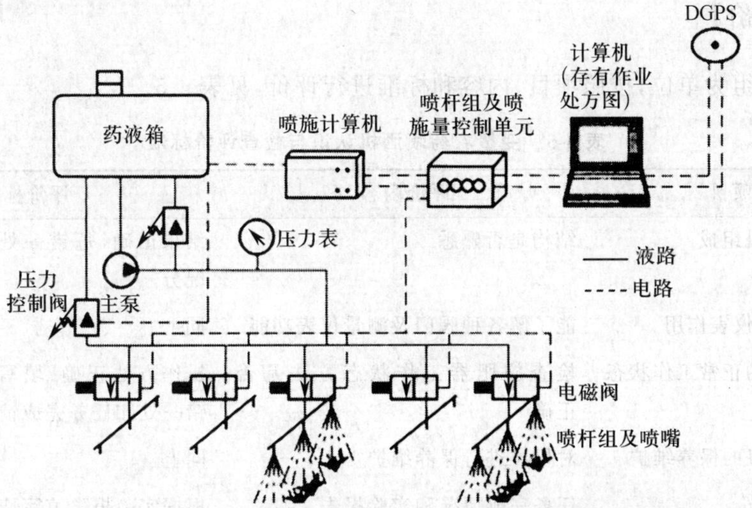

图 4-15 基于处方图的除草剂变量喷施机械控制系统简图

(来源:汪懋华. 精细农业. 北京:中国农业大学出版社,2011.)

由于病虫害的不确定性以及不适于长期定点预报,人们在开发变量喷药机器时更倾向于采用基于传感器的变量作业方式,根据实时监测结果,采取逐点、变量的针对性喷药。

二、资料准备

(1)主要的设备、仪器、材料:变量农药喷洒机 1 套、量测设备适量。

(2)工量具:常用钳工工具和电工工具各两套。

(3)教学资料:任务评价表、记录表、铅笔、资料夹等。

(4)技术资料:变量农药喷洒机的使用说明书。

【任务实施】

一、任务描述

了解变量农药喷洒机的功能作用,了解变量农药喷洒机各部分作用,对机器进行日常运行及维护。

二、实施步骤

(1)研究变量农药喷洒机的组成。

(2)了解变量农药喷洒机各部分结构的作用。
(3)检查施药机的工作状态,看是否处于正常工作状态。
(4)按比例配制药液。
(5)对变量农药喷洒机进行日常维护及保养。

【任务拓展】

GPS 技术帮助实现农业精准施药

【任务评价】

以学习小组为单位,按照项目、内容和标准进行评价,见表 4-5。

表 4-5　变量农药喷洒机认识与检查评价标准

评价项目	评价内容	评价标准
变量农药喷洒机组成	结构是否熟悉	结果正确,每错一处扣任务完成情况分
控制阀门、量测仪表作用	能了解各种阀门及测量仪表功能	同上
变量农药喷洒的正常工作状态	检查施肥器工作状态方法是否正确	操作方法正确、填写结果准确。每错一处扣任务完成情况分
变量农药喷洒机的保养维护	对机器进行保养维护	同上
任务完成	任务完成情况和实验报告	根据实验报告填写情况进行评分
职业素养	学习态度、团队协作、自我管理、创新精神	根据自评与互评记录、小组活动记录进行评分

【任务巩固】

1. 基于处方图的变量施肥与基于处方图的变量施药的区别在哪里?
2. 简述基于处方图的除草剂变量喷施机械控制系统的工作过程。

任务 2　基于传感器的实时变量施药

【任务目标】

1. 了解基于超声、红外光电探测传感器技术的变量施药系统工作原理。
2. 了解基于机器视觉技术的变量施药系统工作原理。

【任务准备】

一、知识准备

基于传感器的实时变量施药系统的靶标探测器主要有超声传感器、图像传感器、光电传感器等。采用光谱或图像的办法获取大量丰富的靶标信息，识别作物的不同部位、形态和病虫草害，为变量施药的精准定位控制提供了控制决策信息。

(一)基于超声、红外光电探测传感器技术的变量施药系统

超导探测系统可以探测到两侧 30 m 以外的果树，同时将树冠尺寸和具体位置信息实时传给计算机，探测器在探测到树的边缘 20 cm 后计算机控制其打开电磁阀进行对靶喷雾，在离开树的边缘 20 cm 后关闭。超声波传感器和喷雾控制器相连接，喷雾机两侧的喷头根据探测到的树的大小及其形状做出判断，并由控制器控制相应的喷头开启进行喷雾。安装在驾驶室里的控制器可显示已喷雾的果园面积、每小时的喷雾面积、喷雾机平均行驶速度以及与传统喷雾方式相比较的节省农药量等相关的数据，同时它有 4 个储存位置可以储存不同果园的果树株距、理想喷雾作业速度等相关喷雾作业参数。

中国农业大学药械与施药技术研究中心于 2003 年成功研制了果园自动对靶喷雾机，该机采用基于红外传感探测技术，对果树靶标进行自动识别和控制，根据靶标在有效探测范围内反射红外线光电信号，实现对电磁阀开启控制以达到对靶喷雾。其红外探测器的探测距离 10～100 cm 范围内可调，节省农药 50%～57%以上。

(二)基于机器视觉技术的变量施药系统

现在国内外研究的机器视觉识别系统是一种图像传感器，基于该传感技术的识别方法在大田作物变量施药系统中已有较为深入的应用研究。变量施药系统通过机器视觉技术捕获、处理和分析田间图像。利用图像中所包含的作物、杂草和背景的形状、纹理或颜色信息进行分类，实施针对性农药喷施作业。该方法的杂草识别率较高，但传感面积较小、成本高，距离实际应用还有一定的距离。

计算机控制单元是施药系统的核心组成部分，智能喷雾机应用机器视觉采集图像信息(图 4-16)，应用杂草覆盖率(WCR)算法、离散小波变换(DWT)算法计算杂草的分布特性，应用雷达传感器测量机具行驶速度，根据这些参数，喷头控制器决定可变量施药机构的动作，可变量施药机构是可变量系统的关键组成部分。

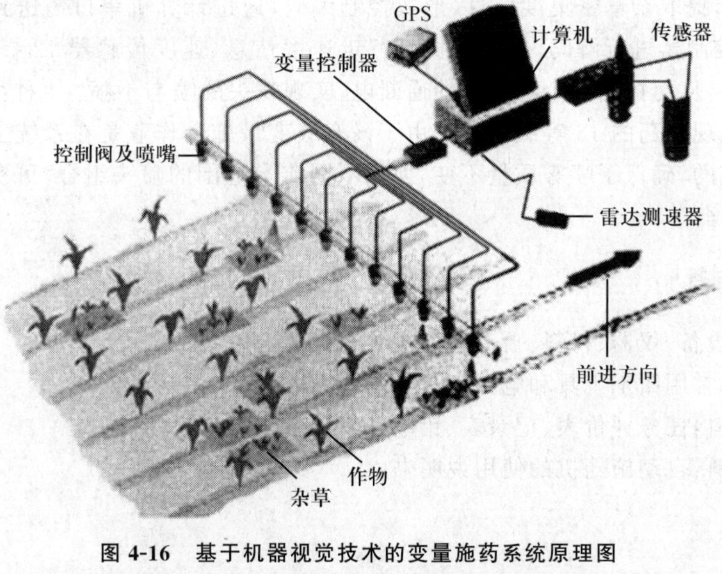

图 4-16 基于机器视觉技术的变量施药系统原理图

(来源：汪懋华. 精细农业. 北京：中国农业大学出版社，2011.)

基于机器视觉技术的变量施药系统由机器视觉系统、变量控制系统、液路系统组成，如图4-17所示。

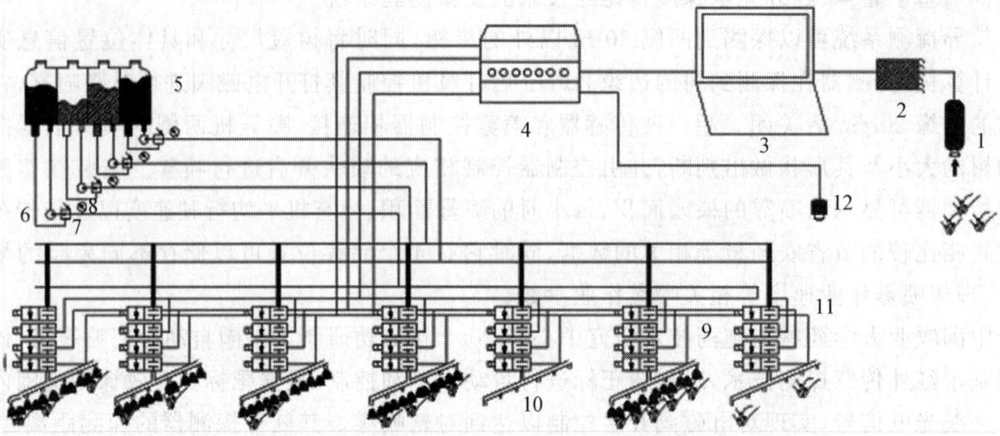

图 4-17　基于机器视觉技术的变量施药系统结构示意图

1. CCD摄像机　2. 图像采集卡　3. 计算机　4. 变量控制器　5. 药箱　6. 电动隔膜泵　7. 调压阀　8. 压力表　9. 电磁阀　10. 喷杆　11. 喷头　12. 速度传感器

该变量施药系统具有4套独立的液路系统，每套液路系统由药箱5、电动隔膜泵6、调压阀7、压力表8、电磁阀9、喷杆10、喷头11组成，可以同时喷施4种不同尝试或不同类的农药。在每套液路中，药箱、管路与电动隔膜泵连接，泵把药液以一定的压力输入到管路中，设定溢流压力，保持管路中药液压力恒定，同时多余的药液流回药箱。每条液路系统末端安装一种型号的标准扇形雾喷头，不同液路上喷头型号不同，即4条液路系统在喷雾压力相同的情况下，其末端喷头流量不同。每条液路装有电磁阀，通过管线与变量控制器连接，控制管路的开通与阻断，从而实现喷头的间歇式喷雾。

在田间实施变量施药作业时，CCD彩色摄像机1与采集卡采集的田间图像2通过计算机3内部程序处理，提取杂草密集度信息，形成控制编码，通过计算机串口传送到变量施药控制器4，变量喷雾控制器进行解码，并根据机具行走速度信息(速度传感器12提供)控制其I/O口输出高低电平，从而控制各个电磁阀的通断电，实现喷头的喷与不喷。4种型号喷头的不同组合喷雾可以实现农药的16等级喷施。由于该有级变量施药作业是在系统工作压力趋于恒定的情况下实施的，确保了喷雾质量不变，换用不同流量范围的喷头组合，可实现不同流量范围的有级变量施药。

二、资料准备

(1)主要的设备、仪器、材料：自动施药机1套。

(2)工量具：常用钳工工具和电工工具各两套。

(3)教学资料：任务评价表、记录表、铅笔、资料夹等。

(4)技术资料：自动施药机的使用说明书。

【任务实施】

一、任务描述

了解自动施药机的功能作用，正确使用自动施药机进行作业，按比例配制药液，对施药机进行日常运行及维护。

二、实施步骤

(1)研究自动施药机的组成。
(2)了解自动施药机各部分结构的作用。
(3)检查施药机的工作状态，看是否处于正常工作状态。
(4)按比例配制药液。
(5)自动施药机施药操作。
(6)对自动施药机进行日常维护及保养。

【任务评价】

以学习小组为单位，按照项目、内容和标准进行评价，见表4-6。

表4-6　自动施药机认识与检查评价标准

评价项目	评价内容	评价标准
自动施药机组成	结构是否熟悉	结果正确，每错一处扣任务完成情况分
自动施药机组成	结构是否熟悉	同上
施药机各部分作用	能了解各种阀门及测量仪表功能	同上
施药机的正常工作状态	检查施肥器工作状态方法是否正确	操作方法正确、填写结果准确。每错一处扣任务完成情况分
配制肥液比例	针对不同设备能正确配制肥液比例	同上
自动施药机的操作	自动施药机的操作	同上
任务完成	任务完成情况和实验报告	根据实验报告填写情况进行评分
职业素养	学习态度、团队协作、自我管理、创新精神	根据自评与互评记录、小组活动记录进行评分

【任务巩固】

简述基于机器视觉技术的变量施药系统的工作过程。

项目4　变量灌溉技术

【项目描述】

我国节水灌溉技术的推广应用势在必行。喷灌是一种较好的节水灌溉方法,生产中应用比较多的是平移式喷灌和固定式喷灌。土壤含水量是控制农作物灌溉的一个重要指标,土壤含水量存在很大的空间差异,不同区域的作物在不同生长时期所需要的灌溉量是不同的,根据土壤水分含量状况实行变量灌溉是节约灌溉用水的有效手段之一。

本项目分为平移式变量喷灌和固定式变量灌溉2个工作任务。

通过本项目的训练,了解平移式喷灌机和固定式喷灌系统的相关知识、掌握平移式变量喷灌处方图、固定式变量灌溉处方图生成方法,培养学生认真、严谨、科学的工作态度以及团队沟通协作能力与精神。

任务1　平移式变量喷灌

【任务目标】

1. 了解平移式喷灌机的相关知识。
2. 掌握平移式变量喷灌处方图生成方法。

【任务准备】

一、知识准备

(一)平移喷灌机

维蒙特公司生产的伐利8跨渠喂式平移喷灌机,总跨度为421 m。该机器具有完善的自动控制设备,机器上装有信号接收装置,可以接收控制室发出的指令,指挥喷灌机进行自动喷灌。控制室内控制用的计算机可以发出控制信号,可指挥喷灌机在田间自行行走进行喷灌,该喷灌机沿喷灌输水方向使用同一灌水量,喷灌机如图4-18。

(二)处方图生成

1. 基础数据的获取

(1)采样点的布置。在实验地块中选取44个采样点,每个采样点都对应有经纬度坐标,根据坐标把其导入系统后生成的图层如图4-19所示。

(2)基础数据获取。田间采样DGPS系统由基准站和流动站构成,流动站GPS接收机将数据输出,接收机作为数据终端设备与计算机进行数据传送时,一般采用D型RS232C电缆接口进行数据交换。从数据输出形式来看,一般有两类:十进制ASCII码和二进制码。而在变量灌溉应用中,由于是一个单纯的应用系统,一般只采样GPS的统一格式NMEA—0183即

图 4-18 平移喷灌机

可,它的输出就采用 ASCII 码。从 GPS 接收机输出的 NMEA—0183 信号,通过串口输入到 TDR 中,可以自动记录采样点的经纬度坐标。

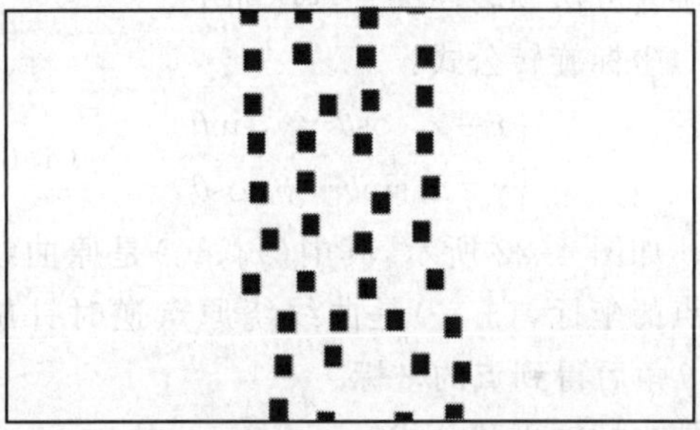

图 4-19 采样点分布图

用 TDR 采集测量实验地块中各个采样点深度为 20 cm、40 cm、60 cm 的各层土壤含水量(mm)、地块的田间持水量 F_c。利用 GPS 对各采样点进行坐标定位,采样得到的数据输入计算机,存成文本文件,系统可将该文本文件导入转化为 GIS 中的图层(shape 格式)数据,采样同时也记录采样时间。每隔 15 d 采集一次各采样点的土壤含水量。

2. 采样点的空间内插

由于客观条件的限制,往往不能取得足够的采样点来满足要求,需要进行空间内插。插值方法以距离反比插值为例。

距离反比插值(IDW)。IDW 方法利用"距离越远对待插值点影响越小"的思想,以距离倒数次方为权进行的插值,其公式如下:

$$f(x,y)=\frac{\sum_{i=1}^{n} z_i \frac{1}{d_i^m}}{\sum_{i=1}^{n} \frac{1}{d_i^m}} \quad m=1 \text{ 或 } 2 \tag{4-2}$$

式中 d_i 是待插点到已知点的距离,$f(x,y)$为要求的待插点的值。

距离反比插值算法流程如图 4-20。

3. 不规则地块的插值

由于地块边界的不规则性和平移喷灌机跨度很大这一特点,插值算法生成栅格时不能简单地按南北方向生成栅格,需考虑地块边界和喷灌机的工作线方向生成合理的栅格。

如图 4-21 所示，采样点的外接多边形上方的边界和水平方向有一个夹角，这样生成的栅格需和水平方向有一个夹角。生成算法如下：

(1)生成栅格时首先判定喷灌机的工作线方向，即大致是横方向的还是竖方向的，工作线方向不同生成的栅格也不同。

(2)以工作线方向是横方向为例，先计算得到横方向工作线和水平方向的夹角(夹角可通过工作线的两端点的坐标和以一端点的横坐标和另一端点的纵坐标为坐标的点，这三点为顶点的三角形，通过计算得到)。

(3)生成栅格时，需先把多边形旋转正，按规则地块生成栅格方法生成栅格，再按坐标旋转方法旋转回去。具体如下。

坐标旋转公式：

$$\begin{cases} x=x_0\cos\theta-y_0\sin\theta \\ y=x_0\sin\theta+y_0\cos\theta \end{cases} \tag{4-3}$$

如图 4-22 所示，其中(x_0,y_0)是原曲线上点的坐标，(x,y)是曲线绕原点逆时针旋转 θ 角后得到点的坐标。

坐标轴平移公式

$$\begin{cases} x=x_0+d_x \\ y=y_0+d_y \end{cases} \tag{4-4}$$

x_0是新坐标系中的坐标，d_x是 x 轴移动的距离，d_y是 y 轴平移的距离。(x,y)是在原坐标系中点的坐标。

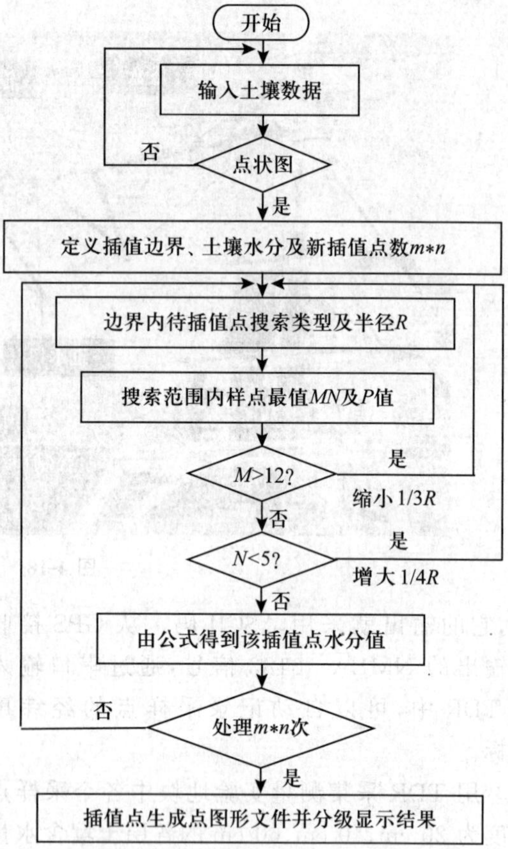

图 4-20　土壤含水量距离反比插值流程

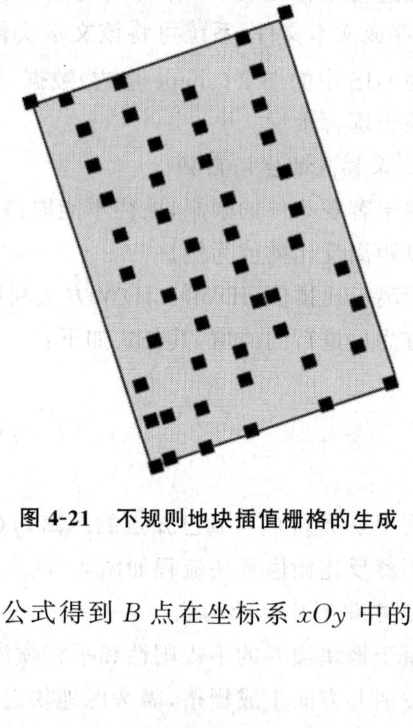

图 4-21　不规则地块插值栅格的生成

图 4-23 中，矩形 $ABCD$ 旋转正后为矩形 $A'B'C'D'$，A 点和 A' 点为同一点，A 点坐标可由地图上得到，通过定义的栅格的大小可得到其余各点的坐标，比如定义横方向为 8 m，竖方向为 7。在矩形 $A'B'C'D'$ 中，B'点横坐标为 A'点加 8，纵坐标和 A'点相同。C'点横坐标为 A'点横坐标加 8，C'点纵坐标为 A'点的纵坐标减 7，D'点横坐标为 A'点横坐标，D'点纵坐标为 A'点纵坐标减 7。B 点坐标可由坐标旋转公式得到，此时坐标原点认为是 A 点，还需用坐标轴平移公式得到 B 点在坐标系 xOy 中的坐标。同理可得 C 点和 D 点在原坐标系中的坐标。

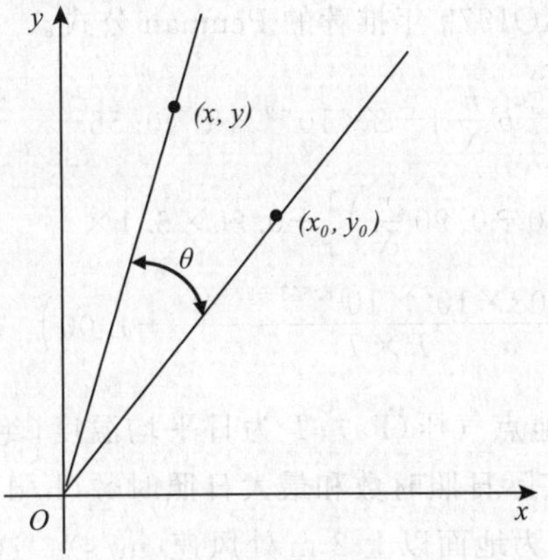

图 4-22 坐标旋转示意图

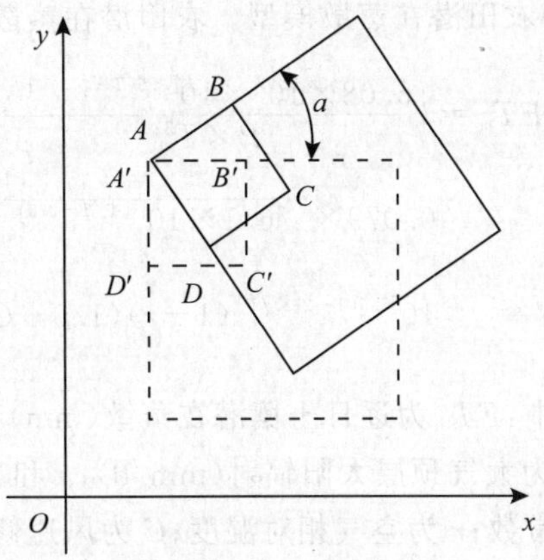

图 4-23 不规则地块栅格生成示意图

此时利用 MapObjects 提供的 CMoPoints 类定义的对象 pts，把这四个点加入定义的点集对象中（添加时需注意顺序，需连接这四点生成一个多边形），再利用多边形类 CMoPolygon 类定义的对象 m_polycha，获得多边形 m_polycha 的 part 属性，并赋予一个 CMoParts 类定义的对象 part 中，CMoParts part＝m_polycha-＞GetParts( )，接着给对象 part 添加点集 pts，part. Add(pts)，这样即可生成一个栅格。生成横方向的第二个栅格时需以 B 点为新坐标系的坐标原点，其他同理。

插值结果显示如图 4-24。

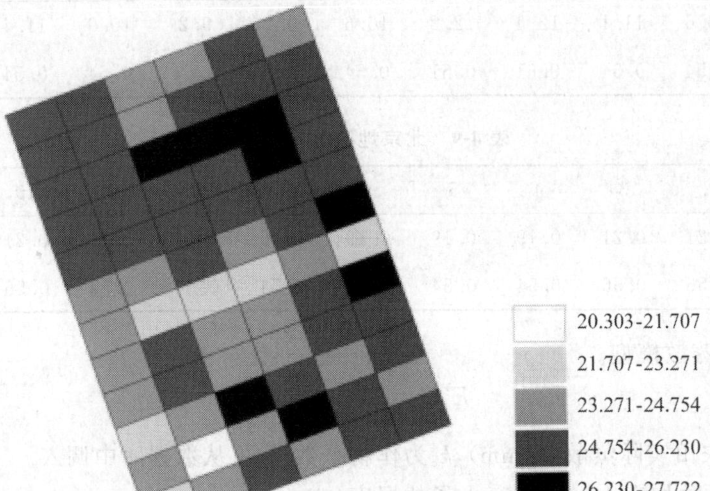

图 4-24 不规则地块插值结果显示

4. 土壤水分预报模型

以上经过插值后每个栅格的属性数据中有土壤实测的含水量数据，由于决策时间和测量时间之间有一定的间隔，土壤含水量也会随时间发生变化，所以需预测灌溉决策时的土壤含水量。土壤墒情预报涉及许多因素，主要是气象、作物、土壤三方面的因素。该系统建立了土壤水分预报模型，模型综合考虑了这三方面的影响。

(1)农田潜在蒸散模型。农田潜在蒸散量使用FAO1979年推荐的Penman公式。

$$ET_{oi}=\left\{\frac{5.08\times10^{7}\times10^{[8.5(T-273)/T]}}{P\times T^{2}}\left[0.75Ra\left(a+b\frac{n}{N}\right)-2\times10^{-9}\times T^{4}(0.56-0.079\times\sqrt{6.1\times10^{[8.5(T-273)/T]}\times r})\left(0.10+0.90\frac{n}{N}\right)\right]+0.26\times6.1\times10^{[8.5(T-273)/T]}(1-r)(1.0+C\cdot U)\right\}\left(\frac{5.08\times10^{7}\times10^{[8.5(T-273)/T]}}{P\times T^{2}}+1.00\right) \tag{4-5}$$

式中:ET_{0i}为逐日土壤潜在蒸散(mm);P为实验地点气压(Pa);T为日平均温度(绝对温度);R_a为大气顶层太阳辐射(mm/d);n和N分别为实际日照时数和最大日照时数(h/d);a,b为经验常数;r为空气相对湿度;C为风速修正系数;U为地面以上2 m处风速(m/s)。这些参数中T,P,U,r,n需根据气象预报用户输入,其他的参数存入了数据库,可从数据库中调入以供使用。北京地区的一些气候参数见表4-7、表4-8、表4-9。

表4-7　北纬40°大气顶层太阳辐射(*Ra*)及最大可能日照时数

月份	1	2	3	4	5	6	7	8	9	10	11	12
Ra/(mm/d)	6.4	8.6	11.4	14.3	16.4	17.3	16.7	15.2	12.5	9.6	7.0	5.7
N/(h/d)	9.6	10.7	11.9	13.3	14.4	15.0	14.7	13.7	12.5	11.2	10.0	9.3

表4-8　北京地区近20年月最高平均气温与最低平均气温的温差℃(ΔT)和各月C值

月份	1	2	3	4	5	6	7	8	9	10	11	12
ΔT	10.0	10.6	11.1	12.4	12.2	10.6	9.0	9.2	10.9	11.4	10.7	9.5
C值	0.54	0.54	0.54	0.61	0.61	0.54	0.54	0.54	0.54	0.54	0.54	0.54

表4-9　北京地区的a、b值

月份	1	2	3	4	5	6	7	8	9	10	11	12
a	0.21	0.21	0.21	0.19	0.19	0.19	0.19	0.19	0.19	0.21	0.21	0.21
b	0.56	0.56	0.56	0.54	0.54	0.54	0.54	0.54	0.54	0.56	0.56	0.56

(2)农田实际蒸散模型。

$$ET_{ai}=ET_{0i}\times k_c \tag{4-6}$$

式中ET_{ai}为农田实际蒸散量(mm),k_c为作物系数,k_c可从数据库中调入。

冬小麦作物系数如表4-9,该表存入了数据库。

表4-10　冬小麦作物系数(k_c)

生育阶段	起止日期	作物系数(k_c)
返青—起身	03.12～03.26	0.42
起身—拔节	03.27～04.21	0.72
拔节—孕穗	04.22～05.01	0.78

续表 4-10

生育阶段	起止日期	作物系数(k_c)
孕穗—抽穗	05.02～05.10	1.13
抽穗—开花	05.11～05.15	1.36
开花—乳熟	05.16～06.08	1.12
乳熟—成熟	06.09～06.14	0.41
返青—成熟	03.12～06.14	0.88

(3)农田土壤水分平衡模型。土壤水分预报建立的依据是土壤水分平衡方程：

$$W_{T+1}=W_T+P_i+G-ET \tag{4-7}$$

式中：W_{T+1}为时段末的土壤含水量(mm)；W_T为时段初的土壤含水量(mm)；P_i为时段内的有效降水量(mm)；G为时段内地下水补给量(mm)；ET为时段内土壤蒸散量(mm)。北京地区地下水水位较深，地下水补给量可认为为0。利用公式(4-7)可以由插值结果图的属性信息中的土壤含水量字段值可推算出灌溉决策时各栅格的土壤含水量。

5. 灌溉量模型

栅格化的图层中每个栅格的属性数据有土壤含水量W_T，由公式(4-7)即可得到灌溉决策时的土壤含水量，再由下面的公式(4-8)或公式(4-9)可计算出每个栅格的计划灌溉量。

$$H_1=H_g\times(F_c-\theta)\quad \text{(mm)充分灌溉} \tag{4-8}$$

$$H_2=H_g\times(k\times F_c-\theta)\quad \text{(mm)非充分灌溉} \tag{4-9}$$

式中：F_c为田间持水量(体积百分比)；θ为干旱胁迫下的土壤含水量(体积百分比，来自模型预测值)；k为非充分灌溉条件下灌水下限(相对田间持水量的百分比，通常取值为80%)；H_g为灌溉管理深度(mm)，通常取600 mm。喷灌中一般采用非充分灌溉。

6. 冬小麦耗水-产量模型

可以根据小麦不同的灌溉量引起产量变化带来的经济效益来决策实际灌水量。不同的灌溉量引起的产量增加量可用下面的公式计算：

$$\Delta Y=K_i\times(-0.000\,08H^3+0.009\,5H-1.521\,7)\times(-3.571\,4W+2.535\,7) \tag{4-10}$$

式中：ΔY为小麦产量增加量(kg/666.7 m²)；H为灌溉量(mm)；W为土壤相对湿度(%)；K_i为小麦不同生育阶段的产量反应系数(kg/mm·666.7 m²)。K_i值可从数据库中调入。

7. 优化决策模型

由于平移动喷灌机行走垂直方向喷水线上的喷水量是一致的，而该方向各个栅格计算出的计划灌溉量可能是不同的，这样可以进行经济效益分析，确定一个最佳灌溉量，为此引入目标效益函数：

$$B_{ij}=C_1\times\Delta Y-C_2\times H_{ij}-C_3\times S_i \tag{4-11}$$

其约束条件为$H_{ij}\leqslant(Fc\times 1000-W_{T+1})$；$H_{ij}$为第$i$行第$j$列栅格的灌溉量(mm/666.7 m²)；$B_{ij}$为该栅格施行灌溉量$H_{ij}$后取得的经济效益(元/666.7 m²)；$Y_{ij}$为该栅格施行灌溉量$H_{ij}$引起的产量变化(kg/666 7 m²)；$S_i$为灌溉开关因子；表示该栅格是否施行灌溉，$S_i=0$时不灌，$S_i=1$时灌溉。$C_1$(元/kg)、$C_2$[元/(mm·666.7 m²)]和$C_3$(元/666.7 m²)分别为小麦价格、水费和单位面积土地进行一次灌溉所需要投入的劳力、机器折旧等费用(元/666.7 m²)。约束条件控制灌水量，以免发生渗漏流失。

8. 平移式喷灌处方图生成流程

首先选取点状图(即采样点分布图)，对其进行插值，形成栅格化的图层，栅格的大小可以由用户决定，每个栅格中的属性数据都有土壤含水量。用户输入土壤类型、冬小麦生长地区、小麦的生育阶段等参数后，可以从数据库调入相应的数据如小麦干旱指标、小麦价格等参数，以备下面的模型使用。输入气象参数如实验地点的气压、温度、空气相对湿度、日照时数等参数后，由 Penman 公式即可计算出土壤的潜在蒸散量，再乘以作物系数，就可得到土壤的实际蒸散量。由上面的数据，利用土壤水分平衡方程可得到每个栅格灌溉决策时的实际含水量。每个栅格是否灌水可以和小麦干旱指标进行比较来决定，当栅格中的含水量比轻微干旱指标高，则不需灌溉，比重旱指标还低，则需要灌溉。轻旱指标和重旱指标之间的，如经济效益 $B_{ij}>0$ 时进行灌溉，$B_{ij}<0$ 则不灌溉。灌溉量可以由灌溉量模型计算得到。由于平移喷灌机行走垂直方向喷水线上的喷水量是一致的，而该方向的计划灌溉量可能是不同的，这样可进行经济效益分析，确定一个最佳的灌溉量。取行走垂直方向所有栅格的 B_{ij} 的最大值，其对应的灌溉量 H 就是该方向所有栅格的实际灌溉量。这样就可以生成灌溉处方图。处方图生成流程见图 4-25。

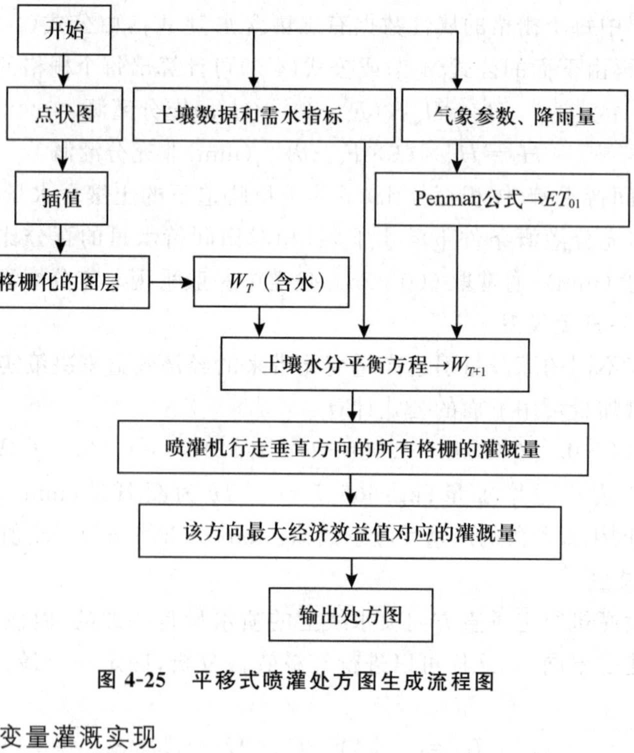

图 4-25　平移式喷灌处方图生成流程图

(三)平移喷灌机变量灌溉实现

本任务使用的是伐利 8 跨渠喂式平移喷灌机，该喷灌机配有完整的自动控制设备。该机可以在喷灌机上调节行走速度来调节灌溉量，也可采用远程控制方法调节行走速度。该喷灌机配套有信号基站，基站连接在室内计算机上，计算机可以发出控制指令，指令由基站广播。灌机上装有信号接收装置，可以根据接收的基站发出的信号，控制喷灌机的行走速度，以达到变量灌溉节水的目的。喷灌机上装有 GPS，通过无线传输可把喷灌机的实时位置传输到控制室内的计算机上，计算机上装有一套软件可以根据平移喷灌机灌溉处方图和得到的喷灌机的实时的位置，决定喷灌机的行走速度并发出控制指令，如图4-26所示。

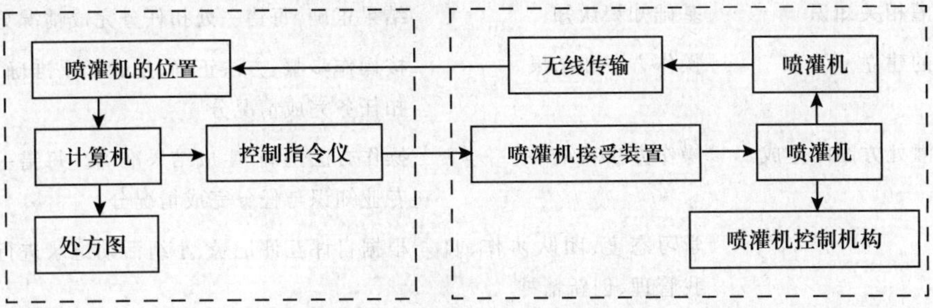

图 4-26 平移喷灌机实施灌溉流程图

二、资料准备

(1)主要的设备、仪器、材料：伐利8跨渠喂式平移喷灌机、配套信号基站、计算机、D型RS232C电缆。

(2)教学资料：任务评价表、记录表、铅笔、资料夹等。

(3)技术资料：伐利8跨渠喂式平移喷灌机使用说明书。

【任务实施】

一、任务描述

建立灌溉模型，生成平移式喷灌灌溉处方图，并实现平移式喷灌。

二、实施步骤

(一)建立灌溉模型

根据所选取的喷灌地块的各项参数，建立灌溉模型，并用程序实现。

(二)生成处方图

(1)选取采样点。

(2)采样点内插，形成栅格式图层(栅格大小自定)。

(3)根据气象参数，如实验地点的气压、温度、空气相对湿度、日照时数等参数，由Penman公式、作物系数，得到土壤的实际蒸散量。由以上数据，利用土壤水分平衡方程得到每个栅格灌溉决策时的实际含水量。

(4)计算平移式喷灌机行走垂直方向上最大经济效益值所对应的灌溉量，并生成处方图。

(三)实现平移式喷灌

喷灌机的GPS，通过无线传输将喷灌机的实时位置传输到计算机上，计算机根据平移喷灌机灌溉处方图和得到的喷灌机的实时的位置，决定喷灌机的行走速度并发出控制指令。

【任务评价】

以学习小组为单位，按照项目、内容和标准进行评价，见表4-11。

表 4-11 平移式变量喷灌评价标准

评价项目	评价内容	评价标准
平移式喷灌相关知识	基础知识认知	结果正确，每错一处扣任务完成情况分
灌溉模型的建立	操作方法和结果	按操作步骤、方法正确、生成结果准确，每错一处扣任务完成情况分
平移式喷灌处方图的生成	操作方法和结果	操作方法正确、生成结果准确。每错一处扣相关专业知识与任务完成情况分
职业素养	学习态度、团队协作、自我管理、创新精神	根据自评互评记录、小组活动记录进行评分

【任务巩固】

1. 简述平移式喷灌处方图生成的流程。
2. 采样点的内插方法有哪些？

任务 2 固定式变量灌溉

【任务目标】

1. 了解固定式喷灌系统的组成及固定式灌溉的工作流程。
2. 掌握固定式变量灌溉处方图的生成方法。

【任务准备】

一、知识准备

本任务采用 TDR 测定土壤含水量，利用灌溉模型生成地块的灌溉处方图，根据处方图手动调节控制器，设置每个轮灌区的灌溉时间，可以实现变量灌溉。这样各个区域根据作物实际需水量实施灌溉，而不采用统一的灌溉量，既降低了成本，又最大限度地提高了水资源的利用率。

(一)喷灌系统的组成

一个完整的固定喷灌系统一般由喷头、管网、加压(控制)设备和水源组成。

(二)固定式喷灌工作流程

根据 TDR 测定的土壤含水量和气候参数做出固定喷灌的处方图，灌溉量的多少可以根据处方图得到。灌溉过程中如果雨量传感器检测到降雨强度达到所设定数值时，能自动关闭灌溉系统，防止不必要的灌水。本系统根据土壤含水量的空间变异性和作物的需水量实现了固定式喷灌的变量灌溉。工作流程图见图 4-27。

(三)固定式喷灌处方图生成

固定式喷灌有很大的应用价值，易于实现。实现固定喷灌的第一个步骤就是生成灌溉处方图。与平移式喷灌机处方图生成类似，前几步也是用 TDR 测土壤含水量，得到的水分数据

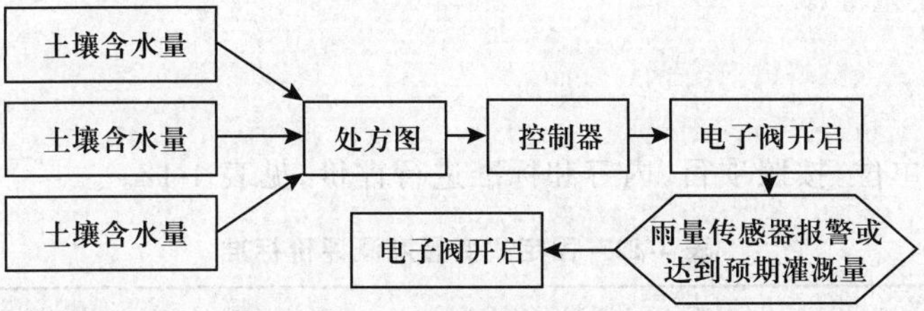

图 4-27 固定式喷灌实施流程图

导入系统,生成一个新的图层。再对该图层根据栅格大小进行空间内插,这样得到了地块栅格状的土壤含水量分布图。这时可由土壤含水量分布图生成固定式喷灌处方图。

与平移喷灌处方图生成步骤不同的是,固定式喷灌处方图的生成要根据地块特点和控制器可控制的轮灌区个数,将灌溉地块分成合适的小的灌溉区,可能每个灌溉区中有几个插值生成的小栅格,每个灌溉区喷水量是一样的,如图 4-28 所示,灌溉区Ⅰ中有四个小的栅格 1、2、3、4。

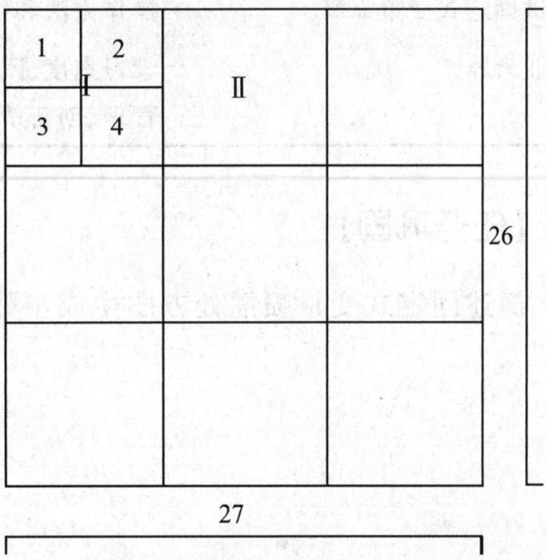

图 4-28 固定喷灌处方图生成示意图

二、资料准备

(1)主要的设备、仪器、材料:微喷头、控制器、电磁阀、RSD 型雨量传感器等、计算机。

(2)工量具:改锥、卷尺等。

(3)教学资料:任务评价表、记录表、铅笔、资料夹等。

(4)技术资料:控制器、电磁阀、雨量传感器等使用说明书。

【任务实施】

一、任务描述

在灌区内布置并安装喷头及电磁阀,生成固定式灌溉处方图,根据土壤含水量和作物的需水量调节电磁阀的开启和关闭,实现固定式变量灌溉。

二、实施步骤

(一)布置、安装喷头及电磁阀

(1)根据所选地块的大小及形状确定布置喷头的数量、形状、间距。

(2)安装电磁阀及控制器,尽量减少电线的布置。

(3)根据实际的布置情况,对喷灌强度进行校核。

(二)生成处方图

固定式灌溉处方图的生成步骤详见一、知识准备(三)。

(三)调试完成固定式变量灌溉

利用灌溉模型生成地块的灌溉处方图,根据处方图手动调节控制器,设置每个轮灌区的灌溉时间，可以实现变量灌溉。

【任务评价】

以学习小组为单位，按照项目、内容和标准进行评价，见表 4-12。

表 4-12　固定式变量灌溉评价标准

评价项目	评价内容	评价标准
安装喷头和控制器	位置及数量	每错一处扣分
处方图生成	操作方法和结果	按操作步骤、方法正确，每错一处扣任务完成情况分
调试固定式变量灌溉	操作方法和结果	同上
职业素养	学习态度、团队协作、自我管理、创新精神	根据自评与互评记录、小组活动记录进行评分

【任务巩固】

简述固定式变量喷灌处方图生成步骤。

项目5 变量播种技术

【项目描述】

油菜是我国主要油料作物，2019 年油菜播种面积为 6 583.09 千 hm^2，产量和种植面积约占世界的 1/3，我国是世界最大的油菜产区。我国农村分散式经营模式仍占主导地位，油菜种植规模小，劳力不足。油菜种植仍以手工或半机械化作业为主，劳动强度大，效益差，制约着生产规模的扩大和效益的提高，油菜种植机械化势在必行。为提高油菜种植机械化水平，保证油菜田间合理分布，稳产高产，发展和推广精量直播技术已成为油菜种植的当务之急。

变量播种可由播量调节实现，播量调节是影响播种机作业效果的关键技术，也是进行精量播种的重要途径。农作物播量已从论斤播种发展为论粒计量，调节精度成为评价播种机作业性能的重要指标。变量播种能提高产量、增加效益和促进农业可持续发展。

本项目主要分为认知变量播种系统和变量播种技术 2 个任务。

通过本项目的训练，认识变量播种系统的组成、关键机构及部件；了解变量播种系统的工作原理；了解变量播种技术的相关知识；能够操作变量播种设备；培养学生认真、严谨、科学的工作态度以及团队沟通协作能力与精神。

任务1 认知变量播种系统

【任务目标】

1. 认识变量播种系统的组成、关键机构及部件。
2. 了解变量播种系统的工作原理。

【任务准备】

一、知识准备

(一)变量播种系统

变量播种系统主要由仿形地轮、地轮轴、中介轴、变量播种机构、过渡轴和排种器等组成，如图 4-29 所示。Z_1、Z_2、Z_3、Z_4、Z_{12}、Z_{13}、Z_{14} 和 Z_{15} 均为链轮；变量播种机构是整个系统的核心，主要由输入齿轮轴组件、过渡齿轮轴、输出齿轮轴组件、输入轴向调节组件和输出轴向调节组件构成。Z_5、Z_6 依次为输入齿轮轴组件上的小、大齿轮，Z_7、Z_8 和 Z_9 依次为过渡齿轮轴组件上的大、中、小齿轮，Z_{10}、Z_{11} 依次为输出齿轮轴组件上的小、大齿轮。排种器是正负气压组合式油菜排种器，属盘式排种器，此类排种器通过改变输入轴转速来实现变量播种。变量播种机构即是通过改变齿轮啮合关系来改变系统总传动比，从而改变排种器输入轴转速来实现变量播种。

（二）变量播种系统工作原理

如图 4-29 所示，仿形地轮在直播机的带动下与之一起向前运动，同时，仿形地轮在与地面接触过程中自身又作回转运动，并通过地轮轴上的链轮 Z_1 与中间轴 1 上的链轮 Z_2 组成的链传动把回转运动传递给中间轴 1；中间轴 1 通过其链轮 Z_3 与播量调节机构上的输入链轮 Z_4 组成的链传动把回转运动传递给播量调节机构，播量调节机构又通过输出链轮 Z_{12} 与中间轴 2 上的链轮 Z_{13} 组成的链传动把回转运动传递给中间轴 2；最后，中间轴 2 通过其链轮 Z_{14} 与排种器输入轴上的链轮 Z_{15} 组成的链传动把回转运动传递给排种器，从而带动排种器进行播种作业。

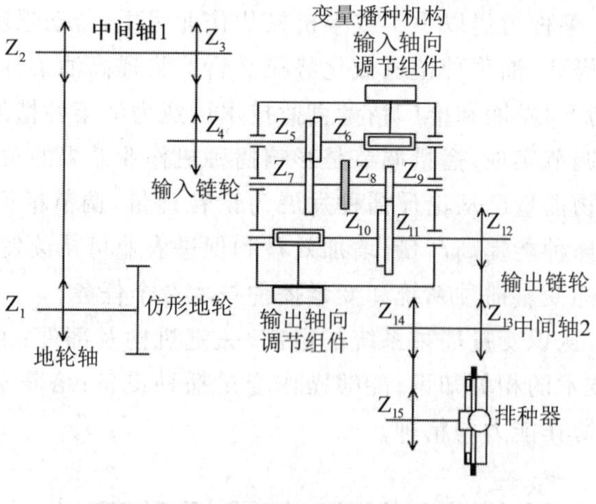

图 4-29　变量播种系统传动简图

变量播种机构是整个变量播种系统的核心，主要由输入齿轮轴组件、过渡齿轮轴、输出齿轮轴组件、输入轴向调节组件和输出轴向调节组件组成。通过对输入（输出）轴向调节组件进行操控，可实现对输入齿轮轴与过渡齿轮轴间两组齿轮啮合关系的切换，以及实现对过渡齿轮轴与输出齿轮轴间两组齿轮啮合关系的切换，且上面两级齿轮传动属串联关系，可使该系统具有四种不同的传动比，即具有四级变量播种调节功能，可实现四种播种模式：微播量模式、小播量模式、中播量模式、大播量模式。

（三）变量播种机构

变量播种机构主要由动力传动组件和轴向调节组件构成。动力传动组件由花键轴、输入齿轮轴组件、过渡齿轮轴和输出齿轮轴组件等组成；轴向调节组件分为输入轴向调节组件和输出轴向调节组件，输入（输出）轴向调节组件由输入（输出）调节套、输入（输出）调节轴和输入（输出）调节齿轮等组成，如图 4-30 所示。

变量播种机构包括输入（输出）链轮，经螺栓与花键轴固联，花键轴分别与箱体轴孔内固接的轴套和输入齿轮轴的花键轴端配合，输入齿轮轴另一端与箱体轴孔内固接的轴套配合，花键轴只作回转运动，而输入齿轮轴可与花键轴一起作回转运动、轴向运动，从而实现其大、小齿轮分别与过渡齿轮轴中位、大齿轮间啮合关系的切换；过渡齿轮轴两轴端分别与箱体两轴孔内固接的轴套配合，并靠轴肩和轴套实现轴向定位，其只作回转运动；输出齿轮轴花键轴端与花键轴配合，另轴端与箱体轴孔内固接的轴套配合，而花键轴又与箱体轴孔内固接的轴套配合，输

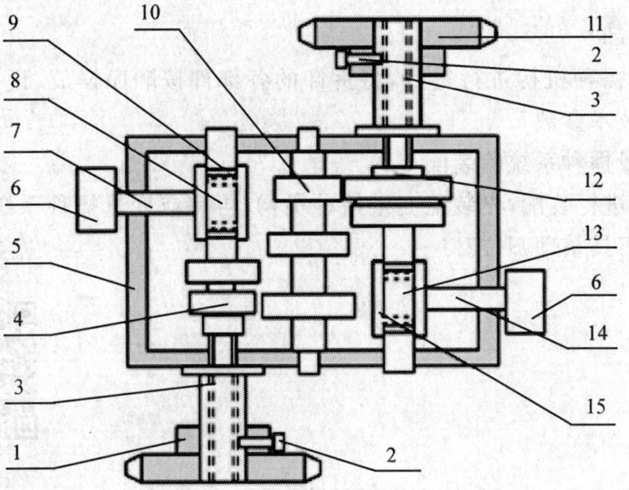

图 4-30　变量播种机构结构示意图

出齿轮轴可与花键轴一起作回转运动、轴向运动，从而实现其大、小齿轮分别与过渡齿轮轴小、中位齿轮间啮合关系的切换。

变量播种机构还包括两套轴向调节组件，有安装在箱体轴孔上的输入（输出）调节轴，经轴肩和弹簧挡圈实现轴向定位，只作回转运动，输入（输出）调节轴一端与输入（输出）调节齿轮固联，另一端与调节手轮固联，调节手轮装有弹簧定位钢珠，弹簧定位钢珠与箱体定位孔配合；输入（输出）调节齿轮与输入（输出）调节套建立齿轮齿条啮合关系，输入（输出）轴向调节套嵌套在输入（输出）齿轮轴上，通过轴肩和弹簧挡圈实现轴向定位，输入（输出）调节套只能作回转运动。

（四）变量播种机构关键部件

主要包括：输入齿轮轴组件、过渡齿轮轴、输出齿轮轴组件、轴向调节组件等。

二、资料准备

（1）主要的设备、仪器、材料：变量播种系统。

（2）工量具：常用钳工工具等。

（3）教学资料：任务评价表、采样记录表、铅笔、资料夹等。

（4）技术资料：变量播种系统使用说明。

【任务实施】

一、任务描述

完成变量播种系统和变量播种机构的拆装，查找资料记录主要部件的技术参数。

二、实施步骤

（一）变量播种系统的拆卸

选取适当的工具对变量播种系统进行拆卸，将拆卸的各部分结构按顺序摆放，说出各部分结构名称，并记录。

(二)变量播种机构的拆卸

选取适当的工具对变量播种机构进行拆卸，将拆卸的各部件按顺序摆放，说出各部件名称，并记录其中主要部件的技术参数。

(三)变量播种机构、变量播种系统的装配

将拆下的各部件按顺序进行装配，先装配变量播种机构，再完成变量播种系统的安装，检查装配好的系统，并将实训工具整理归位。

【任务拓展】

变量播种机构研究现状

【任务评价】

以学习小组为单位，按照项目、内容和标准进行评价，见表 4-13。

表 4-13　认知变量播种系统评价标准

评价项目	评价内容	评价标准
变量播种系统的拆卸	操作方法和填写结果	按操作步骤、方法正确，每错一处扣任务完成情况分
变量播种机构的拆卸	操作方法和填写结果	操作方法和填写结果正确。每错一处扣相关专业知识与任务完成情况分
变量播种机构和变量播种系统的装配	操作方法	按操作步骤、方法正确，每错一处扣任务完成情况分
任务完成	任务完成情况和实验报告	根据实验报告填写情况进行评分
职业素养	学习态度、团队协作、自我管理、创新精神	根据自评与互评记录、小组活动记录进行评分

【任务巩固】

1. 变量播种系统由哪几部分组成？
2. 变量播种机构的主要部件有哪些？

任务 2　变量播种技术

【任务目标】

1. 了解变量播种技术的相关知识。
2. 能够操作变量播种设备。

【任务准备】

一、知识准备

(一)变量播种技术分类

变量播种技术按其工作原理大致可分为自动调节型和机械调节型两类。其具体细化分类,如图4-31所示。

自动调节型变量播种技术及其机构主要通过微处理机按规定播量要求调整播量,达到提高播种精度的目的;机械调节型变量播种技术及其机构是经人工计算后,通过手动调换不同的链轮、齿轮或排种盘等部件来实现变量播种作业的。国外对变量播种技术及其机构的研究主要集中在自动调节型上,国外对自动调节型研究早,技术成熟,但大多是大型联合作业机械,价格高,与我国分散式经营模式不适应。我国对自动调节型研究处于起步阶段,成熟产品少,且产品可靠性差,有漏播断条;而我国对机械调节型研究多,技术成熟,具有结构简单、稳定可靠、调节便捷和价格低等优点。

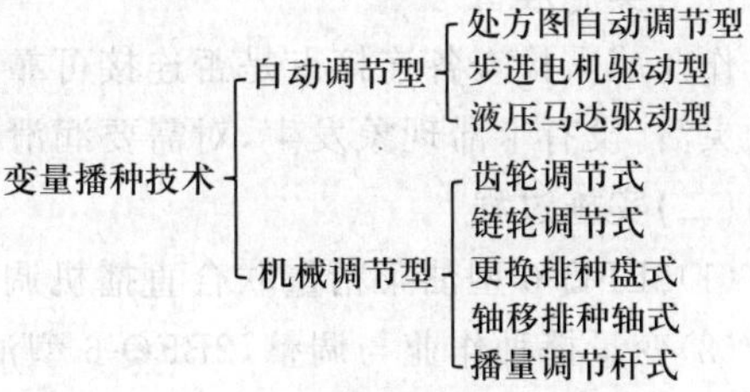

图4-31　变量播种技术类别

(二)变量播种技术

变量播种是精准播种的重要组成部分,它是根据不同地块用种量不同而自动调节播量的一种自动控制系统。一方面由于耕种作物的多样性,不同的作物品种、不同地理位置以及不同的播种季节所需求的播种量有所不同,使作物生长密度合理,从而减少用肥量,提高肥料利用率,因此对作物进行播种时,操作者就需要根据不同的播种情况对播种量进行调节,输入所需要的播种量,然后控制系统根据输入的播种量实施自动播种控制。另一方面由于不同的土壤肥力所需要的用种量不同,首先通过播种地块土壤养分含量的测定形成带有田间坐标的养分分布图,经计算得到田间不同位置的播种量决策GIS电子地图,播种机械作业时,根据播种机械上装配的GPS接收机确定播种机在田间所处的位置,对应计算机提供的播种决策GIS电子地图,控制系统根据电子地图输出播种量的控制决策信息,并控制执行机构完成变量播种的实施。

变量播种技术涉及农田信息获取、信息管理与处理、决策分析、决策的田间实施四大主要技术环节。

二、资料准备

(1)主要的设备、仪器、材料:2BFQ-6型油菜精量联合直播机、工作服、工作鞋等。

(2)工量具:铁锹或铁铲等。

(3)教学资料:任务评价表、记录表、铅笔、资料夹等。

(4)技术资料:2BFQ-6型油菜精量联合直播机用户使用手册。

【任务实施】

一、任务描述

按步骤分组操作 2BFQ-6 型油菜精量联合直播机。

二、实施步骤

(一)实施准备

作业前需检查各连接点是否连接可靠,如发生松动,必须进行紧固,并保证各个运动部件运动灵活,没有卡滞现象发生,对需要润滑的部件加注润滑油。

(二)实施过程

(1)2BFQ-6 型油菜精量联合直播机调试。

(2)变量播种作业与调整,2BFQ-6 型油菜精量联合直播机的使用方法详见使用说明书。

(3)检查播种结果是否符合预期。

(三)机器复位

作业完毕,将 2BFQ-6 型油菜精量联合直播机开回原处,将工具等放回原处。

【任务拓展】

1. 变量播种的必要性
2. 变量播种技术发展前景

【任务评价】

以学习小组为单位,按照项目、内容和标准进行评价,见表 4-14。

表 4-14　2BFQ-6 型油菜精量联合直播机变量播种评价标准

评价项目	评价内容	评价标准
2BFQ-6 型油菜精量联合直播机的作业前准备	操作方法	按操作步骤、方法正确,每错一处扣任务完成情况分
2BFQ-6 型油菜精量联合直播机调试	操作方法	操作方法正确。每错一处扣相关专业知识与任务完成情况分
变量播种作业	操作方法	同上
任务完成	任务完成情况和实验报告	根据实验报告填写情况进行评分
职业素养	学习态度、团队协作、自我管理、创新精神	根据自评与互评记录、小组活动记录进行评分

【任务巩固】

1. 变量播种技术可分为哪些类?
2. 变量播种技术的特点是什么?

模块5　农业装备自动化及农业机器人技术

项目1　农业装备自动导航控制技术

【项目描述】

为了提高土地利用率，同时适应现代化农业生产需求，某农场农业装备管理服务中心拟建设一套卫星导航系统。设备要求24小时工作，基站的覆盖半径可达50 km，可以完全覆盖作业面积，满足田间作业要求。农业装备使用自动驾驶系统进行起垄、播种、洒药、整地等作业时，结合线之间的偏差和千米直线度偏差可以控制在2.5 cm，减少农作物生产投入成本，并且可以提高农艺作业质量，避免作业过程产生的“重、漏”现象，降低生产成本，提高土地利用率，提高农业装备时间利用率和作业质量，增加经济效益。

该系统提高了农业装备的操作性能，延长了作业时间，可以实现夜间播种作业。同时这套系统可以减轻驾驶操作人员的劳动强度，在作业过程中，驾驶操作人员不需要操控方向盘，可以用更多的时间注意观察农业装备的工作状况，有利于提高田间作业质量。该系统可以用于平地或坡地，控制器的地形补偿技术不断修正和补偿农业装备的俯仰、翻滚姿态，达到精确导航驾驶的目的。

本项目分为农业装备自动导航定位、拖拉机自动导航控制、多台机器伺服控制与导向、农业机械标准总线4个工作任务。（注：本书农业装备以拖拉机为主。）

通过本项目的训练，认知农业装备自动导航定位的基本原理，明确农业装备自动导航系统的基本组成及控制原理，以及典型多机伺服控制与导向的型式及工作原理，认知农业装备总线标准化的重要性及其定义与应用；完成农业装备自动导航系统的安装、调试、生产操作控制等工作内容，掌握如何通过农业装备总线实现PC机与“农田之星”系统的通信，熟悉常用工具的使用方法和技巧；培养学生认真严谨、踏踏实实的工作态度以及同学间沟通协作能力。

任务1　农业装备自动导航定位

【任务目标】

1. 认识拖拉机自动导航定位的分类、组成及原理。
2. 掌握拖拉机自动导航系统的安装及调试。

【任务准备】

一、知识准备

拖拉机安装 GPS 卫星定位自动导航系统之后，可以对机车田间直线行走作业实现精确引导，作业不重不漏，大幅提高农业装备作业质量和土地利用率。实现昼夜播种作业，延长作业时间，极大地提高了拖拉机的利用率和效率，减轻驾驶员的劳动强度。自动驾驶具有精度高，直线度良好，生产率高等优点，实现了拖拉机科学合理调配，使农业生产作业质量达到先进水平。

GPS 卫星导航自动驾驶技术是将信息技术与农业生产技术相结合的一种新型农业，也是精准农业技术的体现。用改装的拖拉机不需要驾驶员操作方向盘，通过卫星和信号基站定位可实施耕作、播种、喷药及收获等农田作业，并且长时间作业无须常规标记，在降低人工技术需求的同时提高了作业精度。避免农田作业时的“重、漏”现象，增强拖拉机驾驶的直线度，田间作业 1 km 偏差不超过 2.5 cm，大幅度提高农业装备作业质量和土地利用率。加快作业进度，节约时间，从而降低成本，减轻作业驾驶人员工作量负荷。

国内多种类型 GPS 测地型接收机用于精密相对定位时，其双频接收机精度可达 5 mm+1 ppm * d，单频接收机在一定距离内精度可达 10 mm+2 ppm * d，采用差分定位技术，其精度甚至可达亚米级至厘米级。2 ppm * D 代表比例误差，其中 2 是比例误差系数，主要由仪器频率误差、大气折射率误差引起。ppm 是百万分之（几）的意思，D 是全站仪或者测距仪实际测量的距离值，单位是 km。随着实际测量距的变化，仪器的这比例误差部分也就按比例的变化。例如当距离为 1 km 的时候，比例误差为 2 mm。

拖拉机自动导航定位种类：拖拉机自动导航系统采用多星、高轨、测距体制，以距离作为基本观测量，通过对四颗卫星同时进行距离测量，即可解算出接收机所在的位置。

1. 拖拉机自动导航系统的优点

(1)农业装备作业直线度好，可大幅度提高农机作业质量。

(2)农业装备作业不重不漏，提高了土地利用率。

(3)可以夜间作业，提高了农业装备作业效率，有助于抢农时，在播种高峰期连续作业。

(4)不用画印器，减少农业装备零部件，使用操作方便。

(5)农业装备自动驾驶，减轻驾驶员疲劳程度，减少劳动力。

(6)对驾驶员的操作水平要求降低，作业质量一致，作业标准化程度高。

2. 拖拉机自动导航系统的组成

由 GPS 卫星(24 颗卫星空间部分)、移动式 PTK 差分站(基准站地面监控部分)，GPS 接收机(安装在拖拉机顶部)自动控制组件组成。GPS 基准站能够接收定位卫星信号，车载卫星定位组件也称为 GPS 流动站，安装在拖拉机顶棚上，接收信号定位出机械位置、速度；决策支持组件就是自动驾驶导航系统的控制中枢，用于人工设定规划行进路线、通过卫星组建反算出合理转向方式，最终通过自动控制组件给出指令，控制车辆转向最终实现自动控制。如图 5-1 所示。

3. 拖拉机自动导航仪的使用方法

根据地块形状，选择最大提高土地利用率的播种路线，为了确保播种行距直线行驶，第 1 行设置直线，在地头 A 点按下设置按钮，挂起农具快速行驶到地的另外一头 B 点，按下按钮，再根据播种幅宽和轮胎的转弯半径设置好行走路线，就可以按照设置好的导航路线开播。

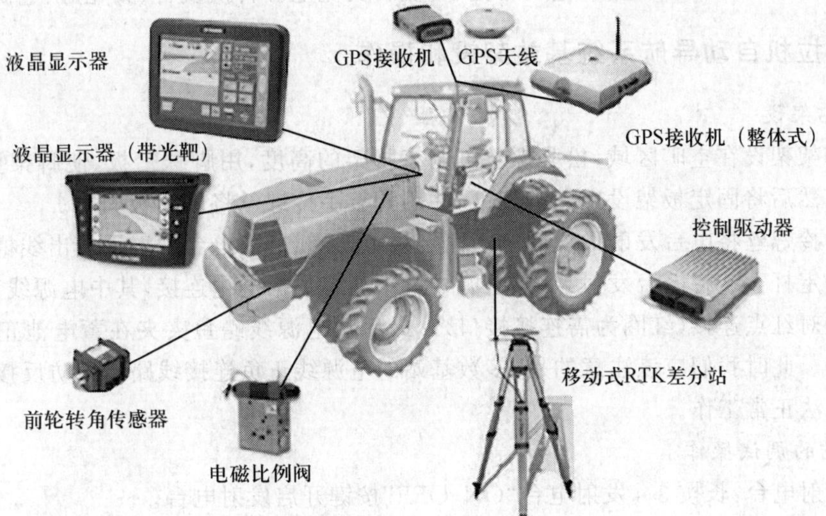

图5-1　拖拉机自动导航系统的组成

二、资料准备

(1)主要的设备、仪器、材料：北斗农业装备自动导航、驾驶系统。

(2)工量具：钢板直角尺，活络扳手，内六角扳手一套，板扳手一套，米尺，水平尺。

(3)教学资料：任务评价表，随堂试卷，农业装备使用手册，北斗农业装备自动导航、驾驶系统说明书。

(4)与本任务相关的各类材料。

【任务实施】

一、任务实施要求及注意事项

1. 北斗农业装备自动导航、驾驶系统概述

北斗农业装备自动导航、驾驶系统利用北斗卫星导航定位系统获取高精度定位坐标数据，并采用高灵敏度角度传感器采样，再由控制器加入定位信息进行处理，并对拖拉机的液压系统进行控制，从而控制轮胎的偏移角度，使拖拉机按照设定的路线(直线或曲线)自动行驶，从而解放驾驶员。

2. 任务要求及注意事项

(1)北斗农业装备自动导航、驾驶系统一般采用耐腐蚀和抗冲击的材料，但是精密的仪器还需要同学们小心地使用和维护。

(2)接收机、导航基站等一般使用的是防水材料，但也应尽可能地保持在干燥环境中使用。为了提高系统的稳定性及使用周期，切勿将系统设备暴露在极端环境中使用，本任务应尽可能避免以下环境：潮湿、温度高于0℃、低于−40℃、腐蚀性液体或气体。

(3)确保将GNSS天线安置在远离电力及具有强干扰信号的污染源附近，如：油道(火花

塞）、电视及电脑显示器、发电机、电动摩托、直流转交流电源转换设备、荧光灯、电源开关等。

二、拖拉机自动导航系统基站架设和操作

1. 基站架设

将三脚架架设在空旷区域，松紧螺丝可调节脚架的高度，用脚踩踏板，使脚架更稳定地伫立在地面。然后将固定板架设在三脚架上，并用脚架手拎螺丝将固定板固定。

通过手拎螺丝将电台发射天线固定于固定板上，天线槽为电台发射天线出线槽，并旋转基站固定于固定杆上。将电台发射天线、电源线及小五芯数据电缆连接，其中电源线和小五芯数据电缆红点对红点连接(红圈为需连接接口)。最后将电源线鳄鱼夹夹在蓄电池正负极，即完成基站架设。此时我们应该注意的是，多数基站的电源线正负连接线路已做防反接设计，且反接时设备无法正常工作。

2. 基站的调试操作

开启发射电台：长按 3 s 发射电台“ON/OFF”按键开启发射电台。

开启基站：长按基站操作面板上的红色开关开启基站。

如果系统正常工作，基站操作面板上卫星灯绿灯长亮，数据灯红灯闪烁。发射电台 TX/RX 灯红灯闪烁，那么此时基站调试操作部分完成。

【任务拓展】

1. 视觉导航
2. 惯性导航系统
3. 超声波、声呐导航系统

【任务评价】

以学习小组为单位，按照项目、内容和标准进行评价，见表 5-1。

表 5-1　拖拉机自动导航定位评价标准

评价项目	评价内容	评价标准
拖拉机自动化导航系统的原理及特点的认知	工作原理、系统特点	原理及特点正确，每错一处扣 1 分
安装前的准备工作及设备放置	准备注意事项、放置位置	准备设备步骤正确，设备放置位置正确，每错一处扣任务完成情况分
安装自动化导航系统	三脚架安装、固定板安装、仪器安装、电缆安装、基站安装的方法	按要求安装导航系统，达标。每错一处扣任务完成情况分
调试自动化导航系统	安装调试、错误判断	调试方法正确。每错一处扣相关专业知识与任务完成情况分

【任务巩固】

1. 拖拉机自动化导航系统的优点是什么？
2. 简述拖拉机自动化导航系统的组成及工作原理。
3. 绘制由三大部分组成的卫星定位系统图示。

任务2　拖拉机自动导航控制

【任务目标】

1. 认识拖拉机自动导航控制的基本组成及控制原理。
2. 掌握拖拉机自动导航设备的安装、调试及控制。

【任务准备】

一、知识准备

拖拉机自动驾驶技术是利用高精度的全球卫星定位导航信息，由控制器对拖拉机的液压系统进行控制，使拖拉机按照设定的路线(直线或曲线)进行自动驾驶。该技术可以有效提高作业精度、提高土地利用率，减轻机手劳动强度、延长作业时间(夜间亦可进行田间作业)，操作简单，降低对机手的驾驶能力要求。这也对我国农业车辆的智能化、农业生产精细化有着重大促进作用。该技术是实现拖拉机自动行驶的基础，它的作用是自动调整车辆的横向位置，实现自动驾驶车辆的横向控制。

常见的自动化导航作业模式分类：AB线导航作业模式、曲线导航作业模式、自由导航作业模式。如图5-2至图5-4所示。

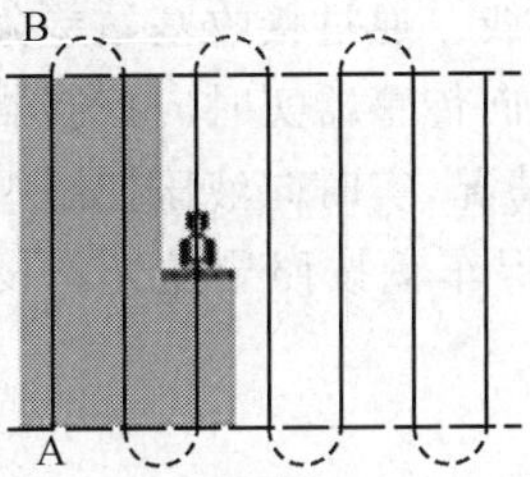

图5-2　AB线导航作业模式

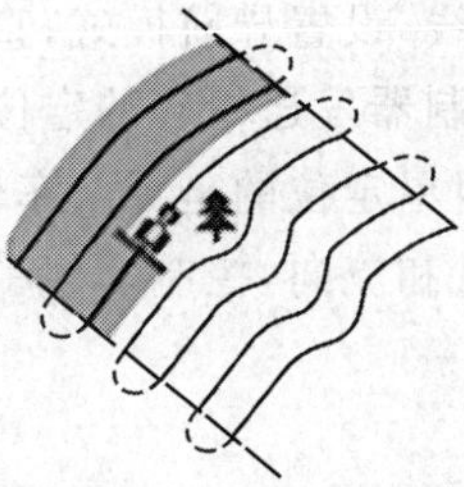
图5-3　曲线导航作业模式

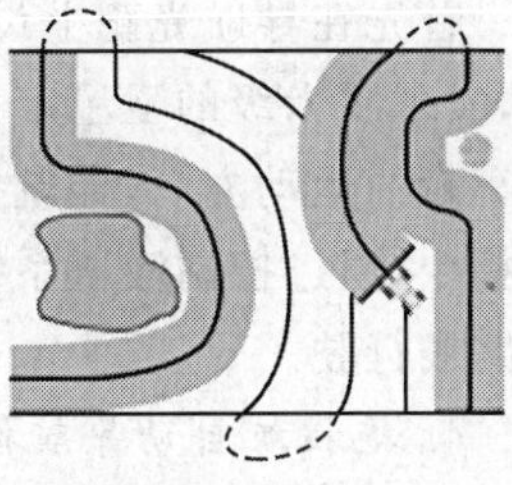
图5-4　自由导航作业模式

1. 拖拉机自动驾驶系统的基本组成

拖拉机自动驾驶系统主要包括GPS信号、显示部分、控制部分、执行部分等。GPS信号由GPS接收器和天线、无线电天线等组成；显示部分包括显示器等；控制部分由控制器、数据记录器、转向角度传感器等组成；执行部分包括电液比例控制阀、液压转向油缸等。如图5-5所示。

2. 拖拉机自动驾驶系统的各部分功能

拖拉机自动导航系统主要由两部分组成，一是卫星信号接收装置，二是转向控制装置。卫星信号接收装置主要包括GPS天线和接收机、位置差分信号传送装置等。如图5-6所示。转向控制装置主要包括拖拉机的GPS天线和接收机、位置差分信号接收装置，转向控制器和转向执行装置等。卫星地面站和拖拉机同时接收来自同组GPS卫星的信号，计算出位置差分数据，并将该数据通过无线电发送至拖拉机上的接收器，供其修正拖拉机位置坐标。拖拉机转向控制器根据地理位置坐标和拖拉机运行状态的监测结果，发出指令驱动控制装置。通过电液

图 5-5　自动驾驶系统的基本组成

图片来源：领航员 nx300 北斗农机自动驾驶系统

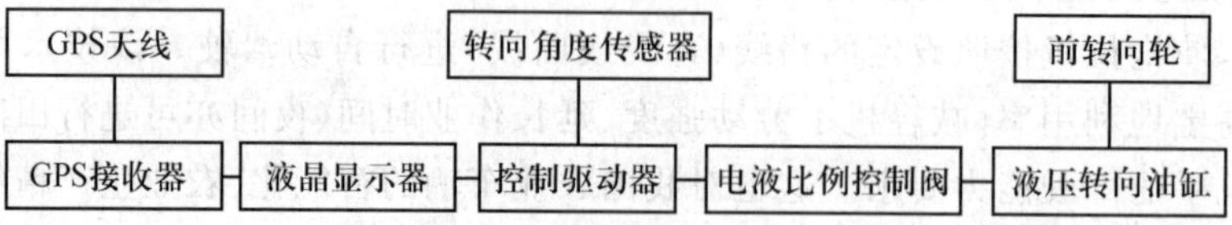

图 5-6　拖拉机自动驾驶系统

控制阀控制液压转向油缸工作状况，使拖拉机平稳正确地按照设定路线行驶。

3. 拖拉机自动导航控制

首先在导航光靶上设定车辆行走线，设置导航模式，直线或者曲线。通过接收基站差分数据，实现厘米级的卫星定位，实时向控制器发送精确的定位信息。方向传感器实时向控制器发送车轮的运动方向，导航控制器根据卫星定位的坐标及车轮的转动情况，实时向液压控制阀发送指令，通过控制液压系统油量的流量和流向，控制车辆的行驶，确保车辆按照导航光耙设定的路线行驶。

4. 拖拉机自动导航控制要点

AB 线一定要按农场要求设定距林带的距离，具体距离根据地号实际情况尽可能保持与林带平行，才能做到充分利用土地，不浪费并且达到标准作业。

多车在同一地块利用自动驾驶系统进行相同作业时，车与车之间的 AB 线必须平行才能确保作业质量达到不漏或不重的目的。

使用自动驾驶需加速时，最好先适当收油，在加挡后，再把油门缓慢加大到需要的位置，这样能确保作业的直线度，需要减速时，最好先加油再减挡，只有正确地操作机车，才能不影响作业的直线度。

利用自动驾驶进行悬挂农具作业时，最好慢些前行，上线后，再缓慢倒回地头确定入堑后再放下农具作业。利用自动驾驶进行拖挂作业时，最好人工驾驶上线后，再用自动驾驶，这样既省车和农具，也能确保安全作业，避免意外事故发生。

利用自动驾驶作业时，坚决不能睡觉或注意力不集中，以免发生安全事故。

二、资料准备

(1)主要的设备、仪器、材料：×××牌北斗农业装备自动导航、驾驶系统。

(2)工量具:钢板直角尺,活络扳手,内六角扳手一套,板扳手一套,米尺,水平尺。

(3)教学资料:任务评价表,随堂试卷,拖拉机使用手册,北斗农业装备自动导航、驾驶系统说明书。

(4)与本任务相关的各类材料。

【任务实施】

一、基础设施准备

1. 架设基站

拖拉机作业前,先在田间选择较高处架设基站,保证差分站周围无遮挡。先用电源线鳄鱼夹夹住电瓶的正负极,用小五针线 UC-1M 将电线与电台连接,电源线插入电台电源插座,按下基站电源开关,等待十几秒后左边的绿灯常亮,且中间红灯闪烁表示差分信号正常,可开始正常作业。如图 5-7 所示。

图 5-7 架设基站

2. 启动驾驶舱主机、电台和显示屏

开机时将主机按钮拨至 STEER(绿灯亮),在电台机体上,按住 ON/OFF 键至液晶屏亮,再按住显示屏左侧的电源键几秒后,屏幕开始显示;关机时按住几秒后,屏幕关闭后将主机按钮拨至 OFF 关闭电台。

3. 查看卫星信号是否正常

显示屏开启后,黑色状态栏表示信号的强弱,当此状态栏显示“3d”,说明卫星定位但没有差分;当显示“3D”时,说明卫星定位接收差分,但精度未满足作业要求;当显示“RTK”时,说明卫星正常接收差分并且精度满足作业要求,拖拉机可以开始工作。

二、拖拉机自动导航控制

1. 新建作业工程

如图 5-8 所示,当卫星信号为“RTK”状态时,点击“1 号按钮”。然后点击“2 号按钮”新建一个工作;或打开已有作业继续之前的作业,此处设定完毕后拖拉机才可以进行作业。

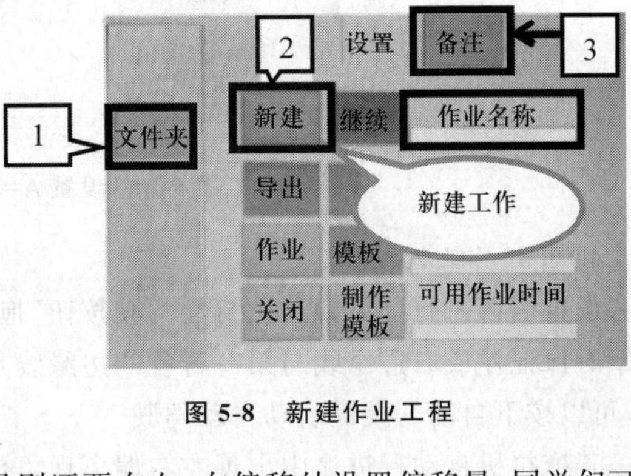

图 5-8 新建作业工程

2. 设置拖拉机作业幅宽

在图 5-9 中所示的左边选项栏中点击“1 号按钮”,然后点击“设置”选项进行犁具或机械长度设置。根据拖拉机作业时的犁具或机械长度设置幅宽。如果犁具为偏置犁具则还要在左、右偏移处设置偏移量,同学们可反复多微调几次直至结合线误差在合理范围之内。

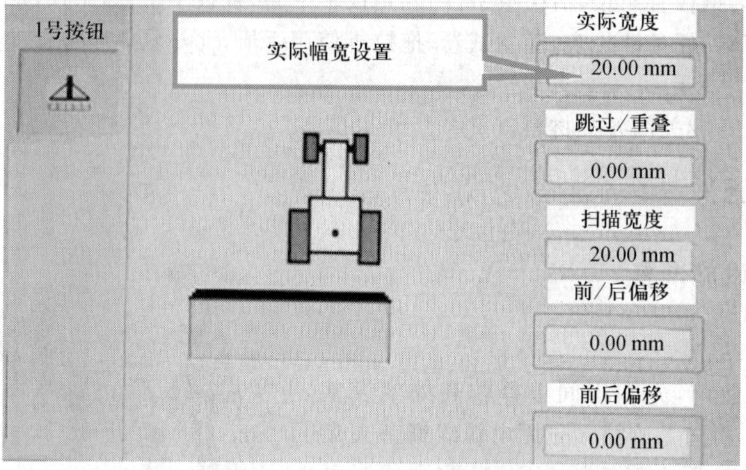

图 5-9　设置拖拉机作业幅宽

3. 设置 A=B 直线作业路线

图 5-10 所示点击"1 号按钮",设置第一条行程线,学生需要直线手动驾驶。然后点击"2 号按钮"开始设置 AB 线。点击"3 号按钮"设置 A 点:拖拉机启动前在地头设置起点 A。点击"4 号按钮"设置 B 点:待手动驾驶拖拉机直线行走至地尾后设置终点 B 即完成起平线设定。

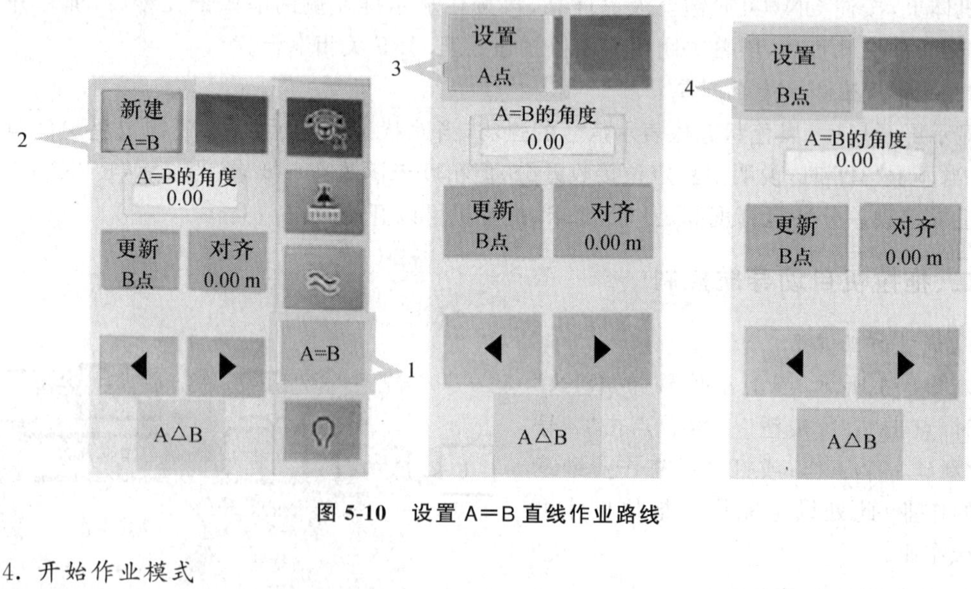

图 5-10　设置 A=B 直线作业路线

4. 开始作业模式

设置好第一行程后,点击"自动驾驶按钮"拖拉机即按照设定的直线行走,拖拉机掉头换行入垄时保证左或右边缘线与第一行程的边缘线重合,屏幕中的车头箭头压住要工作的红线上后,可以按下自动驾驶键启动自动驾驶。

若拖拉机自动行进途中出现左右偏离现象,光靶绿色箭头会指示偏离对中线的角度。

点击屏幕上的路径显示后会在屏幕上显示拖拉机行驶过的路径,可以提示重复行和耕作遗漏。

图5-11所示，当重启移动基站或重启显示屏时，学生要注意此时需加载作业，使用AB对齐方可继续作业。结合线对齐，此时点击“1号按钮”，弹出下图对话框。再点击“对齐”按钮（图中所示“2号按钮”），再点击“1号按钮”即可继续作业。

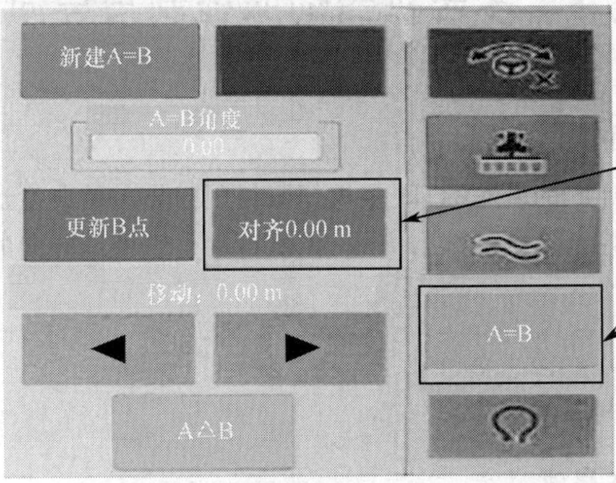

图5-11　A=B对齐

【任务拓展】

1. 国内外农业装备导航控制发展情况
2. 拖拉机自动导航控制技巧

【任务评价】

以学习小组为单位，按照项目、内容和标准进行评价，见表5-2。

表5-2　拖拉机自动导航控制评价标准

评价项目	评价内容	评价标准
农业装备自动驾驶系统的基本组成及其各部件名称与功能	明确系统的基本组成、各部件的名称及功能	系统的组成7分，每错一处扣1分，各部分名称及功能各1分
掌握拖拉机自动导航控制的基本原理	详述控制原理，并说明常见的几种拖拉机自动导航作业的控制模式	原理叙述无误，常见的几种控制模式需画出图解并能详述其原理，每错一处扣1分
实现对拖拉机的自动导航控制	完成设备安装及调试、自动化导航作业工程建立及导航	按操作步骤、方法正确，每错一处扣任务完成情况分
按照拖拉机自动导航要点控制拖拉机	操控注意事项、操控技巧	控制要点正确。每错一处扣相关专业知识与任务完成情况分

【任务巩固】

1. 完成拖拉机自动导航控制的基本步骤是什么？
2. 拖拉机自动导航控制的作业控制模式有哪些？请绘制出作业模式图。

3. 在自动化导航模式下控制拖拉机,同学们应该注意哪些事项?
4. 若拖拉机自动行进途中出现左右偏离现象,我们应如何处理?

任务3 多台机器伺服控制与导向

【任务目标】

1. 认识拖拉机导航与导向的基本原理、多机伺服控制与导向的典型形式及原理。
2. 熟练掌握多机伺服控制系统的组合方式、拉机自动驾驶液压导向的基本方式及原理。

【任务准备】

一、知识准备

(一)导航与导向的基本原理

多数导航研究都是通过控制农用车辆的转向系统来实现自动导航。为使车辆自动精确地沿着期望的路径行驶,导航系统必须探测出车辆的位姿,使控制器产生合适的转向角度以及偏移距离,并且以此控制车辆的转向和行驶方向。系统的控制示意图,如图 5-12 所示。

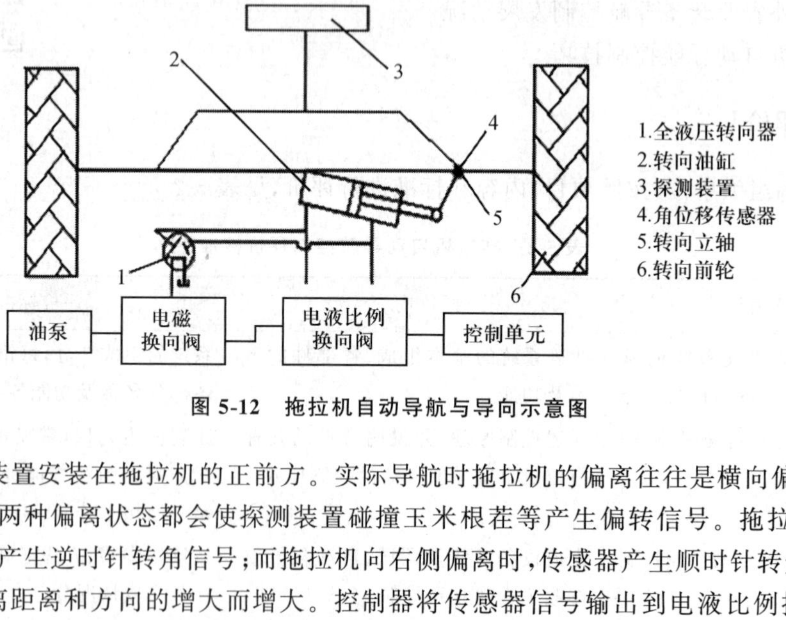

图 5-12 拖拉机自动导航与导向示意图

将探测装置安装在拖拉机的正前方。实际导航时拖拉机的偏离往往是横向偏离和角度偏转的结合,这两种偏离状态都会使探测装置碰撞玉米根茬等产生偏转信号。拖拉机向左侧偏离时,传感器产生逆时针转角信号;而拖拉机向右侧偏离时,传感器产生顺时针转角信号,且转角量随着偏离距离和方向的增大而增大。控制器将传感器信号输出到电液比例控制阀,通过调节比例阀的压力和流量对拖拉机偏离导航基准的程度进行导航控制,调节前轮的转向使拖拉机从偏离状态回到导航基准线上。

(二)多机伺服控制与导向的几种典型形式

1. GPS 导航与陀螺仪等传感器结合

将 GPS 和陀螺仪等传感器复合起来实现拖拉机的自主导航。该系统以 GPS 的位置信息作为观测值,对陀螺仪自身的偏移进行估计,从而提高了拖拉机的位置精度和方向精度。

2. GPS导航和航位推算结合

GPS和DR(航位推算)进行组合,利用其功能互补的特点,以适当的算法将两者融合,可以提高系统的整体导航精度及导航性能。

3. GPS导航和机器视觉导航结合

GPS和机器视觉是目前导航方式中最常用的导航方式,两者各有优缺点,通过两者融合,可以进行信息互补,完成复杂环境下的导航任务。

(三)多机伺服控制与导向工作原理

基于GPS和多传感器的多机伺服控制系统总体由上位机部分和下位机两部分组成,两者通过CAN总线接口卡建立通讯联系。上位机为安装在拖拉机上的笔记本电脑,是多机伺服控制系统的决策部分。上位机通过对GPS和其他传感器得到的信息进行信息融合处理,计算得到动作指令,然后通过CAN总线把指令发送到控制部分。下位机采用微控制器,它是自动导航多机伺服控制部分的核心,它将各传感器输出的信号进行采集,将模拟信号转换为计算机可以处理的数字信号,向其他需要该信号的控制器发送信号,它通过对目标信号和实际信号得到偏差信号,实时控制执行机构完成动作。自动导航系统原理图如图5-13所示。

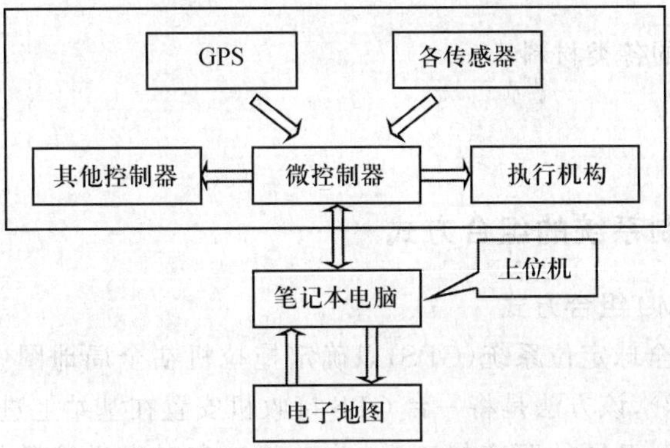

图5-13 多机伺服控制系统原理说明

1. 定位和导航系统

全球定位系统GPS信号接收机对所接收到的GPS信号进行变换、放大和处理,计算出测站的三维位置、速度和时间。(详情参见本项目任务1。)

2. 控制系统及控制算法

拖拉机根据实时的定位信息,控制转向轮转角的大小,以调整拖拉机与跟踪路径的相对距离。这种导航控制属于车辆的横向控制,拖拉机的工作环境较为复杂,很多情况不可预知,且经常处于变化中;而拖拉机在作业时作业速度相对较慢,对其速度的控制属于纵向控制,所以要求不是很高。因此,考虑到车辆运动的各种因素,伺服控制系统也在不断地完善,从而根据车辆的状态和工作环境为转向机构提供合适的控制方法。农业车辆的控制方法主要是指对车辆的转向进行控制,即指调节车辆的前轮转角,以取得需要的横向偏差和方位偏差,实现车辆按预期路径行走。根据车辆定位数据与期望的路径比较得到的定位误差,然后根据一定的控制规律控制车辆按规划的路径行驶。

3. GIS路径规划和电子地图

在精准农业实践中,地理信息系统GIS主要用于建立农田土地管理、土壤数据、生产条件、作物苗情、病虫害发生发展趋势与作物产量等空间信息数据库,生成多层农田空间信息分布图,进行空间信息的地理统计处理、图形转换与表达,为用户分析时空差异性和实施调控提供处方决策支持。

GPS 与多传感器的定位和 GIS 两大技术相互融合,可以优势互补,在多个领域都有应用,例如交通管理、城市规划以及精准农业等。通过 GPS 接收机和其他传感器接收到的位置以及姿态信息数据,在做好的电子地图底图中显示出地块边界,根据地块情况、作业要求、农业装备的特点等规划出合理的作业路径,当农业装备作业时,通过 GPS 和多传感器的动态跟踪数据实时显示作业情况。

二、资料准备

(1)主要的设备、仪器、材料:×××牌北斗农业装备自动导航、驾驶系统、卫星定位-航位推算系统、GPS 与视觉组合导航定位系统。

(2)工量具:钢板直角尺,活络扳手,内六角扳手一套,板扳手一套,米尺,水平尺。

(3)教学资料:任务评价表,随堂试卷,拖拉机使用手册,北斗农业装备自动导航、驾驶系统说明书。

(4)与本任务相关的各类材料。

【任务实施】

一、多机伺服控制系统的组合方式

(一)基于 GPS 与 MU 组合方式

基于惯导(MU)及全球定位系统(GPS)以确定拖拉机在全局地图中的位置,即卫星定位-航位推算系统(GPS-DR),该方法是将一台 GPS 接收机安置在基站上进行观测,根据基站已知精密坐标,计算出基站到卫星的距离修正数,并由基站实时发送该数据,用户接收机在进行 GPS 观测的同时,也接收到基站发出的修正数,获得相对坐标,并对其定位结果进行改正,从而提高定位精度,但这种方法成本较高,需要建立差分站,要寻求一种成本相对较低而精度较高的定位方法,只能依靠现有定位技术的融合。

航位推算的累计误差由车轮打滑和旋转漂移引起,而绝对定位不会产生累计误差,但却需要设置地标及标识地图,GPS 恰恰能提供相应的基础设施,将这两种方法互相取长补短进行结合,可取得较好的效果;GPS-DR 定位方法使用变速箱后转速传感器测量车速,陀螺仪测量车辆坐标系的偏航频率、滚动、俯仰和倾斜,GPS 测量车辆位置,实时得到拖拉机与跟踪路径的相对位置关系,以实现拖拉机的实时定位与导航。

(二)基于机器视觉方式

通过安装在拖拉机前部的摄像头,摄取前方路面环境,通过图像采集卡输入笔记本电脑,对前方视野进行图像识别,识别出道路或田地的特征,以便使拖拉机完成路径跟踪的自动驾驶或配备相应的传感器实现避障的驾驶行为。

二、拖拉机自动驾驶液压导向

在任务 1 中已经介绍了拖拉机自动导航的基本原理,下面以 GPS 定位导航的自动驾驶系统为例，说明拖拉机自动驾驶液压导向基本原理，如图 5-14 所示。系统主要由两部分组成，一是卫星信号接收装置，二是转向控制装置。卫星信号接收装置主要包括 GPS 天线和接收机、位置差分信号传送装置等。转向控制装置主要包括拖拉机的 GPS 天线和接收机、位置差分信号接收装置，转向控制器和转向执行装置等。卫星地面站和拖拉机同时接收来自同组 GPS 卫星的信号。计算出位置差分数据，并将该数据通过无线电发送至拖拉机上的接收器，供其修正拖拉机位置坐标。拖拉机转向控制器根据地理位置坐标和拖拉机运行状态的监测结果发出指令驱动控制装置，通过电液控制阀控制液压转向油缸的工作状况，使拖拉机平稳正确地按照设定路线行驶。

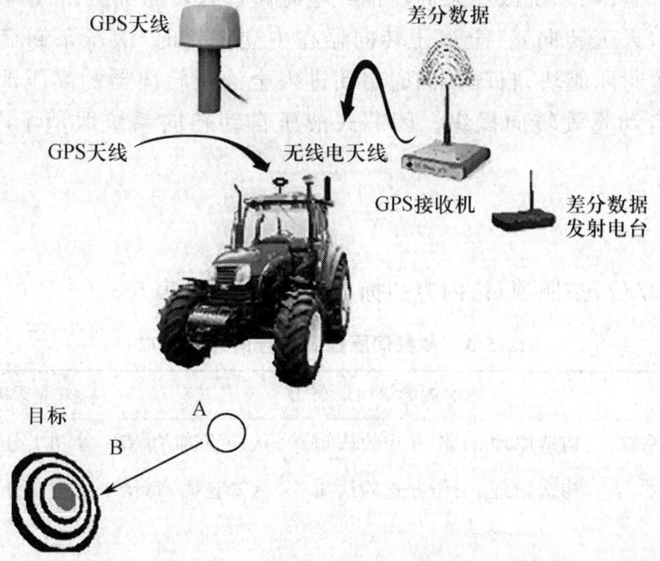

图 5-14　拖拉机自动驾驶液压导向基本原理

(一)拖拉机液压转向系统

拖拉机液压转向系统主要由液压泵、全液压转向器和转向油缸等组成，是以全液压转向器为中心的液压转向控制系统，如图 5-15 所示。全液压转向器的工作状态分为中位状态、左转状态和右转状态 3 个工况。当转向器处于中间位置时，阀芯和阀套在弹簧片的作用下处于中位，油泵的高压油经阀套和阀芯进入阀芯内部，经回油口与油箱相通。当方向盘转动时，使阀芯和阀套的配流油路发生变化，油泉的高压油经计量马达进入转向油缸，实现动力转向。

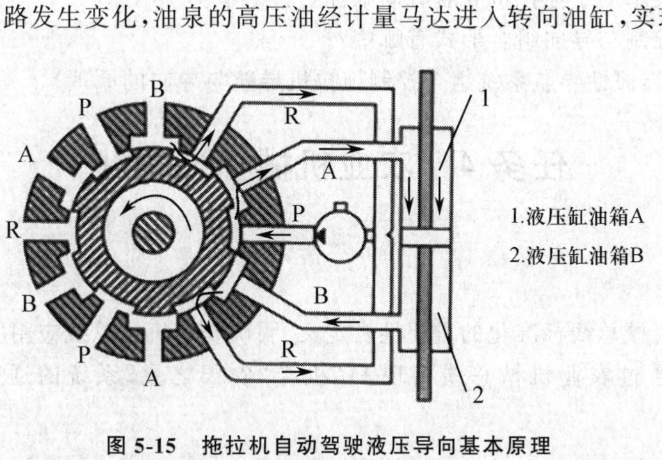

图 5-15　拖拉机自动驾驶液压导向基本原理

(二)两种液压转向形式的自动驾驶系统

根据拖拉机不同的驾驶需要,转向系统应具有自动转向和人工转向两种模式,并且两种模式的切换应简单、快捷。因此,拖拉机自动驾驶液压转向系统是在不改变原有液压转向系统的基础上,进行加装设计,使拖拉机既可以进行人工驾驶,又可以进行自动驾驶。转向控制系统是一种电控液压动力转向系统,主要由液压泵、电磁阀、全液压转向器和转向油缸等组成,为拖拉机提供转向动力。电磁阀可以快速实现自动转向和人工转向两种模式之间的切换,两种模式间的液压油路并联连接,开芯式与闭芯式液压转向系统的差别,使得电磁阀的构造有所不同。开芯式液压自动转向系统液压泵高压油经电磁阀进入转向油缸(自动转向)或经全液压转向器进入转向油缸(人工转向)。全液压转向器在中立位置时,液压泵卸荷,不能实现自动转向,电磁阀上需设置封闭阀块,自动转向时封闭进入全液压转向器的高压油,油液经电磁阀进入转向油缸,实现自动驾驶转向操纵。闭芯式液压自动转向系统取消了电磁阀中部的封闭阀块。

【任务评价】

以学习小组为单位,按照项目、内容和标准进行评价,见表 5-3。

表 5-3 多机伺服控制与导向评价标准

评价项目	评价内容	评价标准
认知 GPS 与 MU 的系统	构造原理、工作方式的认知	认知正确,每错一处扣 1 分
认知 GPS 与视觉组合导航定位系统	构造原理、工作方式的认知	认知正确,每错一处扣 1 分
认知拖拉机自动驾驶液压导向	拖拉机自动驾驶液压导向系统的组成、结构及工作原理	对拖拉机自动驾驶液压导向系统的组成、结构及工作原理,要求全面认知。对每种转向形式的理解要求透彻、全面。每错一处扣任务完成情况分

【任务巩固】

1. 单一导航技术用于拖拉机导航有局限性吗?请举例说明原因。
2. 多机伺服控制与导向组合形式有哪些?
3. 简述 GPS 与惯性导航系统组合控制拖拉机导航与导向的原理。

任务 4 农业机械标准总线

【任务目标】

1. 认知农业机械总线标准化的重要性及定义、明确农业机械总线应用原理。

2. 掌握如何通过农业机械总线实现 PC 机与“农田之星”系统的通信,掌握线路连接方法。

【任务准备】

一、知识准备

拖拉机是农业生产中具有多方面作业功能的主要动力机械。传感器技术、计算机技术和车辆系统的不断改进和完善，为智能化技术在拖拉机上的应用和发展开辟了道路，促使拖拉机作业机组向智能化方向发展。现场总线是连接智能现场设备和自动化系统的数字式、双向传输、多分支结构的通信网络。现场总线技术应用于农业机械，已经成为农业装备技术组成的重要方面。

农业机械设备总线的定义

ISO11783 标准包含 DIN9684 的绝大部分定义，都是选定 CAN 总线作为农业总线标准。DIN9684 共包括 5 个组成部分，而 ISO11783 将这些内容分为 11 个部分。具体地说，DI9684-1 与 ISO11783-1 内容相同，定义了数据通过总线按位串行传送，数据通信标准与 CAN 协议一致，并提供错误处理，保证安全传送。ISO11783 标准的其余部分与 DIN9684-2，3，5 部分对应，它定义了实现拖拉机农业装备相结合所必要的要求与规定。

(1)DIN9684-2 与 ISO11783-2-4：定义符合 CAN 协议的网络物理层和网络层。诸如通信线、接头、传送速度及信号特征等。系统采用分布式总线结构。用户终端通过总线发出消息，所有其他用户 ECU 根据各自的识别码检测总线，获取有用的消息与总线实现信息交换。它采用了 CAN 总线标准定义的数据报文格式，包括 11 位编码的识别器和 8B 的数据。图 5-16 表示了这一报文结构，由用户设置的 11 位识别器的最高 3 位定义了访问总线的优先级别。总线信息划分为 8 种优选级。

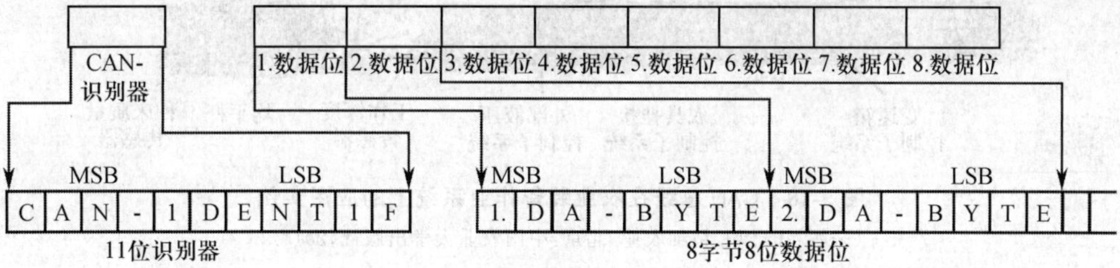

图 5-16 CNA 总线标准定义的数据报义结构

图 5-17 所示是总线与农用设备的连接接口。9 针接头中的 4 个分别用于 60A 强电电源和 25 A 电子电路电源；5 个用于信号传输。总线信息交换速率为 125 kb/s；最大传输距离 40 m；总线可挂接的最大用户数为 16 个。图 5-18 是 CAN 总线在农业装备作业系统上的应用实例。

(2)DIN9684-3 与 ISO11783 5-10：定义了适用于农业的网络管理层、虚拟终端、信息应用层和电源管理及任务控制。系统初始化任务包括声明动态地址和冲突处理等系统管理功能。根据 11 位识别器中的最高 3 位确定优先级，根据 4 个农具识别位和 3 个安装位置识别位进行机器系统的结构识别；系统最多 16 个挂接用户 ECU，初始化过程中，每一个用户动态地获取向所有用户播发的地址；基本消息作为第 2 优先级也向所有用户广播；为了允许用户间直接通信，目标信息定义为第 3 优先级；其他优先级用于中央输入输出单元及任务管理。DIN 9684-3

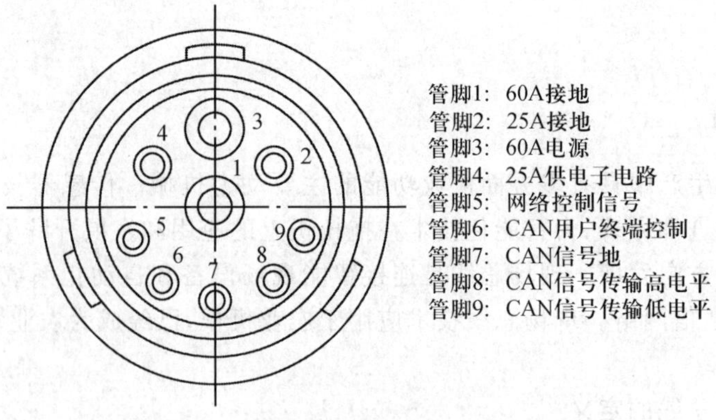

图 5-17　农业装备设备标准电缆终端接头

（来源：汪懋华. 精细农业. 北京：中国农业大学出版社，2011.）

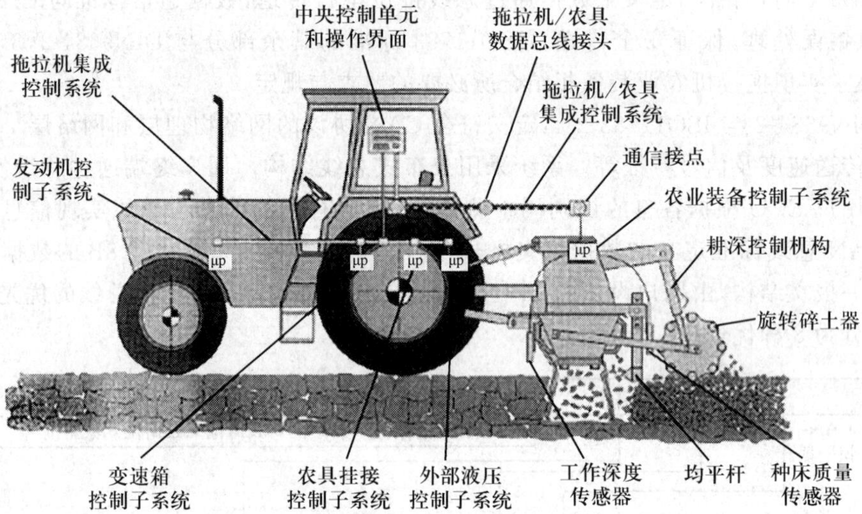

图 5-18　CAN 总线在农业装备作业系统上的应用实例

（来源：汪懋华. 精细农业. 北京：中国农业大学出版社，2011.）

还规定 LBS 服务程序的用户定义。

（3）DIN 9684-4 定义了农业总线终端用户的人机通信接口，包括菜单控制、屏幕显示和数据采集等功能及功能键定义；还定义了总线终端和农具终端的数据传输。当一个农业机器接入总线系统，一个特定的表征码即由终端计算机传给总线终端，当这个工作表征码被激活后，该终端计算机即可向总线虚拟终端输入/输出信息。

（4）DIN 9684-5 与 ISO 11783-11：定义了移动作业机械与农场管理站信息管理系统（MIS）间的双向通信，通过标准化文件形式定义了有关语法、语义和实施规则等。DIN 9684 农业总线标准的应用原理如图 5-19。

DIN9684 标准是基于 CAN 总线协议的，CAN 总线的工作方式与农业装备上的网络拓扑结构十分相似，40 m 内最大传输速度达到 1 Mbps。CAN 遵循 OSI 模型，划分为物理层和数据层。CAN 协议数据帧的消息内容如表 5-4 所示。

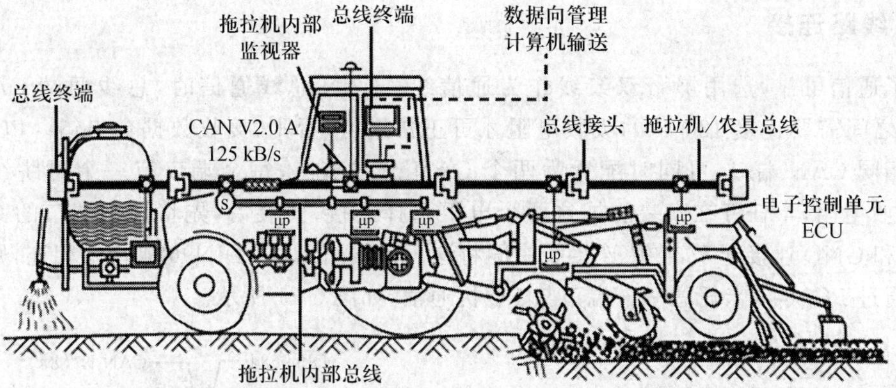

图 5-19　DIN 9684/2-5 农业标准总线系统(LBS)的应用

（来源：汪懋华. 精细农业. 北京：中国农业大学出版社，2011.）

表 5-4　CAN 协议数据帧的消息内容

帧起始	11 位 标示符	RTR	IDE	RO		DLC	0～8 字节数据	15 位 CRC	ACK	帧结束

二、资料准备

(1)主要的设备、仪器、材料："农田之星"系统一套、PCL841CAN 接口卡，PC 机一台，DC12 V 电源一个、连接线一条、CAN 通信软件一套。

(2)工量具：钢板直角尺，活络扳手，内六角扳手一套，板扳手一套。

(3)教学资料：任务评价表，随堂试卷，数据存储表等。

(4)与本任务相关的各类材料。

【任务实施】

一、DIN9684 实验接口任务方案

本试验主要目的是实现 PC 机与"农田之星"系统的通信，从 DIN9684 接口接收"农田之星"通过 CAN 总线传输的数据。DIN9684 是基于 CAN2.0A 协议的，在 PC 机中安装一块 CAN 总线接口卡，将 PC 机配置为一个 CAN 节点，设计基于 CAN 协议通信软件，再将 CAN 卡与 DIN9684 接口正确连接，即可达到按收"农田之星"数据的目的。通过市场调研，发现台湾研华公司的 PCL841 CAN 总线接口卡(以下简称 PCL841 卡)完全满足本试验需求，且价格合理，易学习使用，因此，决定采用 PCL841 卡将 PC 机配置为 CAN 节点。

总体方案可见图 5-20，首先将 PCL841 卡装在 PC 机的 ISA 插槽之中，正确安装和配置 PCL841 卡的驱动程序，然后，根据 PCL841 卡的 DLL 库函数，编制通信软件，最后准备好"农田之星"和 PCL841 卡，进行测试，观察 PC 机接收数据情况。测试时保证 GPS 信号良好，在接收数据的同时，移动 GPS 天线，使其位置变化，这样便于比较不同情况下接收到的数据。

二、线路连接

为了通信可靠，选用屏蔽双绞线作为通信线。CAN 总线通信时，总线两端 CAN-H 与 CAN-L 之间需要连接 120 Ω 的吸收电阻才可正常进行，否则，接收数据会出错。PCL841 卡有两个相同 CAN 端口，可同时配置为两个 CAN 总线节点，每个端口有一个可跳线选择的 120 Ω吸收电阻，本任务在安装前把这两个电阻选择连接，安装后，先将两个端口的 CAN-H、CAN-L 和 GND 连接起来，再从连接线中间将这三条线引出，与 DIN9684 接口相连，则农田之星可以通过 PCL841 卡任意一个端口与 PC 机通信，如图 5-21 所示。

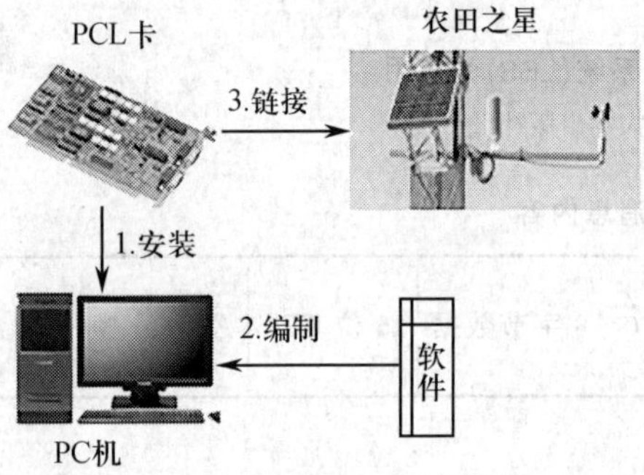

图 5-20 实验方案示意图

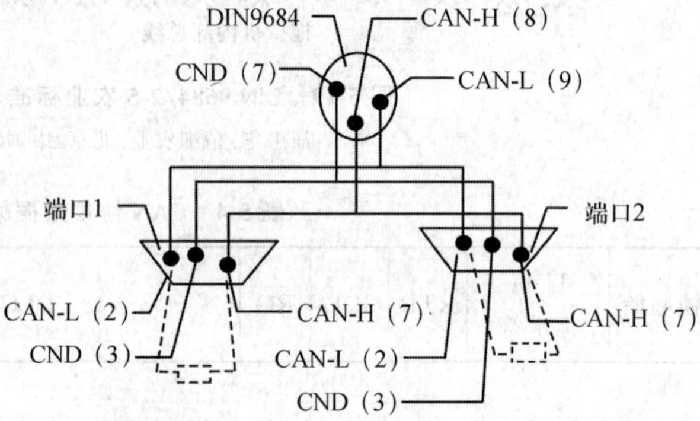

图 5-21 DIN9684 接口连接示意图

【任务拓展】

ISO11783 标准下的 CAN 信息帧

【任务评价】

以学习小组为单位，按照项目、内容和标准进行评价，见表 5-5。

表 5-5 农业机械标准总线评价标准

评价项目	评价内容	评价标准
农业装备总线的定义	定义及原理认知	定义正确，每错一处扣 1 分
任务方案的理解	对标准总线的认知、对方案设计目的及方法的认知	方案整体原理理解、方法分步骤原理理解，每错一处扣任务完成情况分
线路连接	DIN9684 接口功能理解、线路连接方法	按照线路连接工作要求，达标。每错一处扣任务完成情况分

【任务巩固】

1. 简述农业机械标准总线的定义。
2. 农业机械标准总线现有哪些协议？为什么要建立农业机械设备总线标准？
3. ECU 串行通信是如何实现的？
4. ISO11783 主要定义了电子控制单元和网络总线部分的哪些方面？

项目2　农业作业机器人技术

【项目描述】

2012年在北京举办的世界草莓大会上，由中国农业大学研发的草莓采摘机器人“采摘童1号”成为草莓大会的一大亮点。身高1 m多的“采摘童1号”能够平稳地“走”到一盆草莓前，伸出“手”来，将盆栽草莓果实采“摘”下来，并放到果盘中，这一过程用了几秒钟。该机器人结构小巧、动作灵活，融合了多项最新研究成果，能自主搜索、识别和采摘成熟草莓果实。不仅可为草莓采摘降低人工成本，还可减轻工作强度。

草莓采摘机器人只是众多农业作业机器人的成员之一，随着农业生产向规模化、多样化、精确化、智能化的方向迈进，伴随人们对机器人智能化本质的认识加深，以及机器人技术不断地渗透到每个行业，研发更多农业作业机器人以满足农业生产活动的各种需求、解决劳动力不足的现象，已成为必然的发展趋势。

本项目分为认知农业机器人和农业机器人应用实例2个工作任务。

通过本项目的训练，了解农业机器人的基础知识、认知农业机器人的应用实例、掌握机械臂的安装调试方法和循迹机器人行走路线的设计方法。培养学生认真、严谨、科学的工作态度以及团队沟通协作能力与精神。

任务1　认知农业作业机器人

【任务目标】

1. 了解农业机器人的基础知识。
2. 掌握机械臂的安装调试方法。

【任务准备】

一般将可模仿人类上肢的多种动作进行农业作业的机构，可自主行走的拖拉机类，借助于视觉机构、GPS等高级传感系统及判断机能可自主动作的机构称为农业机器人。农业机器人的主要由机器视觉机构、末端执行器、机械手(驱动装置)、移动机构等构成，如图5-22所示。

(一)农业机器人的机器视觉

农业机器人机器视觉的外部传感器是最大的信息源。在一般的产业机器人中也有许多不带机器视觉的情况，但是，以不定型的农作物及其多样的农产品为对象的农业机器人，为了识别同类产品中微妙的颜色、形状和大小等方面的差异，多数情况下需要机器视觉。在人类的五官(视觉、触觉、听觉、嗅觉、味觉)中，一般认为九成外界信息都是通过视觉获得的，在目前多数农业机器人的外部传感器中，则几乎100％的信息都是通过视觉、触觉以及接近觉获得的。

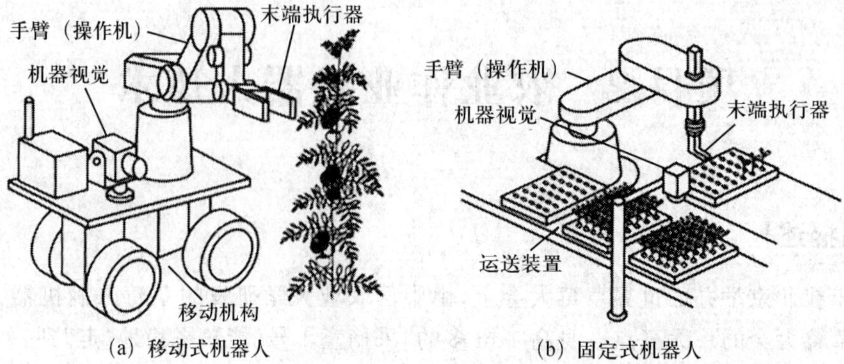

图 5-22　农业机器人示意图

（来源：汪懋华. 精细农业. 北京：中国农业大学出版社，2011.）

农业生产大多处在时刻变化的太阳光下，或者在温室、植物工厂以及选果设施等各种形式的室内环境中进行，无论是哪种环境都有必要进行适当的图像采集。太阳光的照射强度，在太阳升起之前到太阳落山之后，几乎都在 0～100 000 lx 范围（或更大范围）变化。而且，中午的直射光、从窗户射入的光、云雨天的阳光、黄昏时的光等，各种光的色温也在 2 000～6 000 K 范围内大幅变动。另一方面，在室内采用人工光源时，短期内可以看作是不变的光环境，但是对于现在流行的卤素灯、荧光灯以及 LED 灯等的照明装置，在经过 1 000 h、2 000 h 使用之后，其亮度、色温等会发生变化。特别是对于果实、蔬菜等农产品，许多情况下需要采用特别设计的照明方法，以防止在农产品不规则的外形上产生镜面反射光或阴影，以及确保不产生光斑。

在这种多样的作业对象和变化的环境下，对农业机器人机器视觉的要求很高。不局限于人类的可见光领域，以植物的分光反射特性为基础，除了近红外领域和紫外领域，研究甚至涉及 X 射线领域、远红外领域以及太赫兹波领域。

一般情况下，从摄像机等获得的图像是二维图像，为了得到各个茎叶的距离、果实的凹陷等的三维信息，用一台固定的摄像机是比较困难的。因此必须使用立体图像法、基于视点移动的方法、手眼系统、激光等三维图像构建方法获得距离信息。机器视觉的对象物也不局限于果实、茎叶及作物等的植物器官、个体以及作物群落，其范围正向着土壤（表土、土中）、加工食品、植物伤口愈合组织、细胞、细菌甚至昆虫、动物等领域扩展。

在农业机器人的机器视觉中，由于以复杂多样的生物、土壤、自然界等为对象，因此希望其分光感度特性广、动态适应性高。进一步，在植物工厂那样人工可完全控制的环境中没有太大的问题，但是在利用太阳光的温室里，工作环境的温度和湿度变化较大。还有，在共同选果设施场所，不仅会由于光源、电源等发出的热量使得局部温度超过 40℃，而且经常由于大量的果实纤毛以及果粉等粉尘的存在，对摄像机、照明装置产生恶劣影响。克服这些恶劣环境，也是农业机器人的机器视觉需要解决的课题之一。

在农业机器人的机器视觉的对象物中，常见的有芦笋、大葱、茄子、苦瓜、青椒、黄瓜、草莓、洋葱、番茄、土豆、柿子、莲雾、酸橘、柚子等。机器视觉特别重视的特征是对象物的大小、形状、颜色以及纹理（texture），这些特征对于不同种类的对象物变动范围很大，但是对于同一种类的对象物，基本上都限定在某个范围内。

首先,关于尺寸大小,从像樱桃那样小到像南瓜、西瓜那么大的果实都有,不过,通过预先根据对象品种进行设定,用 mm 单位进行测量,并不是困难的事。关于形状,有像柑橘、梨子那样的球形,茄子、黄瓜那样的长圆筒形,芦笋、大葱那样的细长形,青椒那样的细长圆锥形,莲雾那样的圆锥形,葡萄那样由多个果实集合在一起形成果房的形状等。此外还有热带果实、西洋果实等,果实大小和形状多种多样。

再用颜色来观察这些果实,一般多数情况下,果实在没有成熟时呈现绿色,随着成熟度的增加,从绿色变为黄色或者红色,这是叶绿素、类胡萝卜素以及类黄酮等色素产生的颜色,而像茄子那样呈黑紫色、蓝莓果那样呈蓝紫色的果实呈现的属于花色甙类的色素。

纹理也是各种各样的,从番茄、茄子等表面像镜子那样光滑、有光泽,到像温州蜜柑那样表面有许多油胞,以及像苦瓜那样有许多小凸起等。农业机器人的机器视觉将这些特征量的差别用数字来表示。在构筑机器视觉系统时,首先必须调查各种领域中农作物独特的反射特性。

(二)农业机器人的执行器和机械臂

产业机器人可代替人进行工业产品的组装、焊接、喷漆、搬运等各种作业。产业领域机器人能发挥如此大的作用主要是因为处理对象的标准化和规格化,而农业机器人的处理对象比较复杂,很多参数无法实现标准化。因为即使同一棵树上生长的果实,其形状及大小、颜色、硬度、成熟度、位置等完全不同,而且这些情况还会随着时间而改变。因此,农业机器人必须首先找出作业对象(如收获作业中处于成熟期的作物),然后一边回避枝叶等障碍物一边接近对象,进行有目的的作业。换言之,农业机器人必须自己从外界收集情报并加以判断,决定接近对象的方法并进行作业。下面简单介绍农业机器人的末端执行器与机械臂的特征和构造。

末端执行器被定义为:机器人具有的、可直接作用于作业对象的部分。末端执行器的功能相当于人的手,一般被安装在机械臂的前端执行各种作业。农业机器人最初在末端执行器上安装工具,根据作业种类更换末端执行器即可完成不同作业。设计制作农业机器人的末端执行器时,需要在充分把握对象物的物理性质的基础上,探讨如何完成作业目标,不需要完全模仿人使用两手进行作业,只要获得同样的效果即可。

机械臂的主要作用是将末端执行器移动到目标位置。产业机器人的机械臂有许多种类型,如在流水线产品组装作业中为水平多关节型、在焊接与喷漆中为垂直多关节型、在装箱作业中为圆柱坐标型,可根据作业目的分别使用。农业机器人的机械臂也有很多种,其中对象物的大小、质量和栽培方式是影响机械臂构造的主要原因。

1. 末端执行器

(1)末端执行器的机构。端执行器由夹持机构、切断机构、吸引机构、吸附机构及压入机构等组成,下面分别对这几部分进行介绍。

①夹持机构。与工业机器人一样,农业机器人的末端执行器上也装有夹持机构。但由于农业机器人的作业对象更为脆弱,在夹持机构的设计中,需要对对象物的夹持部分及夹持力进行探讨。夹持机构可分为:a. 以支点为中心手指开闭型:像剪刀一样以支点为中心,手指前端开闭时运行轨迹为弧形;b. 手指平行开闭型:相对安装的手指保持平行状态进行开闭动作的机构,多采用平行连杆装置或齿条、齿轮装置传动;c. 多指机械手:带有若干个(一般3个以上)手指的末端执行器。手指多为柔性材料,像人的手那样包握对象物,适合于脆弱物体;d. SMA(Shape Memory Alloy)利用型:驱动上述把持机构要使用电机或气缸等由多个零件构成的末端执行器,也有像 SMA 那样接通电流就可以自动变形运动的类型。使用 SMA 的末端

执行器构造更加简单紧凑，故常用于夹持植物组培苗或幼苗。夹持机构最重要的作用就是在不损伤的前提下握住对象，夹持力也并不是越小越好。

②切断机构。农业机器人上使用切断机构的情况有收获、剪枝、摘果、除草、收获农产品的调制、剪羊毛等。切断力要适中，太小当然不能切断作用对象物，过大虽然可有很大余量进行作业，但会过度增加末端执行器和周边机器的重量、尺寸，还会成为机械臂和移动机构的负担。要选择最佳切断力，必须充分调查作业对象的切断特性、形状、大小等情况。

③吸引机构。机器人在收获大型果实时，需要把持果实或果柄进行作业，当果实过小或表面柔软不能把持时，则要利用吸引力将其带到末端执行器中。

④吸附机构。农业机器人经常需要使用柔软材质的吸附机构把持作业对象。典型的吸附机构有吸附杯，用真空泵产生的真空压吸附对象。吸附杯的特点是只需调节真空泵的压力就可以改变吸附力，只要作业对象有平坦的部分，不管对象物大小、形状，改变吸附杯的数量就可对应各种情况。

⑤压入机构。压入机构多作为幼苗移植的末端执行器。

(2)末端执行器的功能。农业机器人末端执行器最重要的功能就是对作业对象的柔和处理。为了使末端执行器实现这种柔和作业，首先需要掌握作业对象的特点，包括对象物的尺寸、重量、形状等基础物理特性及压缩特性、摩擦特性、切断阻力等力学特性，如有必要还要测量声波特性及电特性等。其次，还要掌握生物生长状况，这也是设计末端执行器时不可缺少的要素。此外，末端执行器受机器视觉和机械手臂的影响也很大。由于机器视觉检测出的位置会有一定误差，机械手臂的伸缩、旋转会产生挠曲或间隙，受此影响末端执行器就不能到达正确位置，因此末端执行器就需要具有吸收这些误差的机能。总之，农业机器人的末端执行器不仅要应对生物体的个体差异，还要具有应对其他机构误差的鲁棒性(robustness)。

2. 机械臂

(1)机械臂的基本机构。机械臂由连杆及连接连杆的关节组成，关节上存在1个或多个自由度。关节一般有旋转关节和直动关节。自由度的数量越多手臂就越能获得更多的姿势，越易于回避障碍物。具有7个以上自由度的手臂称为冗余自由度，虽然增加了灵活性，但需要很多执行器，不仅手臂整体重量加大，还使控制变得复杂。因此，设计机械臂时，首先需要根据作业对象，探讨适合的自由度及关节种类、连杆长度(相邻关节间长度)及偏移量等基本机构；其次，手臂的内部机构包含机械手臂的粗细及形状、执行器的种类及安装位置、传动机构(齿轮、链条等)、减速器、轴等机械要素也是很重要的因素。

(2)机械臂的安全性。在农业领域使用机器人，最重要的是安全性。对于机器人来说，不但要完成作业，而且必须以保证安全为前提。农业机器人的作业对象在大小、形状、颜色、存在场所等方面都大相径庭，机器人需要具备一边判断周围的状况，一边决定下一步的动作，一边避免事故的系统。

二、资料准备

(1)主要的设备、仪器、材料：舵机P0090、铜柱M3X12＋6、铜柱M3X40、尼龙柱M3X10＋6、尼龙柱M3X15、螺丝M2X8、螺丝M3X8、螺母M2、螺母M3、机械臂激光切割、电源、各种尺寸及重量的物品。

(2)工量具：一字改锥、十字改锥、尖嘴钳；尺、称等。

(3)教学资料:任务评价表、记录表、铅笔、资料夹等。

(4)技术资料:机械臂安装调试说明书。

【任务实施】

一、任务描述

模拟采摘机器人,组装一个具有夹持功能的机械臂。

二、实施步骤

(一)清点器材及工具

对照机械臂组件的清单检查元件是否完整,所需工具是否齐全。

(二)组装机械臂

(1)组装机械臂关节。

(2)组装夹持器。

(3)将舵机、关节、夹持器组装成完整机械臂。

(三)调试运行机械臂

(1)将机械臂通电,保证其夹持器良好张开闭合,关节灵活,并可自由水平转动。

(2)使机械臂夹持准备好的不同物品,并记录机械臂能够夹持物品的最大/最小尺寸,最大/最小重量,并记录。

【任务拓展】

农业机器人展望

【任务评价】

以学习小组为单位,按照项目、内容和标准进行评价,见表5-6。

表5-6 认知农业作业机器人评价标准

评价项目	评价内容	评价标准
农业机器人相关知识	基础知识认知	结果正确,每错一处扣任务完成情况分
机械臂的安装	操作方法	按操作步骤、方法正确,每错一处扣任务完成情况分
机械臂的调试与运行	操作方法和结果	操作方法正确、填写结果准确。每错一处扣相关专业知识与任务完成情况分
任务完成	任务完成情况和实验报告	根据实验报告填写情况进行评分
职业素养	学习态度、团队协作、自我管理、创新精神	根据自评与互评记录、小组活动记录进行评分

【任务巩固】

1. 农业机器人的定义是什么?

2. 简述农业机器人的特点。
3. 机械臂的作用是什么?

任务2　农业机器人应用实例

【任务目标】

1. 了解农业机器人关键技术。
2. 认知农业机器人的应用实例。
3. 掌握循迹机器人行走路线的设计方法。

【任务准备】

一、知识准备

农业生产类型的多样性导致农业机器人的多样化,农业机器人主要包括采摘机器人、嫁接机器人、插秧机器人、移栽机器人、喷药机器人、农业信息采集机器人、剪枝机器人以及采摘机器人等。

1. 番茄采摘机器人

基于机器视觉研制的番茄采摘机器人,由行走机构、视觉系统、控制器及机械手组成。作业时,视觉系统对成熟果实进行寻找及识别,7 自由度的机械手可有效避开障碍物进行抓取。其机械手由 2 个带橡胶的手指和 1 个气动吸嘴组成,吸嘴将果实吸住后,机械手旋转拧下果实。图 5-23(a)所示是番茄采摘机器人工作场景,图 5-23(b)所示是番茄采摘机器人示意图。

类似的机器还有黄瓜收获机器人(图 5-24),由行走机构、视觉系统和机械手等组成。工作时,行走机构搭载近红外视觉系统寻找、识别成熟黄瓜果实并定位,引导自由度机械手进行切割采摘。黄瓜收获机器人结构大体与樱桃番茄收获机器人类似,但也有自己的特点,主要表现为:①成熟果实与非成熟果实以及茎叶的识别更加困难,樱桃番茄成熟后呈红色,可以较容易地区分成熟果实与非成熟果实以及茎叶,但达到采摘程度的黄瓜和未达到采摘程度的黄瓜以及

(a)番茄采摘机器人工作场景

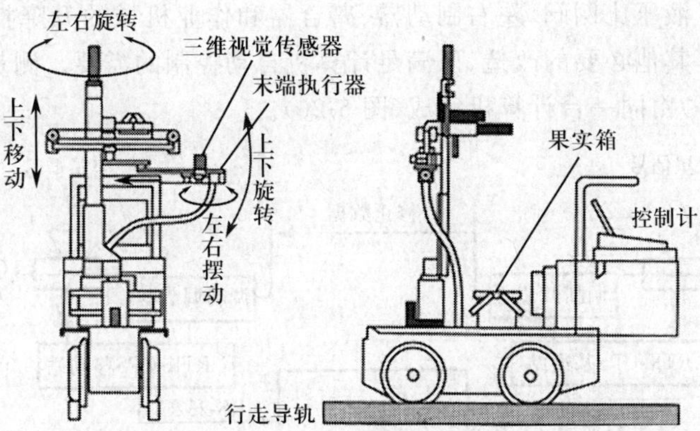

(b)番茄采摘机器人示意图

图 5-23 番茄采摘机器人

(来源:汪懋华.精细农业.北京:中国农业大学出版社,2011.)

茎叶均为绿色,且都为细长形状,因此其识别较困难,采摘成功率也较低;②黄瓜和瓜秧的连接与番茄不同,采用拧摘方法较难采摘,要用剪断方法,先把黄瓜抓住,用接触传感器找出瓜秧,然后剪断,采摘速度较低。

2. 嫁接机器人

嫁接是避免连作障碍、提高果实品质和产量稳定性不可欠缺的技术,自古以来即被广泛采用。

半自动嫁接机器人的作业过程是:先由操作者将接穗苗和砧木苗装到机器上,机器人将二者的苗轴切断,用夹子将接穗和砧木结合、固定,最后将接合好的苗送出机器人。这种操作看似简单,但是即使是同一作物,形状、大小、硬度都不一样,有的弯曲,有的变形,状况很不一致。为了保证在各种情况下均能接合、成活,研究人员试验了各种方法。半自动嫁接机器人(图 5-25)左右对称,由苗喂入部分、扶持运送部分、切断部分以及将已从中间切断的接穗和砧木用夹子固定好的接合部分组成。接合部分后面有送料器,将夹子随意放入其中,送料器即可将其摆成整齐一列送至接合部分。除了送料器之外,其余部分均由气压驱动,由可编程控制器实施顺序控制,按照苗喂入、扶持、运送、切断、接合、送出的基本操作顺序循环连续动作。

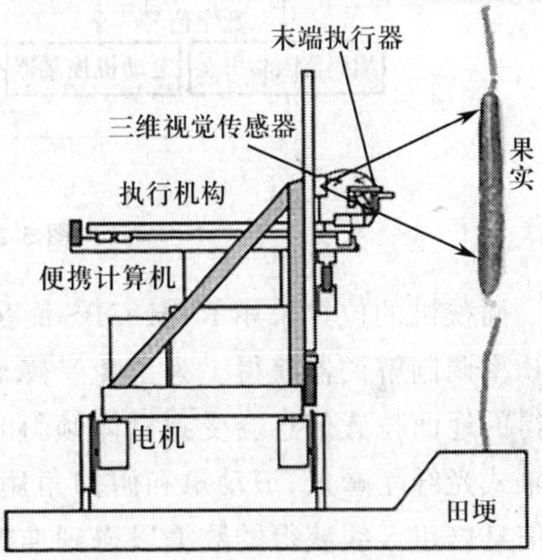

图 5-24 黄瓜收获机器人

(来源:汪懋华.精细农业.北京:中国农业大学出版社,2011.)

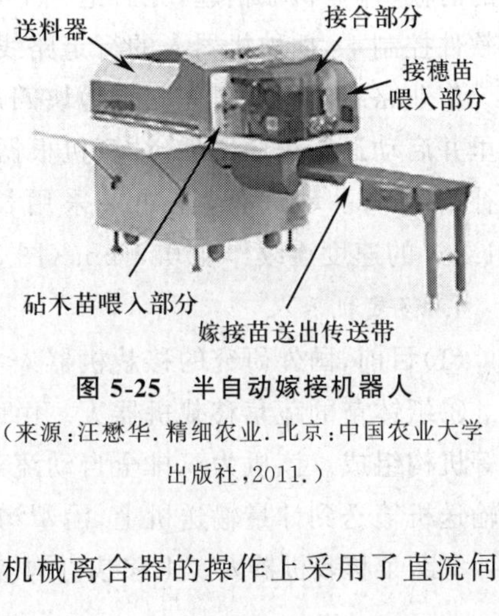

图 5-25 半自动嫁接机器人

(来源:汪懋华.精细农业.北京:中国农业大学出版社,2011.)

3. 插秧机器人

插秧机器人是在乘坐式插秧机的基础上改造成的,为实现自动行走,在节气门、变速机构(CVT)和作业机械离合器的操作上采用了直流伺服电机，转向控制采用了液压比例阀，左右制动器、离合器和作业机械的升降控制采用了液压电磁阀，对车辆还进行了其他必要的改造，以满足计算机自动控制的需要。测量和控制通过输入输出接口(RS-232C 等)由同一台计算机完成(图 5-26)。

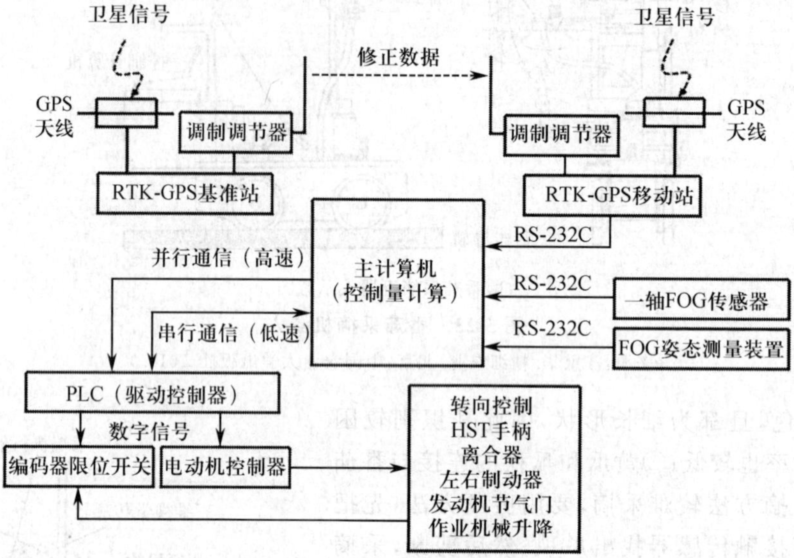

图 5-26　插秧机器人控制框图

插秧机的位置采用 RTK-GPS 测量，设置在地块附近的基准站发出的修正信号借助专用小功率调制解调器获得。为了免受障碍物的影响，GPS 天线设置在插秧机上最高位置，因此获得的地面位置信息会受到机体倾斜的影响。为此测量了车辆的姿态信息，车辆的偏航角用一轴式光纤陀螺仪、滚动角和俯仰角用三轴式光纤陀螺仪式(FOG)姿态测量装置测量，用以上信息修正天线获得的数据以得到准确的地面位置信息。另外，GPS 接收机输出的数据有时间滞后，对时间滞后进行补偿后的测量误差在±3 cm 之内。

发动机的转速和作业速度根据位置数据自动设定。在进行直行作业时，根据与目标路线的横向偏离及相对行进方向的偏离确定转向角和转向速度，向液压阀发出控制信号。到达地头的时候，作业机械抬起，先后退一下，再调头进入下一个作业行程，继续进行插秧作业。在这些软件控制下，插秧机器人的行走路线和目标路线的误差在±10 cm 以内(图 5-27)。

作业路线规划要事先测定地块四角的位置信息，输入计算机作为初始数据。插秧机开到地里并启动运行程序之后，计算机根据地块面积、插秧机作业幅宽等自动生成作业路线。秧苗的补给必须手动进行，但如果采用长毡式水培苗，则中途不用补充苗，可以每 20 min 插 0.1 hm^2的速度连续作业 0.3 hm^2(图 5-28)。

4. 移栽机器人

(1)目前，国外研究的移栽机器人主要有如下几种。

①纸钵苗的蔬菜移栽机器人。由两套输送机(垂直输送机、计量输送机)、上料以及深度调节等机构组成。该机为双排全自动蔬菜移栽机，采用拖拉机驱动。作业时，108 个穴盘苗由垂直输送机输送到计量输送机上，沿犁沟垂直栽植。

②蔬菜移栽机器人。由移栽机构、花盆移动机构、机架和控制器等组成。移栽部分由检测机

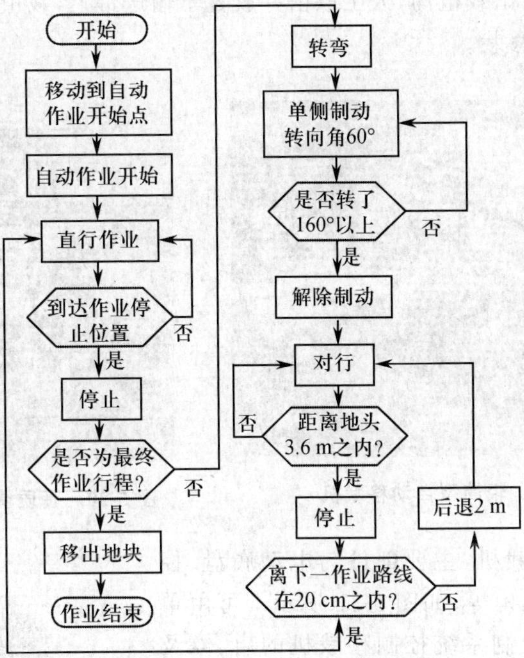

图 5-27　控制软件程序流程

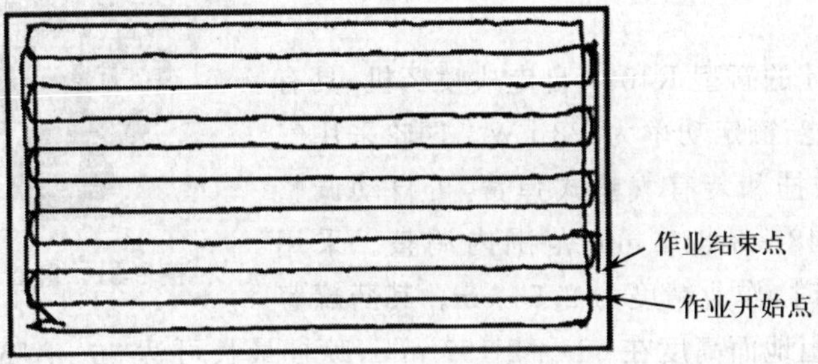

图 5-28　作业轨迹

构、执行机构组成，并由光电传感器和伺服电机控制，四指插针式机械手的运动由控制器(E-MY2H)控制，可精确控制手指位置。最优的手指形状是细针型，因为它对幼苗根系的损伤最小。

③全自动番茄移栽机器人。包括机械结构和控制部件两部分，由底盘结构、苗盘输送机构、取苗机构、开沟器具及PLC控制系统等组成。作业时，穴盘输送机构做输送动作的同时对穴盘位置进行校对，取苗机构在PLC控制系统控制下精准夹取钵苗，并精准地将其投放到开沟器内完成移栽作业。

(2)近年来，国内对移栽机器人的研究进步很快，有如下两种。

①针对高密度穴盘苗移栽作业，研制的一种轻简型自动移栽机，主要由自动移栽机械臂和电气控制系统组成，如图5-29所示。该机采用双排链传动，机械臂包括直线模组和无杆气缸，机械手为气动两指四针钳夹式，可完成取苗、移苗和栽苗全过程。

②基质块苗蔬菜移栽机。主要由动力源、开沟覆土装置、输送分苗装置、栽植装置及机架等部分组成，可一次性进行畦面整平、开沟、移栽和覆土作业，如图5-30所示。作业时平底滚

筒将土壤压实，开沟器开出栽植沟，人工取苗并放置于输送带上，栽植器夹持块苗进行移栽，覆土器进行覆土掩埋完成移栽。

图 5-29　轻简型自动移栽机

图 5-30　基质块苗蔬菜移栽机

③轻简型半自动移栽机，主要部件为电动底盘、控制系统、接苗以及植苗机构等，如图 5-31 所示。可由单人驾驶完成栽植作业，控制系统控制移栽机的启、停及底盘调速行走。作业时采用蓄电池驱动，可调节行距、株距，栽植频率随机前速度自动匹配。

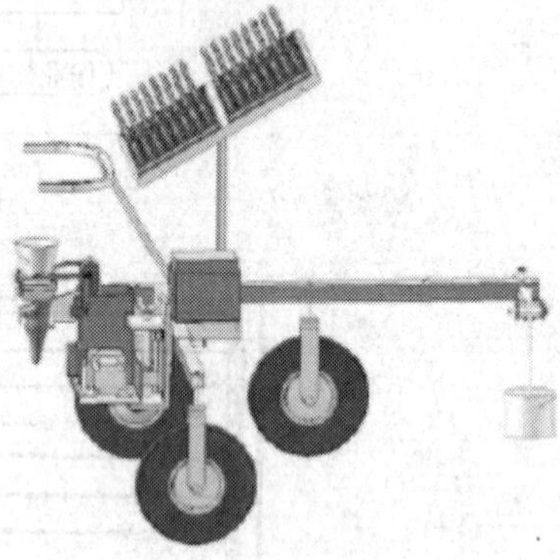

图 5-31　轻简型半自动移栽机

5. 喷药机器人

约翰·迪尔设计的新型 R4038 自走式喷药机，具有“田间巡航”作业功能，额定功率为228 kW。四轮采用气囊减震系统、独立悬挂和装有气垫式弹簧，可自动调整平衡，轮距可在3 048～3 861 mm 范围内调整。采用 StarFire RTK 系统时，作业精度为 2.54 cm。其药罐容量为 3 785 L，喷嘴距地面高度在 684～2 197 mm，喷杆最长可达 36 m，喷洒时喷嘴高距喷洒面的高度在 457～559 mm。

我国对喷药机器人的研究也取得了较大的进展：如针对棉花、大豆和油菜等作物的 3WZG-3000A 型高地隙自走式喷杆喷雾机、机器视觉喷药机器人、远程遥控式智能果园喷药机器人、蔬菜大棚智能喷洒机器人等。

6. 农业信息采集机器人

为提高农业信息收集效率，减小作物损伤，日本研发了小型六足机器人，用于收集土壤养分、温湿度及植物生长情况等信息。该机由多个伺服电机、微型计算机和红外测距传感器等组成，采用腿式移动以提高在障碍物、不规则地面上的机动性能，如图 5-32 所示。工作时，通过两个安装在六足机器人面部的 IRDMS 传感器检测并避开障碍物，机器人的行走速度可调，行进速度为 16.7～33.4 m/s。

“观察犬”机器人由机架、多种传感器、测距系统、摄像头和 GPS 接收器等组成，如图 5-33 所示。作业时，SICK 激光测量系统用于引导观察犬机器人行进，该机采用 4 个独立悬挂驱动轮和灵活的转向机构以确保行进平稳性，磁性罗盘感知其转弯角度，利用摄像机寻找病弱作物或杂草，并用 GPS 定位及记录数据。该机可在行尾自动转弯进入下一行，行进速度达 0.14 m/s。

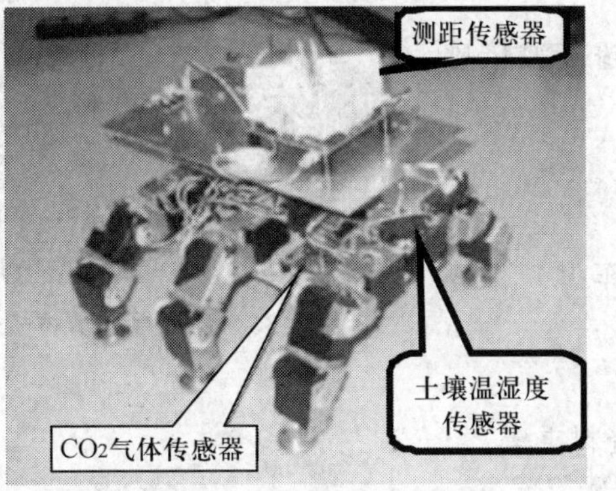

图 5-32 小型六足机器人

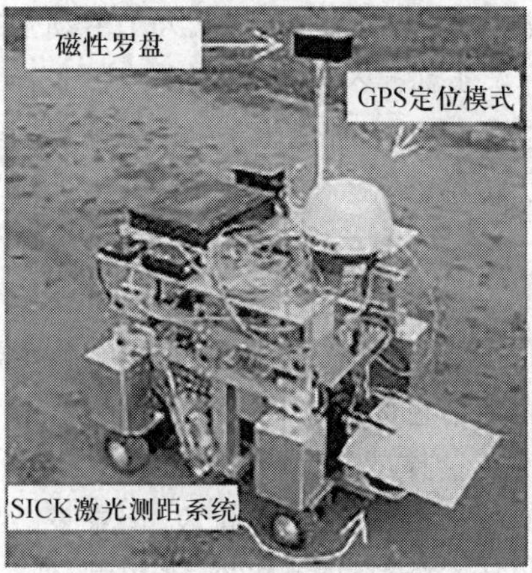

图 5-33 “观察犬”机器人

东北林业大学设计的一种地空两用型农业信息采集机器人，如图 5-34 所示，其飞行控制机构、地面行走机构及信息采集系统构成了一种简便实用的农业信息物联网。地面行走机构搭载独立悬架和减震系统以增强越障能力和越野性能。空中飞行机构搭载控制系统和信息采集系统，采用无人机技术提高机器人田间作业时的越障能力。该机器人通过图像采集、温湿度检测及图像处理，精准获取农田的温、湿度数据并分析作物的生长状态，在得到可靠数据与图像的同时，为更好地管理农田作业提供了可靠依据。

图 5-34 地空两用信息采集机器人

7. 剪枝机器人

2010 年，美国一公司研发出第二代葡萄修剪机器人，并在加州 Lodi 的一家葡萄园进行了展示，该机作业时由机器视觉引导，由两个机械手臂完成葡萄枝条的修剪作业，如图 5-35 所示。为了提高作业准确率，该机作业部分采用封闭安装，并设有光源，避免自然光源的影响。其修剪成本比人工成本低一半，可有效提高葡萄园生产管理的效率、降低劳动力成本。

(a) (b)

图 5-35 美国加州 Lodi 的第 2 代葡萄修剪机器人样机

济南大学设计的一种针对篱架式葡萄夏梢的两翼转刀式剪枝机，主要由切割系统、机架系统、液压系统以及安装系统组成，如图 5-36 所示。切割系统位于该机器人左右两侧及顶部，工作时由液压系统驱动，可一次修剪两行葡萄架的侧面和顶部，垄距和高度可调，实现连续、高效和机械化葡萄剪枝作业，降低人工劳动强度和人力成本。

8. 农业机器人常用传感器

主要包括：光电传感器、电位计、编码器、超声波传感器、压力传感器等。

图 5-36　葡萄夏梢剪枝机

二、资料准备

(1)主要的设备、仪器、材料：循迹机器人（车型）、计算机、黑色或白色胶纸、圆凳等。

(2)工量具：剪刀、卷尺等。

(3)教学资料：任务评价表、记录表、铅笔、资料夹等。

(4)技术资料：循迹机器人（车型）使用说明书。

【任务实施】

一、任务描述

模拟栽培/收获机器人，在指定区域内完成循迹行走。

二、实施步骤

(一)布置循迹路线

模拟农作物的圆凳若干，排列成如图 5-37 所示的阵列（可根据场地的实际尺寸进行适当调整），将黑色或白色胶纸剪裁成 3 cm 宽的长条，铺设在阵列的四周和各个通道内。

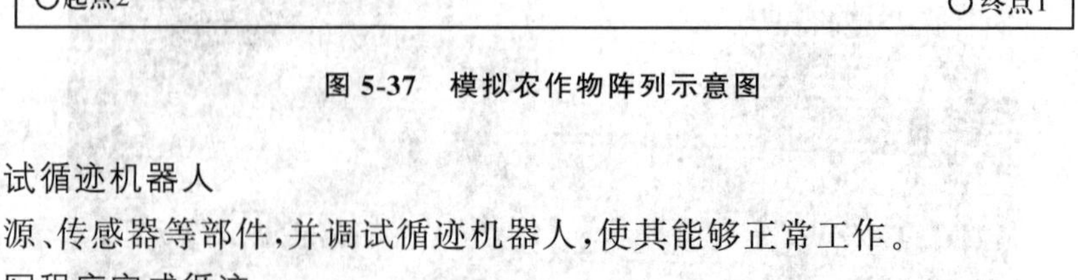

图 5-37　模拟农作物阵列示意图

(二)调试循迹机器人

检查电源、传感器等部件，并调试循迹机器人，使其能够正常工作。

(三)编写程序完成循迹

(1)根据图中起点 1、终点 1 位置编写循迹程序，要求机器人可经过每一个“农作物”，不重复、遗漏。

(2)根据图中起点 2、终点 2 位置编写循迹程序，要求机器人可经过每一个“农作物”，不重复、遗漏。

提示：农业作业过程中，机器人的行走路线与农作物的栽培方式密切相关，设计行走路线时不要求实现最短距离，但要保证机器人可经过每一个农作物，不重复、不遗漏，并尽量保证连续性。

(四)提交报告

将设计路线画在实验报告上,并附上相应的循迹程序。

【任务拓展】

农业机器人中的传感器技术

【任务评价】

以学习小组为单位,按照项目、内容和标准进行评价,见表5-7。

表5-7　农业机器人应用评价标准

评价项目	评价内容	评价标准
布置循迹路线	线宽及完整性	每错一处扣1分
调试循迹机器人	调试方法和运行结果	按操作步骤、方法正确,每错一处扣任务完成情况分
编写循迹程序	程序执行结果	循迹按要求,达标。每错一处扣任务完成情况分
任务完成	任务完成情况和实验报告	根据实验报告填写情况进行评分
职业素养	学习态度、团队协作、自我管理、创新精神	根据自评与互评记录、小组活动记录进行评分

【任务巩固】

1. 农业机器人关键技术有哪些?
2. 查阅资料,找出农业作业机器人还有哪些具体应用实例?
3. 农业机器人常用传感器有哪些?

项目3　车载式精准农业自动作业技术

【项目描述】

某县大部分水田地块高低不平，畦小、田埂多，田埂约占水田土地面积的7%～10%。为给水稻生长创造均匀的最佳水层深度，有利于水稻的生长，该县将激光控制平整土地技术列为重点推广项目，引进了两台美国光谱仪器公司生产的激光控制平地设备，消除了很多田埂，增加了种植面积的5%左右，进而增加了水稻总产。

本项目主要介绍一些代表性的车载式精准农业自动作业技术，主要有土壤在线分析、激光控制平地、实时测试土壤电导率以及测试土壤坚实度四项主要技术。

通过本项目的训练，了解土壤分析仪的结构及工作过程；了解激光控制平地系统的原理及工作过程；了解土壤电导率实时测试系统的测量原理及数据分析原理；了解土壤坚实度车载测试系统的结构及工作原理；培养学生认真、严谨、科学的工作态度以及团队沟通协作能力与精神。

任务1　土壤在线分析

【任务目标】

1. 认识基于近红外分光技术的土壤在线分析仪的工作原理。
2. 了解土壤在线分析的工作过程。

【任务准备】

一、知识准备

(一)土壤在线分析仪工作原理

众所周知，化合物内部存在有分子振动，当该化合物受外界光照时，会发生能量吸收，进而引起振动能级的跃迁。能量吸收频率取决于分子振动频率，能量吸收的程度取决于组成分子振动的元素的含量。基于这个原理，利用近红外光在物质透射或反射时所吸收光线的程度及频率，就可分析物质元素的种类和多少。也正是利用这个原理，开发出了基于近红外分光技术的土壤在线分析仪。

(二)土壤在线分析系统

如图5-38所示是日本研制的土壤近红外光谱实时分析仪系统总图。整个系统搭载在一台拖拉机上，大致可分为五个主要部分：检测传感总成、分光器及光源、控制分析总成、动力供给组件以及DGPS。工作时检测传感总成深埋在土中，以光源发出的入射光照射到土壤观测面后形成漫反射，漫反射光被收集后送入分光器，分光后的信号被记录在计算机内，该计算机还负责控制整个系统的运行。系统的采样间隔或采样频率由 DGPS 控制，整个测试系统的电源由搭载在拖拉机前部的发电机提供。

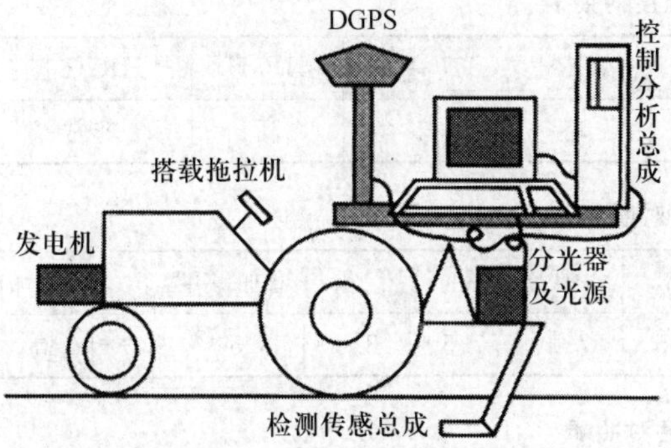

图 5-38 土壤近红外光谱实时分析仪系统总图

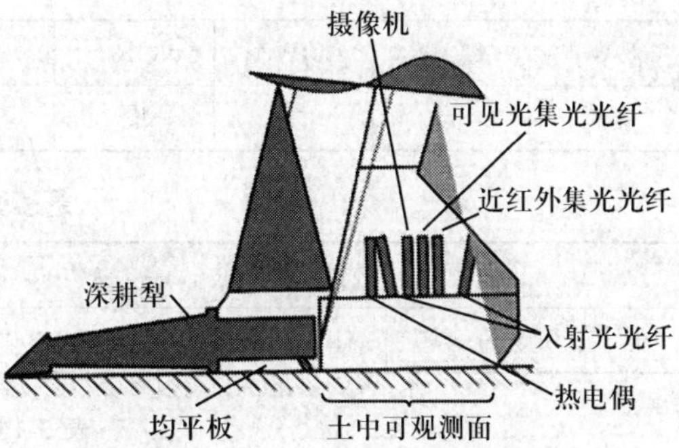

图 5-39 检测传感总成示意图

1. 检测传感总成

检测传感总成是由一台深松犁改造而成的，图 5-39 为其结构示意图。通过调整耕作深度，可调节土壤中观测面的深度。工作时，切削部切开土壤，在深松土壤的同时为观测做准备；新制作的均平板强制刮削土壤，以便尽可能形成较平坦的工作面；在均平板后面新增了观测室，观测室形成了密闭的观测空间，在观测室的顶部安装有 6 个传感装置：2 根入射光光纤，1 根可见光(VIS)集光光纤，1 根近红外(NIR)集光光纤，1 个小型 CCD 摄像机镜头和 1 个热电偶温度传感器。入射光光纤的透光波长为 400～2 400 nm，覆盖可见光和近红外区域，VIS 集光光纤的透光波长为 400～900 nm，NIR 集光光纤透光波长为 800～2 400 nm。小型 CCD 摄像机用于监视观测面土壤的状况以及传感器的工作状况，温度传感器用于记录观测面的温度，以便将来分析土壤参数时进行温度补偿。观测室的长度(前进方向)约为 200 mm，宽度约为 50 mm，高度约为 75 mm。检测传感总成的工作深度设定为 150～350 mm。

2. 光源

光源采用卤钨灯，输出功率为 150 W，输出光线的波长为 400～2 400 nm。分光器采用的是可同时进行分光测量的多通道高速光谱仪，在近红外区域，可测量的波长范围为 900～1 700 nm，可同时测量的通道数为 128，即分光器的波长分辨率约为 6 nm。

3. 测量方式

测量方式被设定为自动和手动两种模式。自动模式时，实时分析仪根据 DGPS 的输出，等间距地进行自动、连续地测量；手动时，仪器每检测到一次触发信号，完成一次测量。

二、资料准备

(1)主要的设备、仪器、材料：多功能测土仪(图 5-40)、工作服、工作鞋等。

(2)工量具：铁锹、铁铲等。

(3)教学资料：任务评价表、采样记录表、铅笔、资料夹等。

(4)技术资料：监测区域土类等土壤信息资料；

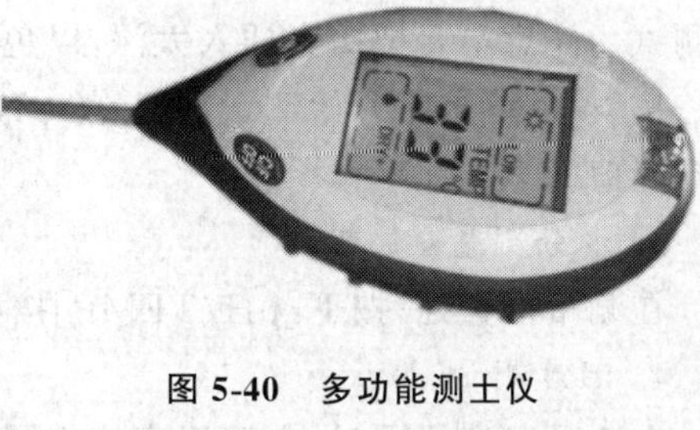

图 5-40 多功能测土仪

工农业生产及排污、污灌、化肥农药施用情况资料；气候资料（温度、降水量和蒸发量）、水文资料。

(5)各测量值对照表（表5-8至表5-10）

表5-8　光照强度对照表

LOW−	LOW	LOW+	NOR−	NOR	NOR+	HIGH−	HIGH	HIGH+
非常	低	多	图	普通	略	多	高	非常

表5-9　pH对照表

增加酸度								中性		增加碱度			
低	3.5	4.0	4.5	5.0	5.5	6.0	6.5	7.0	7.5	8.0	8.5	9.0	高

表5-10　湿度对照表

DRY+	DRY	NOR	WET	WET+
非常干	干	普通	湿	非常湿

【任务实施】

一、任务描述

在大田中，利用多功能测土仪测量土壤当前环境下的光照、pH、水分、温度。

二、实施步骤

(一)确定测量路线

一般采用蛇形方式选取点测量，对于地形变化小、地力较均匀、采样单元面积较小的地块也可采用梅花形取点测量。测量位置要避开路边、田埂、沟边、肥堆等特殊部位。

(二)测量要求

测量当前环境光照强度、土壤水分含量、土壤酸碱度及温度，测量前先安装电池，去掉探头保护套。

1. 光照测量

在测量位置处，按下[ON]按钮打开仪器，对准最高点淘汰光传感器窗口，目前光的强度将会显示在液晶显示器上，记录数据。注意不要阻挡光照或给传感器制造阴影。

2. pH范围测量

在测量位置处，按下[pH/TEMP]按钮在背面的pH，把探头垂直插入土壤中，需要尽快进行测试。注意不要把探头插入太深，以免损害植物的根。

按下[ON]按钮开始测量，测量的pH将会显示在液晶显示屏上，需多测量几遍得出需要的准确值。

3. 水分测量

在测量位置处，按下[pH/TEMP]按钮在背面的TEMP。其他同“pH范围测量”。

4. 温度测量

在测量湿度的同时，土壤温度值将同时显示在液晶显示屏上，按下[℃/℉ OFF]按钮设置温度显示是℃(摄氏度)或℉(华氏度)。

注意:如果测量过程中不把探头插入土壤,那么显示的是准确的外部空间环境温度。

(三)仪器复位和测量点回填

测量完毕,使用清洁、干燥的软布清洁仪器外部及探头。用铁锹将测量点回填、压实,并将铁锹清理干净,放回原处。

【任务拓展】

近红外土壤养分仪与传统土壤养分速测仪的应用分析

【任务评价】

以学习小组为单位,按照项目、内容和标准进行评价,见表5-11。

表5-11 土壤在线分析评价标准

评价项目	评价内容	评价标准
测量路线的确定	基础知识认知	结果正确,每错一处扣任务完成情况分
多功能测土仪的基本操作	操作方法	按操作步骤、方法正确,每错一处扣任务完成情况分
环境的光照强度的测量	操作方法和填写结果	操作方法和填写结果正确。每错一处扣相关专业知识与任务完成情况分
土壤的水分含量的测量	操作方法和填写结果	操作方法和填写结果正确。每错一处扣相关专业知识与任务完成情况分
土壤的酸碱度的测量	操作方法和填写结果	操作方法正确。每错一处扣相关专业知识与任务完成情况分
土壤的温度的测量	操作方法和填写结果	操作方法和填写结果正确。每错一处扣相关专业知识与任务完成情况分
任务完成	任务完成情况和实验报告	根据实验报告填写情况进行评分
职业素养	学习态度、团队协作、自我管理、创新精神	根据自评与互评记录、小组活动记录进行评分

【任务巩固】

1. 土壤红外在线分析系统由几部分组成?
2. 土壤红外在线分析仪的使用意义?

任务2 激光控制平地

【任务目标】

1. 了解激光控制平地系统的工作原理。
2. 认识激光控制平地系统的组成及部件作用。

【任务准备】

一、知识准备

在农田作业整个循环过程中，平整土地是精准农业的重要组成部分，是改进田间地面灌水质量的重要措施，能够有效地改善农田土地管理，改善种床条件，实现精细灌溉，从而达到既节水又增产的目的。激光控制平整土地技术是目前世界上最先进的土地整平技术，近年来，在欧美、日本等国家已普遍应用。我国也使用了激光平地技术，并取得了较好的经济效益。

(一)激光控制平地系统

如图5-41所示是激光控制平地系统原理示意图。激光控制平地主要由五个部分组成，分别为激光发射器、激光接收器、激光控制器、液压控制系统、平地铲和作为牵引动力的拖拉机。

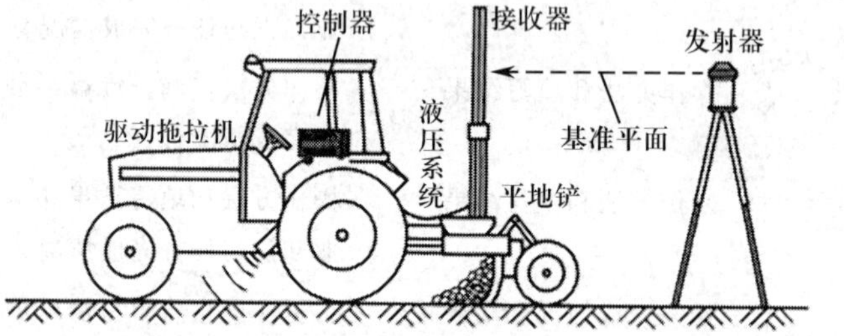

图5-41 激光控制平地系统原理示意图

(二)主要构成部分的工作特点

1. 激光发射器

激光发射器(图5-42)安装在农田内或者农田边界某一位置的三脚架上，发射器工作时，可在平地现场的上方构成水平(或一定坡度)的激光控制平面作为平整土地的参照面，该激光束构成的光学控制平面，不受地形影响的干扰，并且范围大、精度高。根据不同需求，可选用不同的激光系统，其有效工作直径一般为300～900 m，并可选择水平或坡度的激光发射器。

图5-42 激光发射器

2. 激光接收器

激光接收器(图5-43)安装在平地铲的桅杆上，以接收发射器发出的激光信号。平地铲随拖拉机在田间移动。当表面发生起伏变化时，接收器上感知的激光平面位置也将发生变化，这一接收位置(位置高度)的变化被接收装置检测到,并转换为地面距标准高度的误差,然后将该误差信号传至激光控制器。控制器(图5-44)即根据误差信号的大小,通过液压缸快速地调整平地铲高度,即使地面起伏不平,也可保证平地铲按设定的平面刮削。液压控制系统可以借用牵引车本身的液压系统,也可利用牵引机的动力输出轴,连接齿轮泵提供液压动力,实现独立驱动。后者通用性好,易于推广,但其液压系统要求反应速度快,控制精度高。

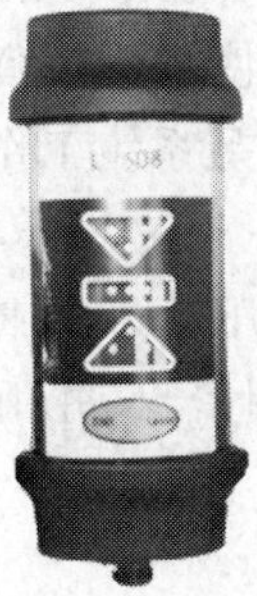

5-43 激光接收器

图5-44 激光控制盒

3. 平地铲

平地铲结构设计要求有独特的功能,可方便地完成挖、填土方和平整工作。铲刀入土角度及形状的设计需综合考虑土壤类型和农田表面实际情况,以便容易实现切土、带土、摊铺等功能。遇高地时,平地铲切土带土移动;到低洼时,积土自行摊铺,填平地面。

二、资料准备

(1)主要的设备、仪器、材料:天宝 AG GCS100 激光平地机、工作服、工作鞋等。

(2)工量具:铁锹或铁铲等。

(3)教学资料:任务评价表、记录表、铅笔、资料夹等。

(4)技术资料:天宝 AG GCS100 激光平地机用户使用手册。

【任务实施】

一、任务描述

按步骤分组操作激光平地机。

二、实施步骤

(一)激光发射器位置的安放与安装

(1)安装电池。按照正负极性能指示将新电池安装好,盖上电池盒盖即可。

(2)三脚架的安装。将三脚架的对中杆摇到最低位置;按照高度的要求将三脚架升高并固定,三脚架的三条腿应保持在同等的高度;固定三脚架时应考虑风向,三脚架其中两条腿相连的两条直线应尽量与来风方向保持垂直,并将三条腿插入土壤中一部分以防被风吹倒,使三脚架保持稳定。

(3)激光发射器的安装及调试。将激光发射器通过螺纹固定在三脚架上;摇动三脚架摇把,使升降杆上升,将发射器调整到所需的高度位置,打开激光发射器的电源,激光光束将旋转,当激光发射器停止旋转发射信号,自动调平后开始正常发射信号,将左下角锁定信号按钮锁定调平状态。

(二)液压控制系统的安装

(1)组装油箱。油箱由箱体、吸油过滤器、注油空气滤清器和液位/液温计组成,用直通接头将球阀开关和箱体组装;组件应涂抹密封硅胶,防止结合部位液体渗漏,油箱盖板用螺栓与箱体紧固,并用密封硅胶密封结合部位,待 24 h 完全固化后再使用。油箱安装好后,应将油箱擦干净,并注入大约 70 L 的抗磨液压油,液压计油位显示在满足系统工作需要的位置,用螺栓通过油箱底脚安装孔将油箱固定在托平铲支架上。

(2)组装齿轮泵。分别将出油口和吸油口用接头连接,并用 O 形胶圈密封,安装时注意,齿轮泵的吸油口大于出油口,进出油口的法兰都要用 O 形胶圈密封,并用螺栓固定,然后连接齿轮泵和阀组体。

(三)测量场地,确定标高

将手持激光接收器固定在测量塔尺上,接收器的接收窗口朝向激光发射器,按下电源开关,伸展塔尺直到听到连续的“滴滴”声,说明接收基准与激光基准重合,此时塔尺的刻度值就是该点的高程值,一边测量,一边记录每个读数(测量数据),测量数据的多少按一定网格状的间隔读取,间隔大小取决于拟平整土地面积大小,一般取 10 m 间隔,根据测量数据绘制出地形图。使用该地形图时应先确定出平均标高,平均标高确定之后,就可在拖拉机上安装接收器,即可进行刮平作业。

(四)开始刮平作业

将激光发射器放在平均标高位置,并将平地铲刀刃降到地上,升高接收器装置直到控制箱上的绿灯亮了为止,将控制箱手动/自动开关扳到“自动”位置,然后开始刮平作业。若土地高度差较小,可采取一次性找到基准,进行精密整平作业。如果激光平地铲吃土量太少,则需要把机载激光接收器向上升一些,这样平地铲刃会自动下降,然后会自动平地。地块落差较大时,需要多次提升机载激光接收器,也可以使用三脚架的升降旋钮升高发射器,升高发射器必须注意不要锁定发射器。

【任务评价】

以学习小组为单位,按照项目、内容和标准进行评价,见表 5-12。

表 5-12　激光平地控制机的使用与维护评价标准

评价项目	评价内容	评价标准
控制器、接收器与电磁阀的连接	构造结构认知,操作方法	按操作步骤、方法正确、规格达标,每错一处扣任务完成情况分
检查铲刀升降	操作方法	同上
拖拉机进入预定位置,铲刀升高	操作方法	安装按要求,达标。每错一处扣任务完成情况分

续表 5-12

评价项目	评价内容	评价标准
自动平地	操作方法	操作方法正确。每错一处扣相关专业知识与任务完成情况分
调整铲运机高度	操作方法	同上
任务完成	任务完成情况和实验报告	根据实验报告填写情况进行评分
职业素养	学习态度、团队协作、自我管理、创新精神	根据自评与互评记录、小组活动记录进行评分

【任务巩固】

1. 激光控制平地系统由哪几部分组成？
2. 激光发射器的安装位置在哪里？工作特点是什么？
3. 激光控制平地技术的效益体现在哪里？

任务3　实时测试土壤电导率

【任务目标】

1. 认识土壤电导率实时测试系统的组成及部件作用。
2. 了解土壤电导率与作物产量的关系。
3. 了解土壤电导率实时测试的方法。

【任务准备】

一、知识准备

土壤学的研究结果表明土壤电导率包含了土壤养分与理化特性的丰富信息。土壤电导率能不同程度地反映土壤中的盐分、水分、有机质含量、土壤质地结构和孔隙率等参数。有效获取土壤的电导率值，对于确定各种田间参数的时空分布差异有重大意义。传统实验室测定土壤电导率的方法虽然精确，但过程烦琐，实践应用不便。因此，人们开始研发与拖拉机配套的土壤电导率(EC)实时测试系统，并逐渐应用于精准农业的生产与实践。

(一)土壤电导率测量传感器的基本设计

1. 非接触式

非接触式土壤电导率传感器利用了电磁感应现象。首先向接近地面的发射线圈通入交变电流，产生一个随时间变化的磁场，称为主磁场；主磁场在土壤中感应出微弱涡电流，该微弱涡电流又在土壤中激发出另一个磁场，称为副磁场。然后，由接收线圈同时感应主、副磁场的变化。因为主磁场强度和副磁场强度的比值与电导率呈线性关系，所以，所测土壤的电导率可以方便地求得。典型代表是加拿大 Geonics 公司生产的 EM38 土壤电导率仪。如图 5-45 所示。

2. 接触式

接触式土壤电导率传感器是一种电极式传感器，一般采用“电流—电压四端法”。所谓电

图 5-45　EM38 土壤电导率仪

流一电压四端法，是指测试系统包括两个电流端和两个电压端。作为激励信号的恒定电流经过两个电流端流入大地，通过检测两个电压端的电势差，就可以换算出土壤的电导率。

（二）Veris3100 土壤电导率实时测试系统

如图 5-46 为美国某公司基于“电流一电压四端法”生产的 Veris3100 土壤电导率实时测试系统。图 5-46(a)所示为该测量系统田间作业的情景，整个测量系统由拖拉机牵引，图 5-46(b)为电极，被加工成圆盘形状。在拖拉机行驶过程中圆盘电极一直切入在土壤之中，用于向农田土壤输入电流和检测土壤间的电压降；检测信号被放大、变化后传送至中央控制单元，中央控制单元放置在驾驶室内，可将土壤电导率数据和 DGPS 定位数据记录在硬盘存储器上，操作者还可以通过它控制系统的运行或进行必要设置和操作，例如，根据地块变化创建新的存储文件或删除旧的存储文件，将数据文件转存到移动存储器内。GPS 移动站天线设置在拖拉机驾驶室顶部，与 GPS 基站共同完成精密的差分定位。

(a)

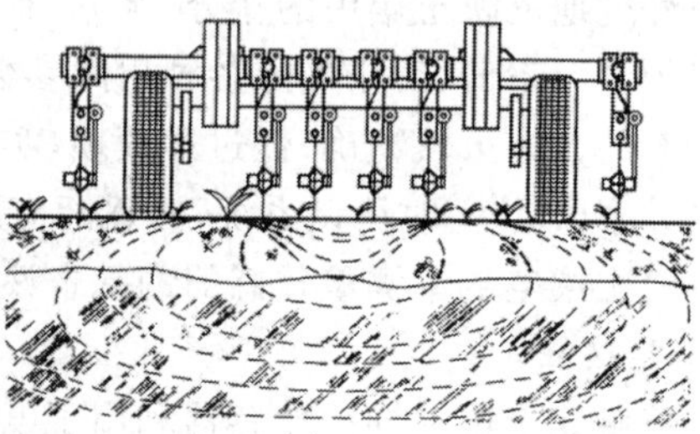

(b)

图 5-46　Veris3100 土壤电导率实时测量系统

（来源：汪懋华. 精细农业. 北京：中国农业大学出版社，2011.）

二、资料准备

(1)主要的设备、仪器、材料：德国 STEPS EC3000 土壤电导率测试仪（图 5-47）、HI76305

不锈钢电极、工作服、工作鞋等。

(2)工量具:铁锹或铁铲等。

(3)教学资料:任务评价表、记录表、铅笔、资料夹等。

(4)技术资料:德国 STEPS EC3000 土壤电导率测试仪用户使用手册。

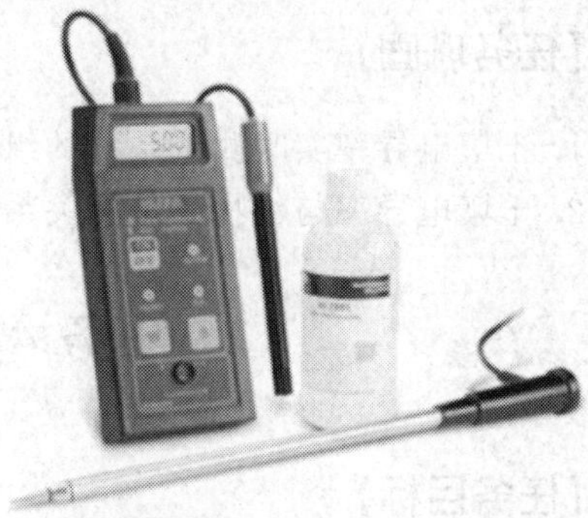

图 5-47　德国 STEPS EC3000 土壤电导率测试仪

【任务实施】

一、任务描述

利用土壤电导率测试仪测量指定地块的土壤电导率,进行记录,完成数据采集。

二、实施步骤

(一)土壤电导率测试仪的组装

由于本次实验为直接测量土壤电导率,因此需选用 HI76305 不锈钢电极。测量前,将电极与电导率测试仪相连接。

(二)土壤电导率的测量

(1)选取地块测量点,测量点位置要避开路边、田埂、沟边、肥堆等特殊部位。

(2)根据土壤情况选用不同的量程,观察对应的指示表,将表明所选量程。

(3)将电极插入被测土壤中,仪器将显示电导率值,读数并记录。

(4)为保证测量值准确,需在同一个地块上选取不同的点进行测量。在同一个点上至少测量 3 次。

(三)仪器复位和测量点回填

测量完毕,使用清洁、干燥的软布清洁土壤电导率仪器外部,用专业清洁液清洁不锈钢电极。将电导率仪及电极放回仪器箱内。用铁锹将测量点回填、压实,并将铁锹清理干净,放回原处。

【任务评价】

以学习小组为单位,按照项目、内容和标准进行评价,见表 5-13。

表 5-13　实时测试土壤电导率评价标准

评价项目	评价内容	评价标准
土壤电导率测定仪的组装	构造原理认知	每错一处扣 1 分
土壤电导率的测量	操作方法	操作方法正确。每错一处扣相关专业知识与任务完成情况分
任务完成	任务完成情况和实验报告	根据实验报告填写情况进行评分
职业素养	学习态度、团队协作、自我管理、创新精神	根据自评与互评记录、小组活动记录进行评分

【任务巩固】

1. 土壤电导率实时测试系统的组成及部件作用是什么?
2. 土壤电导率与作物产量的关系是什么?

任务4 测试土壤坚实度

【任务目标】

1. 认识土壤坚实度车载测试系统的组成及部件作用。
2. 了解土壤坚实度测试的方法。

【任务准备】

一、知识准备

在田间作业中,农业装备会不同程度地对农田土壤产生压实作用,而压实后的土壤又会影响农作物的生长、发育和产量,实时测量农田土壤压实度的空间分布对于实施精准农业也是非常必要的。

(一)车载式土壤压实自动测试系统结构

1. 土壤圆锥仪

土壤压实度通常采用土壤圆锥仪进行测量,通过测量圆锥头在贯入土壤时所受到的土壤阻力,可判断土壤的压实程度。如图5-48所示为自动土壤圆锥仪的结构图,它可以实现圆锥头的自动贯入以及土壤阻力的自动测量。

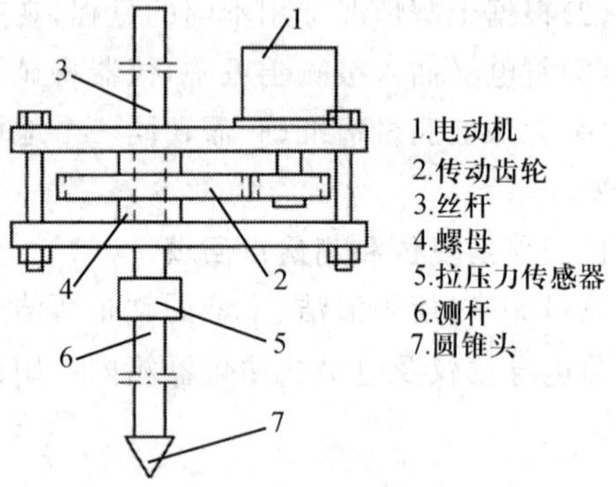

图5-48 自动土壤圆锥仪

(来源:汪懋华.精细农业.北京:中国农业大学出版社,2011.)

2. 中央控制计算机和DGPS

车载式土壤压实自动系统除了自动圆锥仪以外,还包括中央控制计算机和DGPS,随着拖拉机在田间行进,圆锥仪的输出信号和DGPS定位信号被送到中央控制计算机记录、存储,在进行了后期的数据处理后,就可得到农田土壤压实度的空间分布图。

(二)其他土壤复合式测试系统

土壤本身是一个多参数相互耦合的复杂系统,研究这种多参数同步测量对于实现农田土壤信息解译具有很高的应用价值。

如图5-49是一个车载式土壤水分与坚实度复合传感器同试验用拖拉机装配为一体的测量试验系统。其核心部分包括水分探头、传动力臂、压力传感器和开沟刃等。

该系统包括一个性能可靠的工业计算机以及具有8路差分调理放大通道的数据采集卡。试验系统最高采样速率为100 Hz,测量系统需要220 V交流电,由拖拉机内电瓶12 V直流电源通过DC/AC变换后提供。机械连接部分除了采用三点悬挂架与拖拉机连接外,可通过液

图 5-49　土壤水分与坚实度车载式复合测量系统

（来源：汪懋华.精细农业.北京：中国农业大学出版社，2011.）

压系统连续调节与传感器相关的工作机构水平角度，实现复合锥柔性入土。限深轮用于调节测量深度，最大值为 25 cm。

二、资料准备

（1）主要的设备、仪器、材料：TJSD-750-Ⅱ型土壤坚实度测定仪（图 5-50）、计算机、打印机、工作服、工作鞋等。

（2）工量具：铁锹或铁铲等。

（3）教学资料：任务评价表、记录表、铅笔、资料夹等。

（4）技术资料：TJSD-750-Ⅱ型土壤坚实度测定仪用户使用手册。

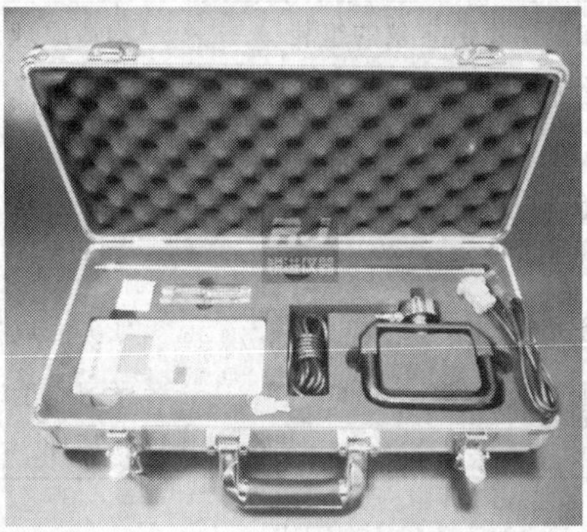

图 5-50　TJSD-750-Ⅱ型土壤坚实度测定仪

【任务实施】

一、任务描述

TJSD-750-Ⅱ型土壤坚实度测定仪测量指定地块土壤坚实度，并进行记录完成数据采集。

二、实施步骤

（一）TJSD-750-Ⅱ型土壤坚实度测定仪的组装

由于本次实验为直接测量土壤电导率，采用的是不锈钢测量杆。测量前，将电极与土壤坚实度测定仪相连接，并将电池装入测定仪。

（二）土壤坚实度的测量

（1）选取地块测量点，测量点位置要避开路边、田埂、沟边、肥堆等特殊部位。

（2）将欲测量的土壤表面整平，然后将测量杆器尖端部分全部插入土壤中。

（3）垂直顺向拔出土壤硬度计，从表上读取硬度指示值，并读取通过内置 GPS 定位系统实时显示的测量点的位置信息（经纬度），记录。

（4）读取测量值完毕，将指示表归零，将测量杆头部土壤清理干净。为保证测量值准确，需在同一个点上至少测量三次，在同一个地块上应选取不同的点进行测量。

(三)仪器复位和测量点回填

测量完毕，使用清洁、干燥的软布清洁土壤坚实度测定仪外部，用专业清洁液清洁不锈钢测量杆。将土壤坚实度测定仪及测量杆放回仪器箱内。用铁锹将测量点回填、压实，并将铁锹清理干净，放回原处。

(四)数据导出并整理

测量完毕，将测量时每次采样的数据存储到主机上，可将 RS232 接口与计算机连接，导出数据后存储并打印；利用定位数据在计算机中绘制土壤坚实度分布图。

【任务评价】

以学习小组为单位，按照项目、内容和标准进行评价，见表 5-14。

表 5-14 测试土壤坚实度评价标准

评价项目	评价内容	评价标准
土壤坚实度测定仪的组装	构造原理认知	每错一处扣 1 分
土壤坚实度的测量	操作方法	操作方法正确。每错一处扣相关专业知识与任务完成情况分
土壤坚实度的数据导出及整理，坚实度分布图的绘制	操作方法	同上
任务完成	任务完成情况和实验报告	根据实验报告填写情况进行评分
职业素养	学习态度、团队协作、自我管理、创新精神	根据自评与互评记录、小组活动记录进行评分

【任务巩固】

1. 土壤坚实度车载测试系统的组成部分有哪些？
2. 土壤坚实度车载测试系统各部件的作用是什么？

模块 6　精准农业技术集成与应用

项目 1　精准农业技术集成

精准农业技术是在地学空间和信息技术支撑下的集约化和信息化的农业技术，通过综合集成电子信息、农业工程、农业生物等多种科技成果，直接为农业生产服务。精准农业技术被认为是 21 世纪科技含量最高、集成综合性最强的现代农业生产管理技术。它是一个复杂的系统工程，由信息获取技术、信息处理与分析技术、田间实施技术等部分技术组成，信息获取技术是前提和基础，信息处理与分析技术是关键，田间实施是整个系统的核心。它们共同组成了精准农业系统。

任务 1　信息获取、分析与决策

【任务描述】

将空间信息技术和地面探测技术获得的数据分别经过处理校正之后，进行整合。以地理信息系统技术为基础，将上述两个方面的数据按地理坐标进行整合。空间信息技术和地面探测技术获得的数据可以通过网络（有线、无线）直接传送到数据中心。数据中心将上述两个方面的数据进行整合与综合分析并作相应的对策分析。

【任务目标】

1. 理论目标：知道精准农业集成了哪些方面；掌握空间信息技术与地面探测技术的融合。
2. 技能目标：掌握信息采集、信息系统建立和分析。

【任务准备】

一、知识准备

（一）信息获取

信息采集与处理技术是获取各种信息的重要手段。精准农业的实现首先在于认识农田小区内农作物生长环境和生长情况的差异，而这必须依赖于各种先进的传感器，如土壤容重、土壤坚实度、土壤含水量、土壤 pH、土壤肥力（N、P、K 含量）、大气温度、大气湿度、风速、太阳辐射、作物生长情况、作物产量等。随着现代科学技术的发展，各种非接触快速测量传感器和智能化传感器的开发为精准农业提供了全新的技术支持。精准农业有关数据的采集主要由两大部分组成,包括空间信息技术和地面快速探测技术。两者在实际应用中可以达到优势互补,从发展趋势看采用空间信息技术进行信息采集可以降低信息采集的成本。

1. 空间信息技术

空间信息技术包括遥感技术系统、卫星定位系统、地理信息系统、地面接近地表遥测技术系统,及田间自动监测技术系统等。遥感技术系统包括各类卫星和航空遥感技术,可以提供播种面积、长势、洪涝、病虫害及营养的宏观空间信息。卫星定位技术系统提供精确的位置,它不仅可以装载在农业机械上进行移动定位而且也可随身携带定位。遥测技术系统是指田间按一定范围设置摄像机或红外监测仪等,对农田进行定点定时监测,还有土壤湿度和土壤养分自动测定仪,将它埋于土壤的一定深度处,定时将自动监测结果传输到分析中心。地理信息系统技术用于将上述测到的全部数据进行整合和管理。它的功能是将全部数据按空间和时间分别进管理和综合显示或可视化。这些数据用于进行决策分析。

2. 地面探测技术

地面探测技术主要是指安装在农业机械上的快速自动探测化技术,如装置在农业耕作机械上的土壤湿度、土壤养分自动快速探测技术等。如机械进行耕整地作业时,加上自动定位仪及其他测试传感器,作业时即可测得具有空间位置土壤湿度、养分等数据,这些信息可以在线记录或通过无线传输传送给分析中心。

空间信息技术与地面探测技术所获得的数据是相互补充和互相印证的,从而达到确保数据质量的目的。空间信息技术获得的数据多数是地表的数据,而地面探测技术可以获得地表以下一定深度处有关土壤理化特性的数据,实际应用中两者相互补充是十分必要的。

(二)信息处理与分析

主要包括以下 3 个方面。

1. 数据分析

空间数据具有表层的特征,而地面探测技术所获得的数据是反映局部区域内地表以下一定深度处的土壤湿度和养分。两者结合后可以更大范围地反映出其他地方的土壤水分和养分。对所获得的数据进行及时的综合分析,还可以获得不同农作物的播种面积、长势、病虫害状况和对不同作物进行产量预报,依据这些信息可以绘制出相应的信息填图。它们主要包括:

(1)产量数据分布图。由于产量数据是通过连续采样获得的,数据的记录形式是一些以地理坐标为基础的点状数据,因此必须通过数值滤波的方法首先剔除掉由于机械转弯或者收割机发生故障前记录的一些无效数据记录点,通过采用统计学的方法对所有数据进行统计分析,然后通过空间插值的方法得到整个地块的产量分布趋势图。

(2)土壤数据分布图。由于土壤采样是非连续的采集,需要估计采样点之间的数据,这种估计过程称为插值,即用已知采样点的土壤数据估计相邻未采样点的土壤数据的一种方法。常用的插值方法有:最近相邻、局部平均、距离倒数加权、等高线和克里格等。当土壤采样点数较多时,以克里格方法最好。该方法利用半方差图确定土壤数据变化程度和合理的采样间距。当实际采样间距大于合理的采样间距时。就不能保证插值精度,这时可用其他方法处理。

(3)苗情、病虫害分布图。由于该数据采样既不像产量测量连续采样,也不像土壤采样以栅格采集土样,而是在行走中,人为定点,记录数据。这样的数据处理一般采用趋势面分析,即用某种形式的函数所代表的曲面来逼近该信息的空间分布。趋势面分析从总体上反映苗情、病虫草害的空间变化性趋势。未来的发展趋势是将数据采集和数据分析统一起来,将田间观测者的地理位置和田间观测数据通过便携 PC 和天线发往办公室 PC,利用软件自动生成田间数据分布图。

2. 空间对策技术

根据土壤湿度、土壤养分、种植作物类型、长势和病虫害等要素分布图,采用变量耕作、变量施肥、变量喷药、变量灌溉、变量播种机器及空间计量收割装置等,根据"精准农业"原则进行按需施用,不同地块的灌溉用水量、施用肥料的量与质(肥料品种)及喷洒农药的质与量都是不同的。农作物的产量也是按不同地块计量的,最后生成产量分布图。

3. 决策和控制技术

根据田间采集到的不均衡空间分布数据及有关作物其他信息,经过决策分析来控制投入方式和施用量。通过数据分析技术获得"诊断"数据,如哪个地块需要灌溉,量是多少?哪个地块需要排水,排多少?哪个地块需要施肥,施什么肥,施多少,哪个地块需要喷药,喷什么药,量多少,然后将分析和决策数据绘制成空间分布图。

由于各地的具体条件不一,因此不可能应用一种决策方法处理这些获得的数据,要实现这一过程,就需要建立决策支持系统。决策支持系统是根据农业生产者和专家在长期生产中获得的知识,建立作物栽培与经济分析模型、空间分析与时间序列模型、统计趋势分析与预测模型和技术经济分析模型,利用 GPS、RS 获得的各种信息及 GIS 建立的数据库,针对小区内农作物生长环境和生长条件时间和空间上存在的差异,作出分布式投入决策,即生成田间投入处方图(treatment map)。决策支持系统 DSS 综合了专家系统 ES(expert system)和模拟系统 SS(simulation system),因此能为精准农业的实施提供正确的决策支持。

决策支持系统可按以下 3 种方式操作:①GIS 和模拟模型单独运行,通过数据文件进行通讯。②建立一个通用接口,实现文件、数据的共享和传输。③将模拟模型作为 GIS 的一个分析功能。GIS 作为存储、分析、处理、表达地理空间信息的计算机软件和精准农业技术与应用平台,其空间决策分析一般包括网络分析、叠加分析、缓冲区分析等。作物生长模拟技术是利用计算机程序模拟在自然环境条件下作物生长过程。作物生长环境除了不可控制的气候因素外,还有土壤肥力、墒情等可控因素。GIS 提供田间任一小区、不同生长时期的时空数据,利用作物生长模拟模型,在决策者的参与下,提供科学的管理方法.形成田间管理处方图,指导田间作业。

二、资料准备

(1)当地有关精准农业技术的设备:北斗/GPS 双系统定位,农田信息采集仪采用 SIM2000C 无线数传模块;温湿度的测量采用 AM2302 传感器,AM2302 是一款湿敏电容数字式环境温湿度传感器,内部集成高精度测温器件和电容式感湿器件;光照强度的测量采用 GY30 数字式光照强度传感器,用于获取实时的光照强度值。CO_2浓度的测量采用 MH-Z14A 红外传感器,它利用非色散红外原理对环境中的 CO_2浓度进行探测。土壤湿度、土壤温度、土壤电导率的测量采用 SMET-2 型传感器,SMET-2 是一款土壤水分、温度、电导率三合一的土壤传感器,具有湿度补偿、温度补偿和电导率补偿算法,采用 485 接口与微控制器连接,微控制器采用 MODBUS-RTU 协议与土壤传感器通讯,设置并得到测量的土壤数据。地物光谱仪和多光谱相机。

(2)与本任务相关的各类材料:多种遥感信息、多光谱遥感信息。

【任务拓展】

无人机+遥感=精准农业的新突破

【任务实施】

一、信息采集

(一)遥感信息采集

遥感在精准农业中的主要用途,在于利用高分辨率遥感信息,获取小区域长势与背景的差异,从而提供精准农业实施定位处方农作所需的信息。

(1)作物长势及其背景的监测:运用高分辨率(米级分辨率)传感器,在不同的作物生长期,实施全面监测,根据光谱信息,进行空间定性与定位分析,为定位信息采集与处方农作实施提供基础依据。

(2)作物冠层多光谱监测:运用地物光谱仪和多光谱相机获取的信息,监测叶绿素密度变化,并分析其变化与养分的关系。

(3)测定叶绿素的含量:该项工作与光谱测量同步,对鲜叶生物量及叶绿素含量进行测量,测定叶绿素 a、叶绿素 b 的含量,分析叶绿素含量与反射光谱的关系。

(4)应用多种遥感信息,分析叶绿素含量、叶绿素密度与干物质积累的关系。

(5)运用多光谱遥感信息(红外波段),在有作物条件下监测土壤水分含量。

(二)非遥感信息采集

非遥感信息采集包括场区小气候采集、土壤理化性质数据采集和作物生长环境及要素数据采集 3 大部分。由于土壤的本底调查和场区小气候采集将纳入农田 GIS,因此,这里主要介绍影响作物生长和产量的主要动态要素——水、肥、杂草、病虫害等探测要素。

1. 采集项目

农田土壤水分和作物叶片水势;农田杂草的种类和密度;农田作物病虫害的类型和规模;作物长势和产量。

2. 采集样点布置

农田数据采样点的布置需要根据精准农业作业规模合理确定,到目前为止还没有统一的标准。因此采样点的布置应当根据当地的现实情况,在实践中总结完善。

3. 采集的数据项

(1)土壤水分和作物叶水势:土壤含水量(深度 0~15 cm,15~40 cm,>40 cm)、田间持水量、土壤水分渗漏量、作物叶片水势。

(2)土壤养分:土壤全 N、P、K,土壤速效 N、P、K,土壤有机质。

(3)农田杂草:杂草种类、分布及密度。

(4)农田作物病虫害:农田作物病虫害类型、阶段、分布及规模。

(5)作物长势:田间作物长势指标,与用遥感技术监测的作物长势相互验证。

(6)其他:作物光合与呼吸速率、作物叶面积、作物冠层温度、作物的叶面气孔阻力。

二、农田地理信息系统的建立

农田地理信息系统是实现精准农业概念的核心系统，管理精准农业所有信息，进行农作空间分析，给出准确可靠的农事操作方案。目前用于精准农业的地理信息系统多是以国外流行的地理信息系统软件作为平台，建立的系统除具有一般地理信息系统的功能外，还需要有与信息采集、遥感信息、农机控制等系统的接口功能。

数据库是精准农业农田地理信息系统的基础，数据来源于地理背景、本地调查、实时农田采集以及经济数据。主要的数据库有：

(1)地理背景数据库：精准农业应用区域的地形图和全要素底图，农业设施，科学气象站、境界，地形和土地利用(耕地、园地、林地、草地等)等。

(2)GPS数据库：GPS控制点，土壤、环境、水分等采样点的GPS点数据。

(3)土壤数据库：土壤类型、土壤剖面、土壤质地、耕作层与A层厚度、土壤养分淋洗、土壤容重、土壤养分(土壤有机质、全氮、全磷、全钾、碱解氮、速效磷、速效钾)、土壤微量元素(硼、锰、铜、锌等)、土壤含水量、土壤渗透性、田间持水量数据等，与地理背景数据叠加可以形成土壤要素空间分布图，不同深度土壤图等。

(4)环境数据库：水(井水)、土壤、植物、空气等，分析铅、汞、镉、砷、总氮、速效氮、总磷、速效磷、有机质、有机磷等项目。

(5)气象资料数据：经纬度、海拔、日照时数、日平均温度、日温度极值、空气相对湿度、风速、日降水量、水汽压等。

(6)作物数据库：作物种类、作物品种、生态适应性，生长发育，农艺形状，抗性，品质，作物营养需求(水分、养分等)，病虫害等。

(7)农业生产条件数据库：化肥投入、灌溉条件、播种面积、种植制度、产量水平、农药使用量、价格等。

(8)化肥农药数据库：品名、价格、形状、作用等。

(9)影像数据库：航片、卫星数据等。

三、信息处理

信息处理技术的特点是应用地理信息系统将土壤和作物信息资料整理分析，制成具有时效性和可操作性的田间管理信息系统，在此基础上利用全球卫星定位系统、遥感技术以及计算机自动控制技术，根据空间每一操作单元的具体条件，通过调整资源投入量，达到增加产量、减少投入、保护农业资源和环境质量的目的。同时在农田经营管理决策的环节上，可根据不同情况选择"单纯获取高产""以适量投入，获取较好经营利润"或"减少资源消耗、保护生态环境"等多种不同优化目标。这项技术的构成包括空间定位的农作物产量信息采集技术、土壤信息定时采集技术、农田地理信息系统定时更新技术及空间定位的农业投入控制系统等。

不同信息的合理耦合是精准农业信息处理的关键，过去生产决策方案的制定多是从待决策地块中选择有代表性的点的信息进行决策，利用这种方式制定的决策方案是以点代面。而精准农业制定决策的过程中，和传统方法相比由于获取的信息数量大，而且每一信息都带有位置坐标，这样依靠传统的逐点人工决策需要耗费大量的人力与物力。

通过实现GIS与专家系统(ES)的耦合。就可以把专家的知识及有关作物的生长模型融入到生产决策方案的制定过程中,这样对每一取样点的具体情况做出决策,通过计算机插值分析得出整个区域的决策方案。在这个过程中依靠已有的专家知识,利用这些专家知识进行推理决策,可以提高决策的科学性。图 6-1 和图 6-2 分别是小麦和玉米生产管理计算机专家系

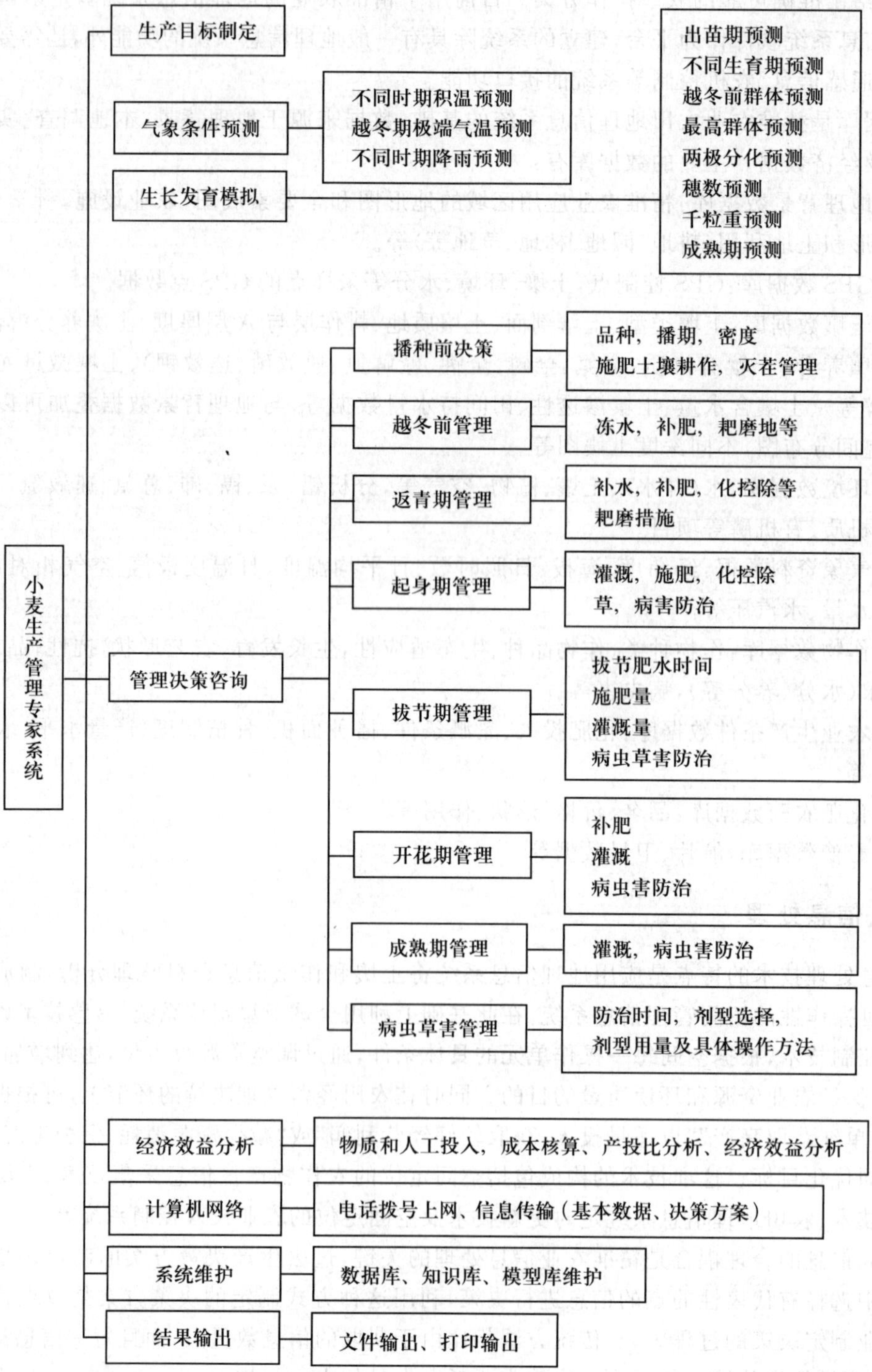

图 6-1　小麦管理专家系统

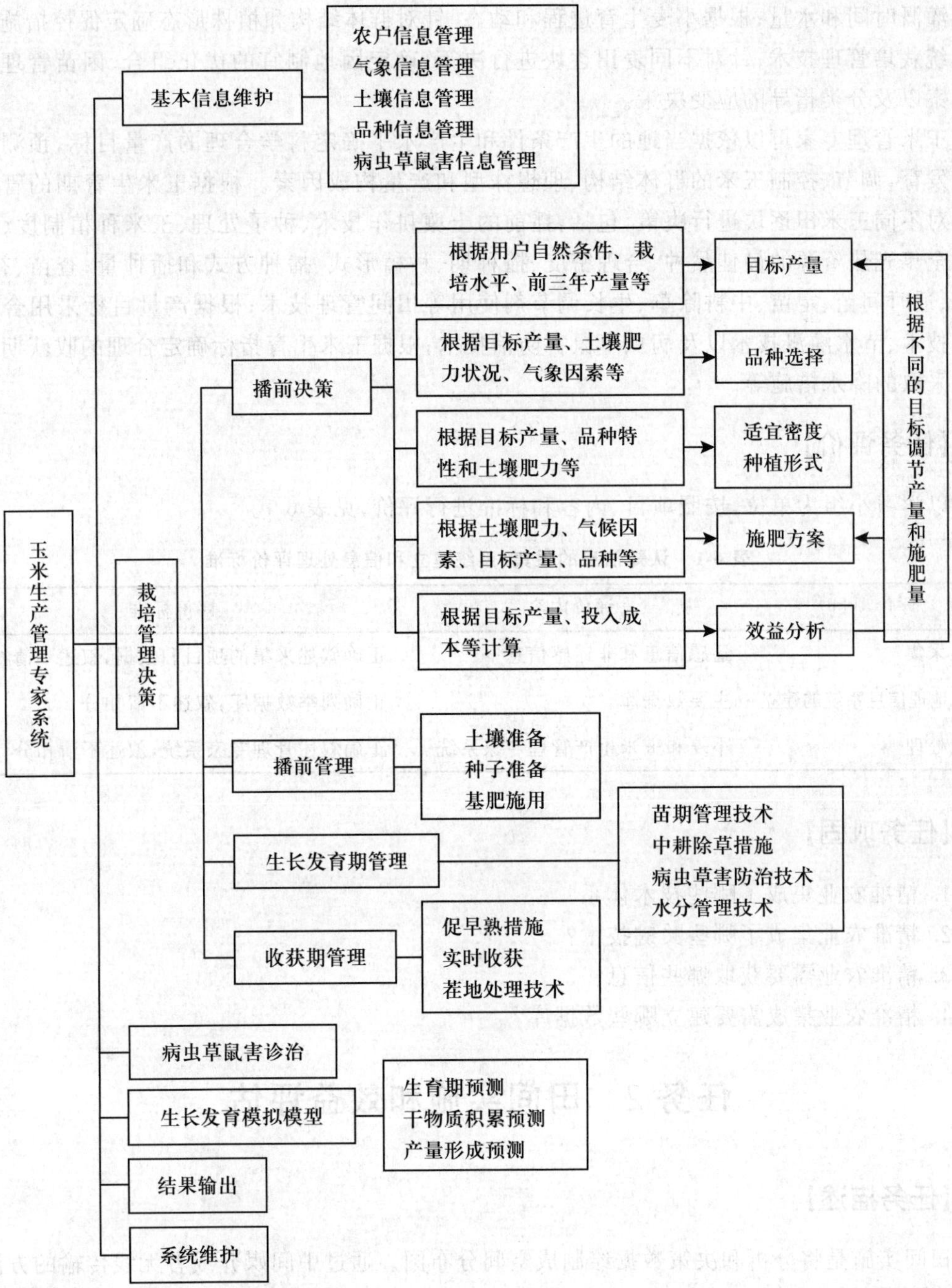

图 6-2　玉米生产管理专家系统

统的决策过程及决策内容。小麦管理专家系统可为制定产量目标提供科学依据。按产量设计程序,实现计划生产。提高科学管理的预见能力,及时预测预报小麦的生长发育,有预见地调节、控制小麦的群体结构、理想株型和产量构成因素,增加有效生长和有效积累。专家系统可以推荐适合该区域种植的优良作物品种;针对地力基础和目标产量确定施肥数量、元素配比和施肥方法;针对播种时间和肥力水平确定合理种植密度;针对土壤墒情、天气降水和苗情长势确定灌溉时间和水量;根据小麦生育进程和动态,针对群体结构和植株形态确定促控措施等综合系统栽培管理技术;针对不同麦田逐块进行决策,确定因地制宜的优化组合、因苗管理的最佳方案以及分类指导的应变决策。

玉米管理专家可以依据当地的生产条件和生产水平确定科学合理的产量目标,预测玉米生长发育,调节、控制玉米的群体结构、理想株型和产量构成因素。根据玉米生育期的管理要求针对不同玉米田逐块进行决策,包括:播前的土壤耕作技术、种子处理、玉米种植制度、充分利用全年光热资源的最佳品种、合理密度、播种期、种植形式、播种方式和播种量;查苗、补种、补栽、适时间苗、定苗、中耕除草、生长调节剂使用等田间管理技术;根据产量目标采用合理的施肥技术、节水灌溉技术以及病虫草鼠害防治技术;根据玉米生育指标确定合理的收获期和收获后采取的降水措施等。

【任务评价】

以学习小组为单位,按照项目、内容和标准进行评价,见表 6-1。

表 6-1 认知信息的采集、系统建立和信息处理评价标准

评价项目	评价内容	评价标准
信息采集	遥感信息和非遥感信息	正确叙述采集的项目和数据,叙述不清扣分
农田地理信息系统的建立	主要数据库	正确列举数据库,叙述不清扣分
信息处理	小麦和玉米生产管理专家系统	正确叙述管理专家系统,叙述不清扣分

【任务巩固】

1. 精准农业集成了哪些技术体系?
2. 精准农业集成了哪些关键技术?
3. 精准农业需要获取哪些信息?
4. 精准农业集成需要建立哪些数据库?

任务 2 田间实施和效益评估

【任务描述】

田间实施是将分析和决策数据绘制成空间分布图。通过中间媒介或者无线传输的方法把决策信息传输至变量作业机械的控制系统内。使机械在作业过程中自动地实现变量灌溉、变量施肥和变量喷药。这一过程直接影响“精准农业”技术的实践效果。

【任务目标】

1. 理论(应知)目标:田间实施的“硬件”和核心。
2. 技能(应会)目标:精准农业实施过程。

【任务准备】

一、知识准备

信息获取技术、信息处理与分析技术、田间实施技术3部分技术都是精准农业不可或缺的组成部分。将3者有机集成才能实现精准农业的目标。图6-3为精准农业信息技术集成示意图。

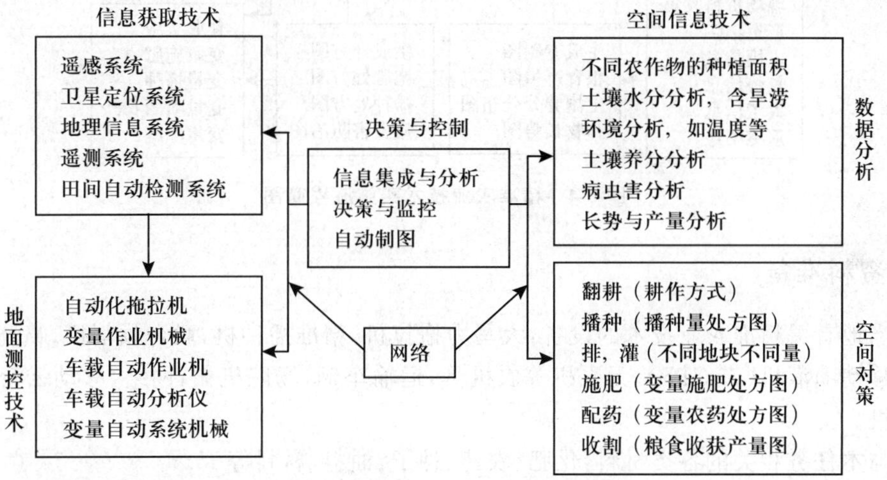

图6-3 精准农业技术集成示意图

精准农业技术实施的精准种植操作过程包括如下几方面主要内容。

(1)在第一年收获的时候,利用带GPS和产量传感器的联合收割机,获得农田小区内不同地块的作物产量分布,将这些数据输入计算机,可获得小区产量分布图。分析产量分布图,获得小区作物产量分布的差异程度。

(2)根据产量分布图,对影响作物生产的各项因素进行定性分析,如前所述的土质、土壤耕作层深度、土壤含水量、肥料施用、栽培情况、虫害、病害、杂草等,将所有这些数据输入计算机,利用GIS系统,对照产量分布图,结合决策支持系统,确定产量分布不均匀的原因,并制定相应的措施,生成田间投入处方图。

(3)根据田间投入处方图生成相应农业机械的智能控制软件,根据按需投入的原则实施分布式投入,包括控制耕整机械、播种机械、施肥机械、植保机械等实施变量投入。

(4)在第二年收获时,再按上述过程,并根据产量分布图,分析农田小区总产量是否提升,小区内作物产量差异是否减小,然后制定新的田间投入处方图。如此经过几次循环,即可达到精准种植的目的。

分析这一操作过程可以看出,精准农业技术实施主要是包括3个方面的内容:信息采集、信息处理和田间变量实施,它们之间的相互关系见图6-4。下面主要从这3个方面总结国际上与变量作业机械有关的研究与应用进展,并据此阐述我国在这方面的发展趋势。

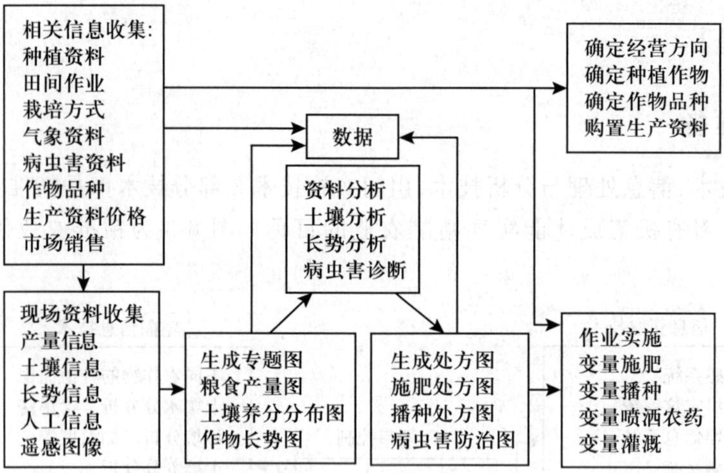

图 6-4　精准农业技术实施流程简图

二、资料准备

(1)当地有关精准农业技术的设备:大马力拖拉机,精准播种机,联合收割机,喷药机,变量施肥机,移动喷灌机(带 GPS),无人机等农机具,运输车辆,场院机械,网络、移动云台、固定云台、计算机。

(2)与本任务相关的各类材料:化肥、农药、种子、油料、材料等。

【任务拓展】

什么是“智能农机”?

【任务实施】

一、田间实施

现代工程装备技术是精准农业技术体系的重要组成部分,是“硬件”,其核心技术是“机电一体化技术”;在现代精准农业中,应用于农作物播种、施肥、农药喷洒、精准灌溉和联合收割机计产收获等各个环节。

1. 精准播种

将精准种子工程与精准播种技术有机结合,要求精准播种机播种均匀、精量播种、播深一致。精准播种可使作物在田间获得最佳分布,为作物生长和发育创造最佳环境,从而大大提高作物对营养和太阳能的利用率。

2. 精准施肥

要求能根据不同地区、不同土壤类型以及土壤中各种养分的盈亏情况,作物类别和产量水平,将 N、P、K 和多种可促进作物生长的微量元素与有机肥加以科学配方,从而做到有目的地施肥,既可减少因过量施肥造成的环境污染和农产品质量下降,又可降低成本。要求有科学合理的施肥方式和具有自动控制的精准施肥机械。

3. 化学农药精准喷洒

化学农药精准喷洒是根据田间杂草的分布情况在杂草分布的地方喷洒农药，在没有杂草的地方不喷洒农药。化学农药喷洒时根据田间杂草分布处方图，通过计算机程序或者人工半自动方法按照喷洒处方图实现化学农药的喷洒。通过上述方法尽量减少化学农药的使用数量，减少化学农药对环境造成的污染。

4. 精准灌溉

在自动监测控制条件下的精准灌溉工程技术，如喷灌、滴灌、微灌和渗灌等，根据不同作物不同生育期间土壤墒情和作物需水量，实施实时精量灌溉，可大大节约水资源，提高水资源有效利用率。

5. 联合收割机计产收获

利用联合收割机上安装的产量计产系统对作物产量进行实时记录。利用这些带有地理位置坐标的产量及谷物水分数据可以了解目前管理条件下，土地对于投入的响应情况，为今后生产管理措施的制定提供决策依据。

二、效益评估

精准农业生产系统的建设，在使生产能力大幅提升的同时，也将产生巨大的经济效益与社会效益。

1. 经济效益分析

通过农机定位导航与作业监控设备和农机精准作业控制设备的配套，以及精准农业生产管理服务平台的建设，可产生可观的直接经济效益。

一是通过基于卫星定位的农机自动导航技术的应用，将大幅度降低作业垄间重叠、遗漏，平均直接效益在 90 元/hm^2左右。

二是通过变量施肥系统进行施肥，与原来传统施肥方式相比，节约肥料 30 kg/hm^2。

三是通过玉米精量播种作业控制技术的应用，可大大提高播种质量，保证播种均匀、深浅一致，可实现节省种子 3.75 kg/hm^2，节省人工间苗费 300 元/hm^2。

四是通过农机作业监控技术和分公司精准农业生产管理服务平台的应用，可大大提高生产管理效率，降低农机空跑率，减少燃料动力与人员投入，也将带来显著的经济效益。

2. 社会效益分析

一是进一步提升我国农业生产管理水平。精准农业充分挖掘每一寸土地的生产潜力，根据每一作业单元的土壤情况，因地制宜投入农业措施，可以最大限度地挖掘土地的生产潜力。精准农业根据每一操作单元的具体情况精细准确地调整肥、水、药等管理措施的投入量，有利于提高肥、水、药的利用率。采用精准农业技术思想，提高肥、水、药等农业资源的利用率，避免了过量投入对农田环境的污染和生态的破坏，促进农业生产的可持续发展。

二是促进我国农业向智能化、现代化方向发展。形成农业生产全程精细管理和精细作业技术的协同工作模式，创建一种全新的产前、产中、产后全程管理的方式。

精准农业生产系统建设的尝试，将带动农机装备水平的大幅提升，也为粮食综合生产能力的进一步提高起到了保障作用。这一举措将有效地提高劳动生产率、土地产出率和资源利用率，必将引领和带动现代化大农业的快速发展。

【任务评价】

以学习小组为单位，按照项目、内容和标准进行评价，见表 6-2。

表 6-2　认知田间实施和效益评估评价标准

评价项目	评价内容	评价标准
田间实施	现代工程装备	正确列举工程装备技术，叙述不清扣分
效益评估	经济效益和社会效益	正确叙述效益指标，叙述不清扣分

【任务巩固】

1. 请指出精准农业实践过程，精准农业田间实施包括哪些内容？
2. 精准农业能产生哪些效益？

项目2 精准农业实践过程

任务1 建立农田信息管理平台

【任务描述】

农田信息管理平台建设的总体目标是：采用先进的“3S”技术和空间数据库技术，以计算机网络为基础，以数据库为核心，建立一个集 RS、GIS、GPS、MIS、ES 等技术于一体，准确、高效、快速、全面、规范的农业管理信息系统。充分利用 GIS 的技术特点和优势，使农业资源信息采集、信息发布、动态监测、分析、管理、决策与空间信息管理融为一体，直观、形象、动态地显示各种农业资源的空间分布状况以及变化趋势等。

【任务目标】

1. 理论目标：农田信息管理平台总体框架；管理平台的逻辑结构。
2. 技能目标：建立农业信息管理平台过程。

【任务准备】

一、知识准备

(一)平台总体框架

农业管理信息系统按照农业管理需要设计，包含农业信息采集、存储、管理、服务、应用分析等内容。系统总体框架结构如图 6-5 所示。

(二)逻辑结构

农业管理信息系统分为三个逻辑层次，自上向下依次为：信息表示层、系统功能层、系统支撑层，如图 6-6 所示。信息表示层主要完成用户的各类请求，最终将结果输出并显示。系统功能层是整个系统的核心，完成整个系统的应用功能。系统支撑层提供支持系统运行的各种环境，如计算机网络、通信设施、数据库、模型库、方法库、知识库、GIS 系统以及各种开发工具等。

(三)数据库架构

农业综合管理需要大量的数据做支撑，其中包含大量的实时监控(测)数据、基础农业资源数据、地理信息数据和遥感影像数据等。根据数据不同来源及应用方式，将综合数据库从逻辑上划分为空间数据库、基础业务数据库、农业管理业务数据库、决策业务数据库、模型库、预案库、专家知识库。

空间数据库内容分为：基础电子地图、农业专题电子地图。基础电子地图主要包括：行政区划图、重点经济和政治目标分布图、居民分布图、道路交通图、社会经济状况分布图、常规组织机构分布图、地形图、DEM 数字高程模型、土地利用图、下垫面特征图等；专题电子地图则可

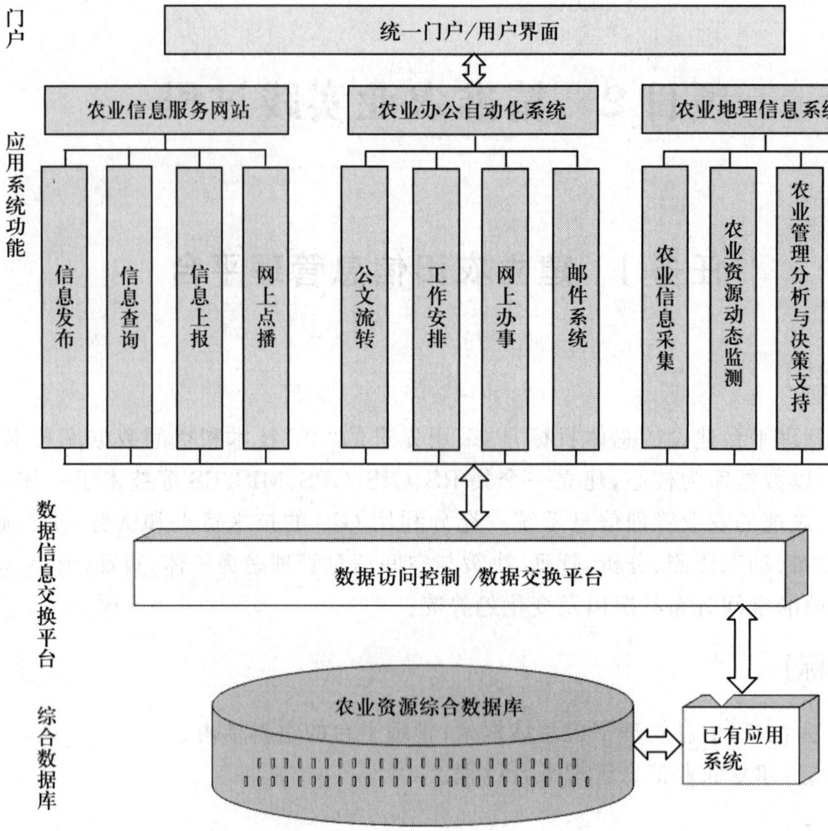

图 6-5 系统总体结构图

划分为:农作物产量分布图、农作物分布图、土壤养分分布图、土壤水分分布图、农田规划图、气候(降雨、气温)分布图、植株养分含量(N、P、K 等)分布图等。

基础业务数据库由气象数据库、土壤数据库、农作物数据库、农村数据库、水旱灾害数据库、病虫害数据库、土地利用数据库、农业科技数据库等组成。气象数据库包括:天气预报、灾害天气(高温、台风、暴雨、冰雹等)警示、卫星云图、降雨量等。土壤数据库包括:土壤含水率、SOM 含量、土壤耕作层深度、土壤结构、土壤阳离子交换能力(CEC)等。农作物数据库包括:农作物种植面积、长势、产量、农业产值等。农村数据库主要有农村人口情况、劳动力情况等。水旱灾害数据库主要有历次水旱灾害受灾情况、经济损失情况、人员伤亡情况、保险赔偿情况等。病虫害数据库主要有病虫害分布、病虫种类、名称、应对方法等。土地利用数据库主要是土地利用规划等信息。农业科技数据库主要有农业新技术、新品种、新方法、新政策等。

农业管理业务数据库主要存储农业管理单位日常办公涉及相关的业务数据,包括:各类公报文档、规划成果、行政法规、行业知识、农业事务管理等文字、图片、图表、影像数据。

决策业务数据库内容包括:农业资源评估数据库、农业生产评估数据库、病虫害预测数据库等。

模型库主要有土地评估模型、农作物估产、长势预测模型、病虫害预测模型施肥决策模型、灌溉决策模型等。

知识库包括概念性知识、事实性知识、规则性知识和规律性知识4类。

(四)系统架构

农业管理信息系统由农业信息服务网站、农业办公自动化系统、农业地理信息系统三部分组成。

1. 农业信息服务网站

农业信息服务网站是农业综合信息对外发布的窗口,可为互联网用户提供农业新闻、农业政策、产品推荐、科技推广等各方面的信息服务。

2. 农业办公自动化系统

农业办公自动化系统是实现农业办公网络化的平台,可为农业管理人员提供周到的工作安排、公文流转与处理、网上办事、邮件等服务。

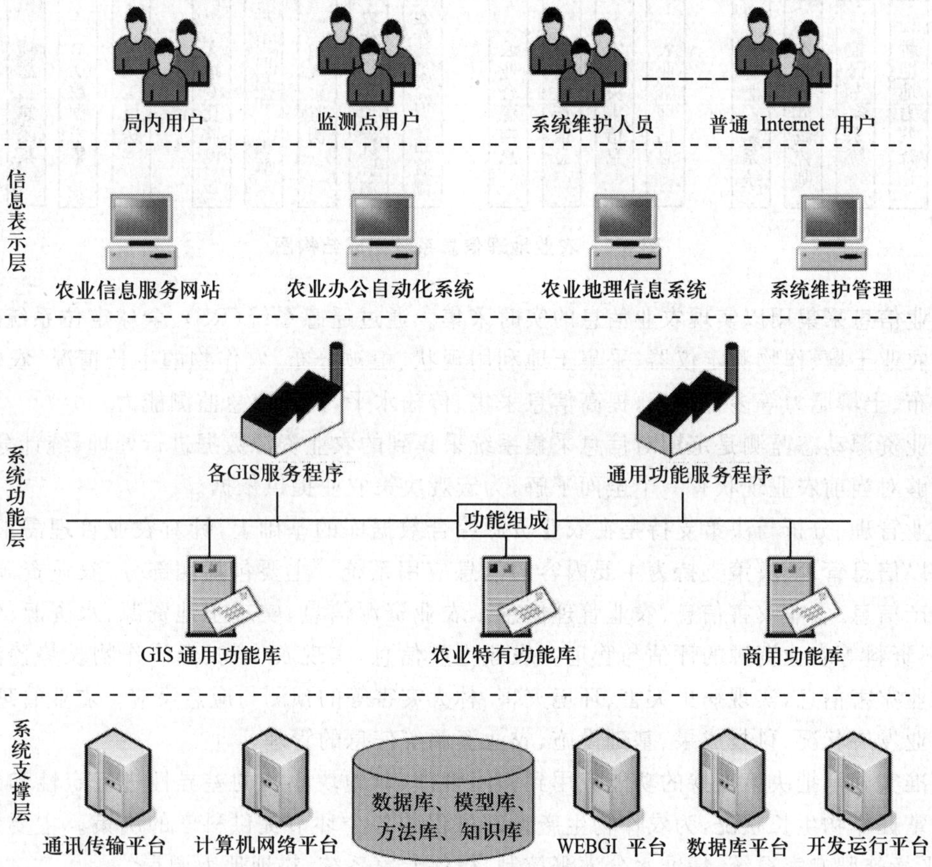

图 6-6 系统逻辑结构图

3. 农业地理信息系统

农业地理信息系统将遥感、地理信息系统、全球定位系统、计算机、自动化、通信和网络等技术与地理学、农学、生态学、植物生理学、土壤学等基础学科紧密地结合起来,形成一个包括对农作物、土地、土壤从宏观到微观的监测,农作物生长发育状况及其环境要素的现状进行定期的信息获取以及动态分析和诊断预测,耕作措施和管理方案在内的信息系统。将传统的农业生产管理提高到一个以快速调查和监测、适时诊断和分析、高效决策和管理为标志的全新的与信息时代相适应的现代化农业的新阶段。包括:农业信息采集、农业资源动态监测、农业管理、分析与决策支持、“精准农业”示范。如图 6-7 所示。

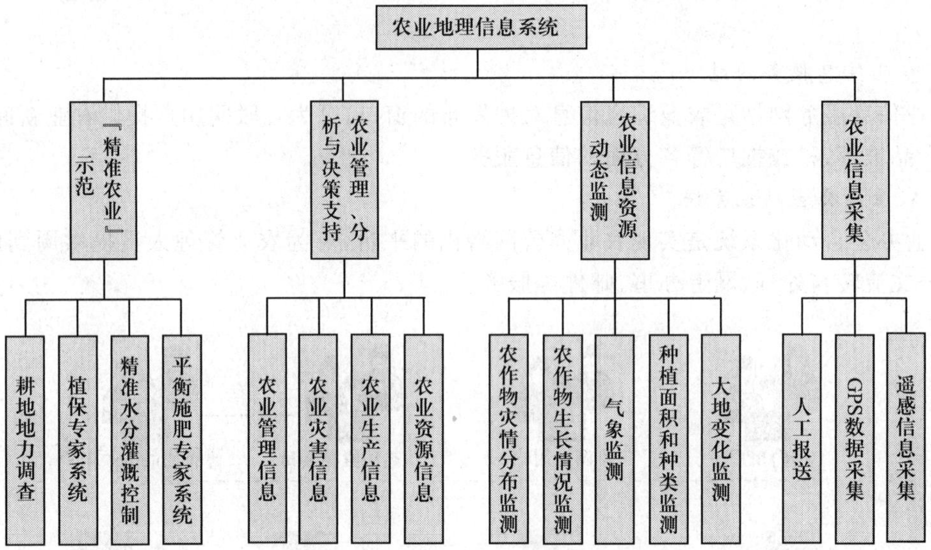

图 6-7　农业地理信息系统组成结构图

农业信息采集用以实现农业信息的实时采集。通过遥感系统(RS)、全球定位系统(GPS)和各种农业土壤、作物测定仪器,采集土地利用现状、植被分布、农作物的生长情况、农作物的灾情分布、土壤肥力等多种信息,提高信息采集、传输水平,提升应急监测能力。

农业资源动态监测是定期对信息采集系统采集到的农业资源数据进行处理、统计分析,使用户能够对当前农业现状有一个全面了解,为宏观决策农业提供依据。

农业管理、分析与决策支持是在农业资源综合数据库的基础上,针对农业管理需求,进行建设的以信息管理、决策支持为主要内容的信息应用系统。主要包括四部分:农业资源信息、农业生产信息、农业灾害信息、农业管理信息。农业资源信息,实现土地资源、水资源、气候资料、肥料资料等农业资源的评估与管理。农业生产信息,实现农作物、经济作物长势预测与估产。农业灾害信息,实现病虫灾害、环境灾害、林火灾害等的预测与应急反应。农业管理信息,实现农业发展状况、科技成果、基础设施、农业资源等信息的管理。

精准实施是把决策支持的功能应用到田间管理,对地块小区的差异性进行定性和定量的分析。掌握作物生长状况,为农作物生产管理过程的各个环节提供科学的决策。主要包括四部分:平衡施肥专家系统、精准水分灌溉控制、植保专家系统、耕地地力调查。

(五)平台功能

1. 农业信息服务网站

(1)信息发布。实现对涉农信息的后台管理、信息发布等功能。提供 Office 式的信息编辑后台管理,便于操作。

(2)信息查询。可通过网站实现对各种涉农信息的查询、检索。

(3)信息上报。信息上报建立农民、农村、农业基层管理单位与农业主管单位的“信息走廊”,可通过该“信息走廊”上报农业监测信息、农业生产信息、灾害信息等。

(4)网上点播。主要为农民、农业管理单位提供点播农业科技、农技讲座、法律法规的网上点播服务。

2. 农业办公自动化系统

(1)公文流转。主要实现农业农村部、省、市农业机构的公文流转和处理,以处理流程为主线,实现对整个公文处理过程的记录和规范。

(2)工作安排。包含通知、工作会议、工作任务、公务用车等安排。

(3)网上办事。实现对农药、兽药、饲料、农机、无公害农产品及绿色食品的认证审批等行政许可事项的网上申请与受理。具有网上咨询、投诉、结果公告等基本功能。

(4)邮件系统。基于本应用单位的内部邮件系统,便于邮件、短信等服务。

3. 农业地理信息系统

(1)数据采集功能。①遥感数据采集模块:主要用来对地面卫星接收站传回的遥感数据进行处理、入库。②GPS数据采集模块:接受和处理GPS数据。③人工报送模块:接收和处理人工报送数据。

(2)动态监测功能。①土地变化监测模块:对数据采集系统所收集到的数据进行处理、分析、分类,抽取出土地利用与变化的相关信息进行入库。②种植面积和种类监测模块:通过对数据采集系统采集到的数据进行处理、分析、分类,抽取出种植面积与种类的信息入库。③气象监测模块:通过对数据采集系统采集到的数据进行处理、分析、分类,抽取出气象信息入库。④农作物生长情况监测模块:通过对数据采集系统采集到的数据进行处理、分析、分类,抽取农作物生长情况入库。⑤农作物灾情分布监测模块:通过对数据采集系统采集到的数据进行处理、分析、分类,抽取农作物灾情分布入库。⑥土壤水分监测模块:通过对数据采集系统采集到的数据进行处理、分析、分类,抽取土壤水分信息入库。

(3)决策支持功能。①农业资源核算、清查、评估模型:该模型的主要目的是按照市场经济的原则,配置农业资源,追求效益的最大化。②土地评估模型:对土地的利用现状、土地生产潜力和土壤生态环境进行综合评价。③农作物的估产、长势监测模型:农作物的长势及产量与作物的生化指标有关,结合从遥感图像上提取相关的信息做出专题图,可以对大面积的农作物进行长势监测及估产。④病虫害预测、诊断及应急反应:通过地面观测网和遥感图像的多时相分析,可以获取作物是否受到病虫害的侵袭或缺素信息。

(4)"精准农业"示范功能。①平衡施肥专家系统:根据农田地理信息系统中大量的土壤肥力空间分布信息、前茬作物产量分布信息,以及利用遥感等手段获取的作物长势与营养状况等空间差异分布信息,实现地块内按实际空间差异分布进行定位、定量施肥。②精准水分灌溉控制:根据土壤水分信息、植株含水量信息以及气象信息,生成灌溉处方,自动调节水量,定点、定量控制某一地块的水分含量。③植保专家系统:以粮、棉、油、花、果、菜等经济作物为重点,以病、虫、草、鼠、药害为对象,进行鉴别、预测、防治工作。④耕地地力调查:根据耕地综合生产能力水平,土壤肥力水平及分布、土壤污染分布、农业投入对耕地质量的影响、耕地土壤适宜性等情况,为农业结构调整、农业生产提供重要依据。

(5)可视化分析功能。①空间查询:基于空间信息的查询功能,并能将查询结果以图文一体化报表的方式输出给用户。②基于空间信息的统计:通过设定时间、空间、属性条件进行统计,并将统计结果以图文一体的报表输出。③空间分析:对各种空间关系进行分析,并将分析结果以图文一体化的报表方式输出,为管理决策提供参考。④制图输出:对专题符号库进行增加、删除与编辑，显示农业专题图并打印农业专题图，农业专题图包括以矢量图、影像图和三维属性高程模型为基础的专题图。

(6)综合报表分析功能。①报表输出：根据用户的需求和提供的各种报表的格式设计出各种报表模板，以满足用户的不同要求。②报表分析：主要是通过建立各种模型，对数据进行分析，输出分析结果并对相关决策提供参考。

二、资料准备

(1)当地有关精准农业技术的设备：无线网络通信系统与智能传感器系统，软件配置：

服务器	Windows Server 2012/Windows Server 2019 服务器操作系统；
客户端	Microsoft Windows 7 专业版/ Microsoft Windows 9；
数据库	Oracle 9i＋ArcSDE；
桌面 GIS 软件	ArcGIS 10.7；
网络发布	ArcIMS 10.6.1。

(2)与本任务相关的各类材料：种植产品数据、土壤化肥数据等与电子地图进行关联。

历年土壤化验资料，历年气象资料，近年生产资料，历年统计资料，以及获取电子地图等。

【任务实施】

1. 实地调查、咨询专家

深入示范点的基层开展调查研究。了解基层概况、基本信息。制定调查方案，进行实地地调查与研究。了解用户对农田信息管理的需求。采取走访专家、开展座谈等多种形式，听取专家们对农田信息管理的看法与意见。

在示范点的基层单位采集各类信息。如，到土壤化验室采集历年土壤化验资料，到气象站采集历年气象资料，到生产科采集近年生产资料，到统计科采集历年统计资料，以及获取电子地图等，并对部分数据进行抽样检验。

2. 数据整理

对基层采集的数据进行归类和整理，将数据标准化，并进行初步的分析与处理。对电子地图进行整理，并进行格式转换。将各类数据，如种植产品数据、土壤化肥数据等与电子地图进行关联。

3. 无线传感器网络的部署

无线传感器网络集成无线网络通信技术与智能传感器技术，十分适合农业上数据传输与实时监测。在示范点田间部署若干点组成无线传感器网络，实时采集各类田间参数动态。

4. 开源软件选择

开源软件有开源、免费、稳定、高效等优点。利用一套开源软件构建综合信息管理平台。在平台方案设计过程中多方面考虑，选择一套合适的开源软件是综合信息平台开发的基础。它可以有电脑用户和手机用户，用户界面中有用户模块列表：调用功能模块、档案管理模块、气象信息模块、灌溉控制模块、墒情监测模块、视频监测模块。

5. 决策模型的选择与应用

在综合平台数据基础上应用数字决策模型，对生产环节进行智能决策是本系统的一个特色。根据生产选择合适的决策模型，是提高智能决策精度与水平的关键。例如，根据条田肥料数据，选择施肥推荐模型进行智能施肥推荐，以达到好作物各生育阶段，适宜的肥料供应。

【任务评价】

以学习小组为单位，按照项目、内容和标准进行评价，见表6-3。

表6-3 认知农田管理信息平台建设评价标准

评价项目	评价内容	评价标准
平台总体框架	结构组成	正确辨识结构组成，辨识不清扣分
逻辑结构	逻辑层次	正确辨识层次组成，辨识不清扣分分
数据库架构	知识要点	清楚归纳数据库类型，叙述不清扣分
系统架构	结构组成	正确辨识结构组成，辨识不清扣分
平台功能	知识要点	清楚归纳各个系统功能，叙述不清扣分

【任务巩固】

1. 农田信息管理平台包括哪些内容？信息管理平台的逻辑结构如何？
2. 怎样建立农业信息管理平台？

任务2 建立农业专家系统

【任务描述】

农业专家系统在产前根据用户的生产条件、生产目的因地制宜地为用户提供最佳或较佳的产量指标、效益指标以及达到指标的优化技术方案。不同的生产条件组合或生产目的应有不同的产量指标、效益指标及相应的技术方案，当某一生产要素或生产目的发生变化时，其产量指标、效益指标及技术方案应发生相应的变化。

在生产中对出现的问题，根据用户提供的信息进行推断，判断出问题出现的原因，并提供可行、有效的解决办法。

在产后能根据用户产品的数量、质量和市场的需求提供合理的贮、运、销、加工等的建议。

【任务目标】

1. 理论目标：农业专家系统构成。
2. 技能目标：组建农业专家系统。

【任务准备】

一、知识准备

(一)农业专家系统

农业专家系统(又叫农业智能系统),是运用人工智能的专家系统技术,并集成了地理信息系统、信息网络、智能计算、机器学习、知识发现、优化模拟、虚拟现实等多方面高新技术,汇集农业领域知识、模型和专家经验等,采用合宜的知识表示技术和推理策略,运用多媒体技术并以信息网络为载体,向农业生产管理提供咨询服务,指导科学种田。对提高农业科技文化素质,就地培训基层农技人员,促进农业科技推广体制现代化,推动农业可持续发展,改变传统农业向现代化农业转变意义重大,它是适合我国国情的精确农业,不仅适用于广大农村,建设各种种植业、养殖业专家系统,也是配备3S技术的精确农业的重要决策支持工具,是设施农业智能化、自动化的重要技术。

农业专家系统是一个具有大量农业专门知识与经验的计算机系统。它应用人工智能技术,依据一个或多个农业专家提供的特殊领域知识、经验进行推理和判断,模拟农业专家就某一复杂农业问题进行决策。典型的农业专家系统主要由知识库、数据库、模型库、推理机、知识库管理系统、解释器、用户界面7个部分组成。其中,知识库和推理机是农业专家系统最核心部分,这是任何一个农业专家系统都不可缺少的组成部分。知识库的质量直接影响到农业专家系统质量及可信度;推理机是农业专家系统的运行动力。而知识库管理系统则是对知识库中的知识进行检查和检索,还可以把推理过程中使用知识的实际情况显示出来,这是数据库管理系统中所没有的。知识获取是农业专家系统开发过程中的瓶颈,其主要任务是完成领域知识的收集与整理;解释器是用来向用户,特别是专用户,解释推理的结果和在推理过程中所发生的一切。

(二)专家系统特点

(1)启发性。能运用专家的知识和经验进行推理和判断。

(2)透明性。能解决本身的推理过程,能回答用户提出的问题。

(3)灵活性。能不断地增长知识,修改原有的知识。

(4)综合性。能解答种子、土肥、植保、农经等多专业问题,克服了单个农业专家的专业局限。

研发农业专家系统的主要目的是使计算机在农业领域中起农业专家的作用,对那些需要专家知识才能解决的难题提供相关专业权威专家水平的解答。

专家系统在世界农业领域中的应用始于20世纪70年代末,目前应用已遍及作物栽培管理、设施园艺管理、畜禽管理、水产养殖、植物保护、育种以及经济决策等各方面。专家系统在灌溉、施肥、栽培、病虫害的诊断与防治、作物育种、作物产量预测、畜禽饲养管理和水产养殖管理等方面,展示了广阔的应用前景。

(三)农业专家系统的类型

(1)农业专家系统按其功能和结构的主要特征,可分为:启发式专家系统;实时控制专家系统;基于模型的专家系统;专家数据库系统;专家系统开发工具。

(2)按涉及学科领域划分:作物栽培专家系统;农田施肥专家系统;植物保护专家系统;设施农业专家系统;新品种选育专家系统;畜禽水产养殖专家系统;水利灌溉专家系统;其他学科

领域的专家系统。

(四)农业专家系统的结构

如图6-8所示。

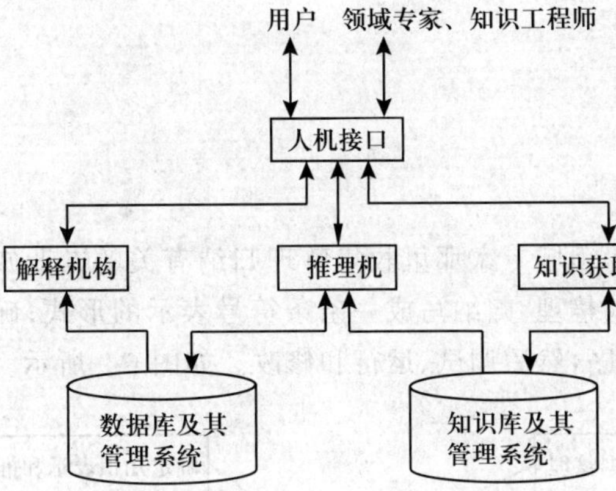

图6-8 系统结构图

其各部分构成的功能如下：

1. 知识库

知识库主要用来存放农业领域专家的专门知识。知识库是推理机工作的重要对象,其中知识表示的好坏直接影响着整个系统的工作效率。

2. 数据库(综合数据库)

综合数据库又称全局数据库或总数据库,它用于存储求解问题的初始数据和推理过程中得到的中间数据(信息),即被处理对象的一些当前事实。

3. 推理机

推理机用于记忆所采用的规则和控制策略的程序,使整个农业专家系统能够以逻辑方式协调地工作。推理机能够根据知识进行推理和导出结论,而不是简单地搜索现成的答案。它包括推理方法和控制策略两部分。

4. 知识获取机构

知识获取过程可以看作使农业专家的专业知识从知识源到知识库的转移过程。知识获取过程包括在知识库创建时识别出必要的知识并将其形式化,建成的知识库经常会发现有错误或不完整,所以知识获取过程还包括对知识库的修改和扩充。

5. 解释机构

它能够向用户解释农业专家系统的行为,包括解释推理结论的正确性和系统输出其他候选解的原因。

6. 人机接口

它能够使系统与用户进行对话,使用户能够输入必要的数据、提出问题和了解推理过程及推理结果等。系统则通过人机接口,要求用户回答提问,并回答用户提出的问题,进行必要的解释。

二、资料准备

(1)当地有关精准农业技术的设备:计算机、互联网等。

(2)与本任务相关的各类材料:各类软件系统、知识库、数据库、推理机。

【任务拓展】

精准农业解决方案

【任务实施】

一、开发过程

包括知识获取,即从农业领域专家那里收集整理归纳有关的专业知识和经验、数据,并经农业专家系统开发人员消化、整理、归纳写成一条条符号表示的形式;确定知识表示和推理方法;建立知识库;编写推理程序,然后调试、运行和修改。如图 6-9 所示。

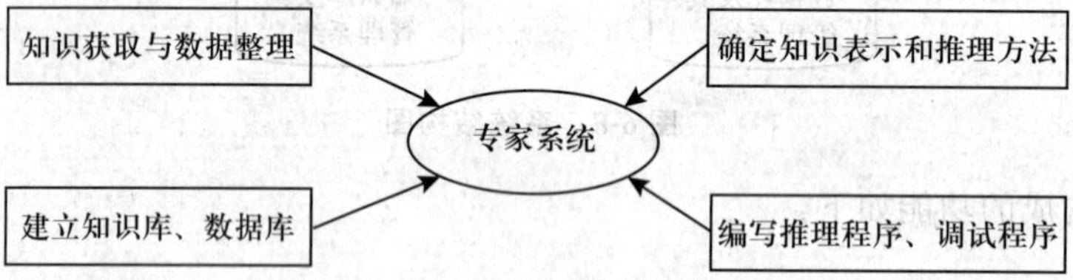

图 6-9　农业专家系统的开发过程

二、知识获取

(一)概念

在专家系统中,知识库的建造通常是知识工程师与领域专家密切配合的结果。领域专家自身或知识工程师与领域专家共同整理总结领域的知识和他们的实际知识、经验、模型及研究成果等,按所建专家系统规定的知识表示形式,整理成一个个知识单元,放入知识库,这种过程称之为知识获取。知识获取与知识表示、知识运用是建造一个专家系统的三个关键技术。

(二)知识获取的任务

知识获取的基本任务是为专家系统获取知识,建立起健全、完善、有效的知识库,以满足求解领域问题的需要。

1. 抽取知识

抽取知识是指把蕴含于知识源(领域专家、书本、相关论文及系统的运行实践等)中的知识经过识别、理解、筛选、归纳等抽取出来,以用于建立知识库。

包括人工分析方法、统计分析方法、自然语言理解方法和知识编译方法。

2. 知识转换

知识转换是指把知识由一种表示形式转换为另一种表示形式。

人类专家或科技文献中的知识通常是用自然语言、图形、表格等形式表示的,而知识库中的知识是用计算机能够识别、运用的形式表示的,两者之间有较大的差别。为了把从专家及有关文献中抽取出来的知识送入知识库供求解问题使用,需要进行知识表示形式的转换。

知识转换一般分两步进行:第一步是把从专家及文献资料抽取的知识转换为某种知识表示模式,如产生式规则、框架等;第二步是把该模式表示的知识转换为系统可直接利用的内部形式。前一步工作通常由知识工程师完成,后一步工作一般通过输入及编译实现。

3. 知识输入

知识输入是把用适当的知识表示模式表示的知识经过编辑、编译送入知识库的过程。目前,知识的输入一般是通过两种途径实现:一种是利用计算机系统提供的编辑软件;另一种是用专门编制的知识编辑系统,称之为知识编辑器。

前一种的优点是简单,可直接拿来使用,减少了编制专门的知识编辑器的工作。后一种的优点是专门的知识编辑器可根据实际需要实现相应的功能,使其具有更强的针对性和适用性,更加符合知识输入的需要。

4. 知识整理

包括知识的归类集中、知识的联网和知识的补充配齐三方面的内容。

5. 知识检测

知识库的建立是通过对知识进行抽取、转换、输入等环节实现的,任何环节上的失误都会造成知识错误,直接影响到专家系统的性能。因此,必须对知识库中的知识进行检测,以便尽早发现并纠正错误。另外,经过抽取转换后的知识不能存在知识的不一致和不完整等问题,需要通过知识检测来发现是否有知识的不一致和不完整,并采取相应的修正措施,使专家系统的知识具有一致性和完整性。

(三)知识获取的方式

按知识获取的自动化程度划分,知识获取可分为非自动知识获取和自动知识获取两种方式。

1. 非自动知识获取

与领域专家进行交流,阅读有关文献,获取专家系统所需要的原始知识。

对获得的原始知识进行分析、整理、归纳,形成用自然语言表述的知识条款,然后交领域专家审查。

最后确定的知识条款用知识表示语言表示出来,通过知识编辑器进行编辑输入。

知识编辑器是一种用于知识输入的软件,通常是在建造专家系统时根据实际需要编制。知识编辑器应具有以下主要功能:

把用某种知识表示模式或语言所表示的知识转换成计算机可表示的内部形式,并输入到知识库中;

检测输入知识中的语法错误,并报告错误性质与位置,以便进行修正;

检测知识的一致性等,报告非一致性的原因,以便知识工程师征询领域专家意见并进行修正。

2. 自动知识获取

自动知识获取是指系统自身具有获取知识的能力,它不仅可以直接与领域专家对话,从专家提供的原始信息中“学习”到专家系统所需的知识,而且还能从系统自身的运行实践中总结、归纳出新的知识,发现知识中可能存在的错误,不断自我完善,建立起性能优良、知识完善的知识库。因此,自动知识获取至少应具备以下能力。

(1)具备识别语音、文字、图像的能力;

(2)具有理解、分析、归纳的能力;

(3)具有从运行实践中学习的能力。

(四)知识的检测与求精

1. 知识的一致性与完整性检测

知识库的建立过程是知识经过一系列变换后存入计算机系统的过程,在这个过程中存在各种因素会导致知识不健全。主要表现:知识冗余、矛盾、从属、环路、知识检测。

不完整知识的检测方法:静态检测是指在知识输入之前由领域专家及知识工程师所做的检查工作。动态检测是指在知识输入过程中以及对知识库进行增、删、改时由系统所进行的检查。在系统运行过程中出现错误时也需要对知识库进行动态检测。

(1)知识冗余。知识冗余的三种表现:等价规则、冗余规则链、冗余条件。

①等价规则:当两条产生式规则在相同条件下有相同的结论时,称它们为等价规则。

②冗余规则链:如果两条规则链中第一条规则的条件相同,且最后一条规则的结论等价,则称两条规则链之间存在冗余。

③冗余条件:如果两条规则有相同的结论,但一条规则中的某个子条件在另一条规则的条件中被否定,而其他子条件保持一致,则称这两条规则有多余的条件。

(2)矛盾。如果两条产生式规则或规则链在相同条件下得到的结论是互斥的;或虽有相同的结论,但规则强度不同,则称它们是矛盾的。

(3)从属。如果规则 R_1 与 R_2 有相同的结论,但 R_1 比 R_2 要求更多的约束条件,则称 R_1 是 R_2 的从属规则。

(4)环路。当一组规则形成一条循环链时,称它们构成了一个环路。

当知识库中出现环路时,应征求领域专家的意见,修改或舍弃其中的一条规则,破坏形成环路的条件。

(5)知识检测。对冗余、矛盾等知识的检测实际上是通过对知识的相应部分进行比较实现的。

如,对两条产生式规则的条件部分进行比较,看其是否等价;再对它们的结论部分进行比较,看其是否一致。一是逻辑表达式等价性的检测,产生式规则的条件与结论部分都可以分别表示为一个合取式。两个合取式等价性的检测就是逐一比较它们的合取项是否一致。二是冗余的检测,以等价性检测为基础就可进行冗余的检测,包括:等价规则的检测、冗余规则链的检测、矛盾规则及矛盾规则链的检测、从属规则的检测和环路的检测。

2. 知识求精

知识库中除了可能存在上述的冗余、矛盾等问题外,还可能存在知识不完整的问题,以致在系统运行时产生错判或漏判的错误。错判是指对给定的不应产生某一结论的条件,经系统运行却得出了这一结论。

为了找出导致错误的原因,就需要找出产生这些错误的知识,予以改进,以提高知识库的可靠性,称之为知识求精。实现知识求精的一般方法是:用一批有已知结论的实例考核知识库,看有多少实例被系统错判和漏判,然后对知识进行适当的修正,以提高知识库的可靠性。

三、知识表达

知识表示是数据结构和解释过程的结合体现。知识表示方法研究各种数据结构的设计,以把一个问题领域的各种知识通过这些数据结构结合到计算机系统的程序设计中来,这些数据结构的设计一般是针对一个具体问题领域,在假设所要表示的知识已经知道或基本知道的前提下进行的。对于不同领域的知识可以采用不同的知识表示方法，任一种领域知识都可用任一种知识表示法表示出来。当对某一个问题或一种知识选用知识表示方法时，必须用以前提及的知识方法的标准来衡量，以使得问题的知识表示最合适，对所要解决的问题最为有利，以下将介绍几种常用的知识表示方法。包括：逻辑表示法；产生式规则表示法；特性表表示法；过程表示法；框架表示法；案例表示法；面向对象表示法；语义网络表示法。

为了描述更复杂的概念、事物及其语义联系，引入了语义网络表示知识的方法。语义网络是奎廉(J. R. Quilian)于1968年最先提出的。1972年，西蒙将语义网络用于自然语言理解。语义网络表示法是一种表达能力强而且灵活的知识表示方法。

(一)语义网络的推理

用语义网络表示知识的问题求解系统称为语义网络系统。该系统主要由两部分组成：一是由语义网络表示的知识库；二是利用语义网络求解问题的程序，称为语义网络推理机。大多数语义网络系统采用的推理机制都是以网络结构的匹配为基础的。先根据待求解的问题构造一个问题网络片段，然后在语义网络知识库中搜寻能与该网络片段匹配的网络。在搜寻过程中，经常需要使用节点间的继承关系进行必要的继承推理；也常常需要利用节点间的推理关系来确定不同网络片段之间的语义等价关系，称之为网络演绎。因此，语义网络的推理主要包括网络匹配、继承推理和网络演绎3个方面的问题。

(二)语义网络表示法的特点

(1)结构性。语义网络表示法和框架表示法都是结构化的知识表示方法。语义网络表示法把事物的属性和事物之间的联系用语义网络的结构形式显式的表示出来，下层概念的节点可以继承、补充、变异上层概念节点的属性，从而实现信息共享和减少信息冗余。

(2)自然性。语义网络实际上是一个带有标识的有向图，可直观地把事物的属性及事物间的语义联系表示出来，便于理解。自然语言描述的知识比较容易用语义网络表示。

(3)局限性。语义网络没有公认的形式表示体系。

四、知识库与数据库的构建

数据库框架包括：地理信息数据；气象资料数据；土壤资料数据；品种资料数据；管理措施数据；农业生产条件数据；图形、图像数据；试验数据库。

(一)建立知识库(KB)

知识库是知识的存储机构，用于存储领域内的原理性知识、专家的经验性知识以及有关的知识等，系统以文本文件形式保存。主要包括：品种选择知识；播期、密度知识；作物的营养与施肥知识；农田水分管理知识；作物生长发育知识；生长调节剂、生化制剂的使用知识；病虫草害鼠害与防治知识。

1. 品种知识

(1)根据品种对温、光的生态适应性(耐旱、涝、肥、瘠、盐碱等的特性)。

(2)综合农艺性状(如：株高、产量与产量结构、抗倒性、熟期、熟相等)。

(3)生长发育特点(生育进程、生长速度、生物量、光合能力、经济系数等)。

(4)抗性(病、虫杂草、高温、冷害等)。

(5)品质(形态品质、加工品质、营养品质)等综合因素对照用户所处地理位置、目标产量、栽培水平和土壤肥力状况等相关因素确定适宜的品种。

2. 播期、密度知识

根据不同品种特性、环境条件、茬口及产量水平,确定适宜的播期及合理的播种与密度。

3. 作物的营养与施肥知识

不同土质和地力水平可能达到的生产潜力,小麦不同生长和发育阶段和不同苗情的需肥特点,根据土壤肥力水平和目标产量确定施肥量、元素配比和施肥方法,提高肥料利用率的技术,群体大小、长势、长相与施肥量,施肥期及配比关系等。

4. 农田水分管理知识

作物需水规律和实际耗水量;不同时期、不同土壤深度水分动态对小麦生长发育的影响及临界含水量;根据天气、墒情和苗情掌握关键灌溉时间和灌水量的科学依据。

5. 作物生长发育知识

作物一生不同阶段的生长发育特点及动态调控指标。例如:小麦叶片与植株各器官之间的"同伸"或对应关系;生长速度与生育进度,群体发展与个体发育,营养生长与生殖生长,根系与地上部分物质消耗与积累,分蘖消长与成穗,壮秆与大穗,灌浆持续时间、强度与粒重等一系列互作关系合理调控原理以及不同生育期的关键生理指标。

6. 生长调节剂、生化制剂的使用知识

常用生长调节剂的种类、特点及使用方法,根据小麦群体指标,选用适当的化学制剂和生物制剂,以达到生长调控的目的。

7. 病虫草害鼠害与防治知识

包括病虫草鼠的主要种类及其识别,发生规律、预测技术、综合防治措施等。

(二)知识库的建立过程

(1)制订方案。根据开发系统的领域特点编制数据、知识收集的方案。

(2)设计表格。根据所确定的方案设计相应数据与知识调查表格。

(3)知识收集。通过会谈、问卷、查阅与著与文献及试验研究等方法收集数据与知识。

(4)校对改错。对收集到的数据、知识进行仔细查对,确保数据源与知识源的准确、无误。

(5)整理与归纳。对数据进行常规统计处理,对适应按专家解决问题的思路进行分类和归纳。

(6)筛选精练。对经过统计的数据和经过分类、归纳的知识进行筛选精练,从中找出规律和结论。

(7)修改完善。筛选精练后,对不符合事实的规律和结论重新与领域专家探讨,或进行试验验证,或进一步收集、修改数据与知识,达到补充、完善数据库和知识库的目的。

(8)知识库建立。根据应用系统推理需要,将经过分类、归纳和修改完善后的知识,按规则分成相关因素、中间因素、结果因素、可信度和语言规则设计成计算机语言所能实现的形式(如文本、文件、规则库等),供编程人员编程。

(三)建立数据库(DB)

数据库用于存放原始数据以及用户提供的初始事实、问题描述等。主要包括:地理信息数据,土壤资料数据,气象资料数据,品种资料数据,病虫情数据,图形、图像信息数据。

1. 地理信息数据构建

主要指用户的基本地理信息,包括行政区域、纬度(度-分)、经度(度-分)、海拔(m)、地形地貌等有关地理空间信息。

2. 土壤资料数据构建

主要包括土壤类型,土层深度(cm)、土壤质地名称、土壤容重、总孔隙度、酸碱度、土壤含水量、田间持水量、土壤萎蔫含水量以及地形地势、土壤养分含量、有机质(%)、全氮(%)、C/N(%)、全磷(%)、全钾(%)、速效氮(mg/kg)、速效磷(mg/kg)、速效钾(mg/kg)及其他主要营养元素的含量。

3. 气象资料数据构建

包括日照时数(小时),日平均湿度和日最高、最低温度(℃),空气相对湿度(%),风速(m/s),日降水量(mm),实际水汽压,年均温度(℃),年降水量(mm),无霜期(d),≥10℃积温,干燥度等。

4. 品种资料数据构建

主要包括品种来源,植物学特征:株高(cm)、叶片数、株型、百(千)粒重(g);品质特性:蛋白质含量(%)、脂肪含量(%)等;生物学特征:生育期天数(从出苗到成熟的天数);生育特性:叶面积系数(LAI)、光合势(LAD)($m^2 \cdot d/hm^2$);抗逆性:抗病性、抗倒伏性、抗寒性、抗旱性等;栽培要点:如播期、种植密度、施肥量等,生态适应性以及产量水平(kg/hm^2)和产量结构等。

5. 管理措施数据构建

包括作物生产中管理措施的种类、时间、强度等资料,如;播种期、播种量、施肥时间与施肥量、灌溉日期与灌溉量、成熟及收获期管理等。

6. 农业生产条件数据构建

农业生产基本条件如农用动力、化肥投入、灌排条件、劳力、播种面积、种植方式、单产水平、农药和农膜使用量及费用、植保器械等。

7. 图形、图像数据构建

有时为了系统运行方便,常将一些图形、图像数据,如行政区域图、养分含量分布、病虫草害的图片等单独存放,供系统运行时随时调用。

8. 试验数据库数据构建

由于作物生长环境复杂,一些高产技术措施、原理还需通过试验不断探索、改进。大量的试验数据是对专家知识的补充完善,包括田间试验数据和人工模拟试验数据。

(四)数据库的建立过程

根据具体农业专家系统应用范围和特点,依据上述数据库框架格式,收集、整理数据资料,在此基础上建立该系统的数据库。主要步骤包括:

(1)制定数据收集的方案;设计数据库和数据表;

(2)选择适当的数据库系统,如 SQL Sever,Access,Foxpro;

(3)通过实验、调查、文献查阅和购买等多种方式收集有关数据;

(4)进行数据筛选和分类,并输入数据库;

(5)对入库的数据进行仔细检验和校对,确保数据源的准确、无误;

(6)对数据进行标准化处理,如数据库结构规范化、数据单位一律使用公制等;

(7)对数据进行归并,减少数据冗余;补充、完善数据库的数据。

五、系统调试与修改

运行调试和修正是“农业专家系统”投入使用前的必不可少的过程。

1. 菜单和工具按钮的调试及修正

2. 运行结果的调试与修正

(1)数据和知识的可靠性测试。通过实例从不同的角度进行系统调用,检验数据与知识的可靠性。

(2)计算结果准确性调试。通过实例进行调试。应对一些变量的取值范围加以限制,并作明确的提示。

(3)推理结果可靠性的调试和修正。必须邀请有权威性的农业专家共同进行调试。按照测试标准,由专家出题目,从知识的可靠性、实用性等方面检验"系统"推理的结果。如果运行结果与专家处理问题的思路和结论不一致,需与专家共同分析原因,通过反复修改知识表示、推理过程、模型及其参数,直到专家满意或基本满意,调试才算完毕。

3. 系统的验证和修改

应用专家系统调试成功后,要进行验证和修改,应到生产实际中进行验收,检验推理结果、咨询方案、模型预测结果与生产实际的吻合程度及决策效果。根据实际应用结果再补充、修改和完善数据库、知识库、模型库。

【任务评价】

以学习小组为单位,按照项目、内容和标准进行评价,见表 6-4。

表 6-4　认知农业专家系统建立评价标准

评价项目	评价内容	评价标准
专家系统的特点类型和结构	知识要点	清楚归纳类型和结构,叙述不清扣分
专家系统知识获取	过程认知	正确叙述知识获取过程,叙述不清扣分
专家系统知识表达	语义网络表示法	正确叙述语义网络,叙述不清扣分
知识库与数据库的构建	知识要点	清楚归纳知识库和数据库构建,叙述不清扣分
系统调试与修改	过程认知	正确叙述调试与修改过程,叙述不清扣分

【任务巩固】

1. 什么农业是专家系统?农业专家系统是如何构成的?

2. 如何组建农业专家系统?

项目3 精准农业技术的示范案例

案例1 北京国家精准农业研究示范基地

一、北京国家精准农业研究示范基地概况

1999年，北京国家精准农业研究示范基地经国家发展和改革委员会批准[计高技(1999)526号文]立项，北京市发改委、北京市科委、北京市农委、北京市财政局共同支持，由北京市农林科学院信息技术研究中心(国家农业信息化工程技术研究中心)承担建设。基地于2002年10月竣工完成，占地166.7 hm^2，总投资5 209万元。基地位于北京市昌平区小汤山，建立了以“3S”技术为核心和智能化农业装备为支撑的节水、节肥、节药、节能的资源节约型的精准农业技术体系。这是我国第一个专门从事精准农业技术研究开发和应用示范的国家级现代农业示范基地，2005年基地被农业部命名为首批重点野外科学观测试验站；2008年被北京市科委授予北京市科普基地。如图6-10所示。

图6-10 北京国家精准农业研究示范基地

基地分成四大试验区：

(1)大田精准生产试验示范区。集成现代信息技术和智能装备技术，在定量决策的基础上，生成施肥、灌溉和喷药处方图后，由机械进行精准施肥、灌溉和喷药作业，实现作物管理定量决策、定位投入和变量实施的精准作业管理。

(2)设施精准生产试验示范区。集成传感技术、电子技术、通信技术、计算机技术、网络技术、智能技术，根据作物生长发育规律对温室环境进行智能调控，进行了“温室娃娃”、温室环境智能监控与管理系统、移动式温室精准施肥系统、移动式温室精准施药系统、静电精准施药系统等应用。

(3)果园精准生产试验示范区。重点示范果园精准生产管理技术，包括智能语言驱鸟器、精准自动化灌溉系统、果园对靶精准施药技术等。

(4)精准灌溉试验区。将农艺节水和工程节水有效链接,通过远程监控节水技术、精确灌溉技术、节水专家系统和墒情监测技术实现“工程节水”与“管理节水”的对接,进行了绿水系列节水灌溉信息采集与控制系统、墒情监测系统、地下滴灌系统和负水头灌溉系统等应用示范。

基地实现了肥水药等生产要素按需精准定位投入,提高了资源利用率,减小施用化肥、农药造成的环境污染,成为全国现代农业高技术的示范窗口。依托基地研发的技术产品 50 多个,已经在全国得到不同程度的示范应用。基地每年接待国内外专家和参观访问人员 1 000 人,已经成为我国现代农业高技术的重要交流平台。

二、国家精准农业研究示范基地的设计与建设

由于国情不同,北京国家精准农业研究示范基地的设计与建设没有完全照搬国外发达国家的模式,而是按照精准农业技术的思想进行工程设计和建设,工程建设过程中积累的经验为我国其他地区精准农业示范的工程提供了重要借鉴。

基地位于北京市昌平区小汤山镇东北部,地处燕山山脉山前,北部为洪积扇缓坡,中南部属于高位冲积平原,东南部地势较低。该地区属北温带大陆性半干旱季风气候,春天干旱多风,夏季炎热多雨,秋季多风少雨,冬季寒冷干燥,年平均气温 11.8℃左右。

1. 基地土地规划

本着有利于机械化作业、尊重原有地形地貌分布特点的原则,将基地分为三个主要种植区、中心建筑区、水产养殖区、核心试验区和温室苗圃区。根据充分利用原有建筑物及尽量少占现有耕地的原则,将示范工程项目的主要功能建筑仍然布置在原有拟拆迁的建筑物位置上,将农业装备库建于鱼塘南边一块难于耕种的梯形荒地中,同时紧靠农业装备库西侧建设了一条跑道,以便于各种飞机进行作业。基地的道路是依据功能需求及现有道路的分布和特点进行设计、施工,宽 6 m 的机耕道供农业装备下田作业的,分布于示范基地四周、草地中、水渠两侧等;供参观和车辆行驶的主干道宽为 12 m,分布于办公区和办公区与农业装备库之间;飞机跑道长 360 m、宽 25 m。

2. 基地灌溉与排水系统设计

基地内灌溉系统和排水系统设计依据地势地貌、土壤特点和现有的水利基础设施,结合与其他农业措施的综合配套要求进行。

(1)建立了科学灌溉系统。实现了对所有水井的联合调度、科学管理,通过采用低压喷头等措施,充分发挥水资源的综合效益,体现了节水、增产和降耗的特点;设计了合理的灌溉制度,集成了先进的灌溉技术措施和管理方法,满足作物精准灌概要求,达到精准农业水资源高效利用的目的。根据不同种植区的特点和灌溉需求,在一区右侧采取平移式喷灌机,一区左侧、二区和三区采用半固定式喷灌。

(2)建立了合理的排水系统。尽量减少地面径流,防止雨水多的情况下作物受涝害。采用了明沟排水和暗管排水两种方式。为保证机械作业的顺利进行,以农沟作为末级排水沟;为了少占耕地、便于机耕、提供排水效率,基地下设有隔水层,并采用田间暗管排水方式进行排水。

3. 基地工程建设

为了满足基地科研、示范、培训、展示于一体的综合功能,建设了办公用房、食堂、宿舍以供科研人员和基地办公人员的用餐和住宿需要;建设了农业装备库(包括修理车间和零件库)用于停放、改造、维修大中型农业装备;建有容量为 600 t 的粮食库和晾晒场;同时,建有种子资

源库、农资库、附属用房等。基地的供电、供水、供暖系统独立建设，锅炉房内配备了 2 t 的燃油锅炉，供水站配备了变频调速供水设备；配电站配备了 500 kW 的变压器。

三、基地的主要设施与设备

基地建有研究水分蒸散的中型蒸渗仪 24 座、大型蒸渗仪 1 座，配备有变量喷雾试验平台、光谱自动对靶喷雾试验平台、静电喷雾试验平台、仿形喷雾试验平台等的施药装备测试实验室，装备有自主差分 GPS 基准站系统、自动气象站、美国带 DGPS 和产量传感器的联合收割机、美国维蒙特平移式 8 跨喷灌机等大型农业智能装备，可开展农业智能技术产品的生产加工、精密试验、产品中试和在大田作物、设施园艺、果园生产、水产养殖等不同领域的大规模示范展示。目前基地已成为集科研、示范、培训、展示功能于一体的现代农业技术展示窗口。

1. 自主差分 GPS 基准站系统

为了满足精准农业科学实验和生产对于高精度的位置数据的需求，基地采用局域实时自主差分 GPS 系统建设方案，建设了农场级自主差分 GPS 系统基准站。如图 6-11 所示。

自主差分 GPS 系统包括基准站 GPS 接收机、通信链路和移动站 GPS 接收机三部分。基准站 GPS 接收机用于观测 GPS 卫星，产生差分信息；通信链路用于将差分信号传送到移动站 GPS 接收机；移动站 GPS 接收机将接收到的差分信息与自身观测值共同进行数据处理，从而得到很高的定位精度。基准站 GPS 接收机选用 Trimble GPS5700 型号，通信链路选用 Trimble TrimarkⅢ，移动站 GPS 接收机选用 Trimble AgGPS132，可以为整个示范基地及周边 10 km范围内提供稳定可靠的差分信号，能够提供 CMR、RTCM 等差分数据格式，满足不同作业过程中动态厘米级 RTK 和亚米级定位精度要求。

2. 施药装备测试实验室和农业机器人测试中心

实验室配备有变量喷雾试验平台、光谱自动对靶喷雾试验平台、静电喷雾试验平台、仿形喷雾试验平台；建设的农业机器人测试中心装备有机器人智能移动平台、机器人视觉采集系统及识别分析软件、多功能机器人开发系统、多传感器融合检测系统、各种组合式运动系统等构成的农业机器人运动、控制性能测试平台等。如图 6-12 所示。

图 6-11 星遥感地面接收站

图 6-12 施药装备测试实验室和农业机器人测试中心

3. 农业电子产品可靠性测试实验室

农业电子产品可靠性测试实验室包括防水检测实验箱、步入式高低温检测实验箱、一体机振动测试台等可靠性实验设备，可开展各类农业电子产品可靠性测试实验，检测内容包括防水性能检测、高低温性能检测、湿热环境性能检测、抗震性能检测和部分农业电子产品功能测试设备等。如图 6-13 所示。

4. 农产品智能化无损检测实验平台

农产品智能化无损检测实验平台为国家农业信息化工程技术研究中心自主研发的大型综合性检测装备，总长 15 m，具备上料、输送、卸料和同步控制的功能，检测速度 3 个/s；能进行基于机器视觉和光谱技术的类球形农产品的外部品质(如大小、颜色、形状、表面缺陷)和内部品质(糖度、酸度、成熟度)的检测实验。如图 6-14 所示。

图 6-13　农业电子产品可靠性测试实验室

图 6-14　农产品智能化无损检测实验平台

5. 农业电子产品电磁兼容测试实验室

农业电子产品电磁兼容测试实验室包括：测试接收机、人工电源网络、电压/电流/功率探头、喀呖声(断续波)分析仪等电磁骚扰检测设备；静电放电模拟器、快速瞬变脉冲群信号模拟器、浪涌脉冲信号模拟器、电压故障信号模拟器、工频磁场信号模拟器、连续波信号模拟器等电磁抗扰度检测设备以及电磁屏蔽室。可对各类农业电子产品的电磁兼容进行检测，包括电磁骚扰检测中的传导骚扰、谐波电流、电压波动和闪烁等电磁骚扰测量以及电磁抗扰度检测中的静电放电、电快速瞬变脉冲群、浪涌(冲击)、射频场感应、工频磁场、脉冲磁场、电压暂降、短时中断和电压变化等抗扰度测试。如图 6-15 所示。

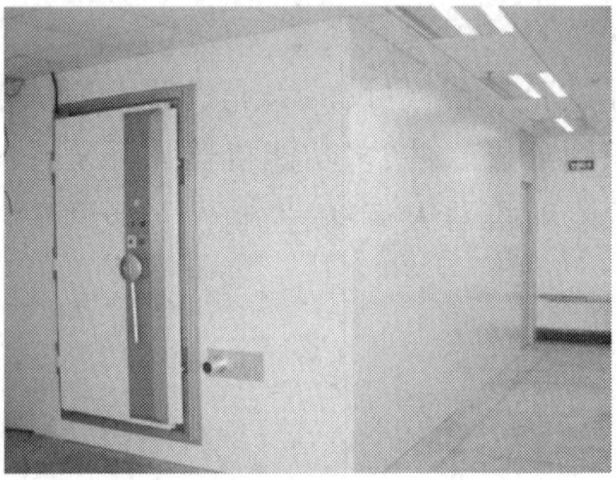

图 6-15　农业电子产品电磁兼容测试实验室

6. 约翰迪尔 9670STS 联合收割机

约翰迪尔 9670STS 联合收割机配置 608C 型 8 行玉米割台，能够漂亮地完成玉米收获的任务，并且处理倒伏作物的能力强，具有落穗少、损失小、粮食清选干净破碎率低、作业速度快、效率高和秸秆粉碎效果好等诸多优点；通过更换割台、凹板，以及进行一些必要的调整，约翰迪尔 9670STS 联合收割机可收获玉米、大豆、小麦、水稻、高粱、向日葵、油菜籽等作物。9670STS 联合收割机是一种用途广泛、马力大、作业效率高、自动化程度高、具有世界先进水平的大型联合收割机。

7. 平移式喷灌机

基地的平移式8跨喷灌机由美国维蒙特公司生产，采用计算机辅助管理系统，能够实现精确、高效的灌溉。平移式喷灌机能够连续移动，各个喷头具有较高的一致性、由低压喷嘴所产生的小水滴的良好渗透性等特性，基本能够灌溉各种土壤类型。该平移喷灌系统由发动机、抽水系统、行走系统、导向系统、输水系统和喷洒系统组成。发动机用于为水泵抽水和发电机发电提供动力，抽水系统负责从水渠中抽水并向整个系统提供加压水，导向系统用于保证系统中前进过程中可以保持直线行走。输水系统负责把加压后的灌溉水从喷灌机的一端输送到另一端，喷洒系统保证在整个喷洒线上喷洒的水量均匀一致。

8. 带有AFS产量监视系统的凯斯2366联合收割机

凯斯2366联合收割机由凯斯公司(CASE IH)生产制造。联合收割机配有产量监视系统(AFS)。由产量监视仪、GPS接收天线、GPS接收机、谷物流量传感器、谷物湿度传感器、行驶速度传感器、净粮升运器轴速传感器、割台高度传感器、PCMCIA数据卡等组成。可以完成农作物小区产量信息的获取以及小区产量空间分布图的绘制。

四、基地的运行与示范

1. 基地土壤的调查与检测

基地建成后，共进行了三次较大规模和较大密度的土壤调查与检测工作。2000年，采用栅格采样法对基地整体进行了土壤取样，共取样点713个，对每个样点均进行了全氮、有效磷、速效钾及有效锰、有效铁、有效铜和有效锌等微量元素测定分析，绘制了整个示范基地的土壤养分图。2002年对整个基地进行了土壤调查，共观察土壤剖面52个，对剖面进行了详细描述，内容包括剖面分层、位置、厚度、名称、颜色、结构类型、质地、石灰反应、根系状况、土壤生物活动、铁锰斑、瓤膜等，每个土层均采集了土样，并进行相关的理化分析，以研究确定不同田间位置的关键土层的情况。2007年采用网格取样法，采用自主研发的土壤样品自动化采集系统对基地种植一区进行土壤取样，重点检测分析了土壤养分情况和土壤重金属含量空间分布情况。经过三次土壤调查与检测，全面掌握了基地土壤质地、土壤养分、重金属等的空间分布情况和土壤分类情况，为实现精准农业变量投入、定位实施奠定了基础。

2. 遥感数据的获取

为将卫星遥感、航空遥感和近地测量综合对地观测技术应用于精准农业信息获取，2001—2002年，在基地小麦关键生长期(起身期、拔节期、抽穗期、乳熟期)先后开展了七次高光谱CCD摄影及多航高机载成像光谱数据同步获取的“星—机—地”大型遥感综合试验。试验建立了基于卫星影像数据的作物长势和病虫害监测模型，研究了作物高光谱在生长发育过程中的时相表征及其农学意义，确定了最佳的作物营养诊断光谱波段，建立了高光谱遥感作物营养诊断机理与反演模型，为今后精准农业管理中作物营养诊断和施肥决策提供了科学依据。

3. 谷物联合收获机测产与产量图获取

2001年，基地引进了美国CASE IH公司带有AFS产量监视系统的CASE2366联合收割机，连续7年进行了小麦和玉米收获测产试验，获得大量的试验数据，为精准农业研究提供了数据支持。经过后期数据处理，得到了完整、真实、精度较高的产量分布图。

4. 基地信息精准管理与处方生成

基于自主研发的精准农业基地地理信息系统，对基地的农田资源信息(如基础地理信息、土壤背景数据、采样测试数据等)进行了采集、管理和分析,为基地精准农业运行提供了准确的数据基础,保证了基地内信息的时效性和准确性。利用精准施肥与灌溉处方图生成系统,在对数据管理分析的基础上,生成了可供农业装备作业实施的处方图。精准农业基地地理信息系统主要由便携式农田信息采集子系统、农田信息数据库、农田信息管理分析子系统等部分组成。

5. 基地变量施肥试验

基地先后开展了大量关于变量施肥的田间实验,包括冬小麦变量施肥试验、玉米变量施肥试验和大豆变量施肥试验,以及基于土壤肥力的作物变量施肥试验、基于便携式速测仪器的作物长势和养分诊断试验、基于冠层光谱和作物生长模型相结合的变量施肥试验、基于遥感影像的作物精服施氮试验等。

6. 田间精准作业运行示范

基地利用研制的2F-VRT1变量施肥机、1G-VRT1旋耕变量施肥机、3W-VRT1变量农药喷洒机和光谱杂草识别化学农药喷洒机,进行了大量的田间精准作业运行示范工作。对自主研发的基于处方图的变量施肥作业控制系统,重点进行了系统动静态试验和田间变量施肥试验,在验证系统性能和作业精度的基础上逐步投入田间精准施肥作业应用,并取得了良好的运行示范效果。

五、基地的科研与科普

在技术引进消化吸收的基础上,围绕精准农业生产过程的农田信息获取、决策分析和变量实施等关键技术环节,研制开发了具有自主知识产权、符合国情的精准农业综合集成应用平台,形成了农田土壤样品自动化采集系统、高效精确自动灌溉施肥机、设施农业生理生态信息监测系统、便携式气象站、变量施肥决策支持系统、作物品质监测预报与调优栽培决策系统(图6-16)、光

图6-16 作物品质监测预报与调优栽培决策系统

谱识别杂草农药喷洒机(图 6-17)、变量施肥机(图 6-18)、地下水信息管理系统等一系列软件、硬件产品,研发的技术产品 50 多个,已经在全国范围内得到不同程度的示范应用。

基地作为我国现代农业高技术的重要交流平台,每年接待国内外专家和参观访问人员 1 000 人次,如图 6-19 所示。来自中国农业大学、中国科学院、北京师范大学等高校和科研机构的科研人员在基地从事科学研究,进行科学实验,形成了大量的科研成果。

图 6-17　光谱识别杂草农药喷洒

图 6-18　变量施肥机

图 6-19　学员参观示范基地

作为北京市科普基地,可以为参观者提供对精准农业技术虚拟演示设备、自动导航拖拉机、三维扫描仪、嫁接机器人、穴盘育苗播种生产线、农业装备作业远程 3G 视频监控系统、智能温室、自动导航无人驾驶拖拉机等进行展示。

案例 2　新疆生产建设兵团精准农业技术应用

新疆精准农业始于 20 世纪末,初期发展缓慢,随着北斗导航技术、移动通信网络的发展,精准农业技术发展迅速。

新疆以棉花为主要经济作物,2018 年新疆棉花总产量占全国总产量的 83.84%。新疆生产的棉花约1/3产自新疆生产建设兵团。近年来,新疆生产建设兵团正式开启团场改革,兵团职工自主组建农工合作社,到2018年全新疆家庭承包耕地流转面积已达50万hm^2。合作社规模不断增大,田块不断整合集中,对于成套精准农业技术应用模式在新疆的深入推广打下了基础。

一、新疆生产建设兵团精准农业技术应用现状

精准农业技术已应用于新疆兵团农业的耕、种、管、收四大环节,根据农户对各种精准农业技术的接受度和该技术的推广应用程度,主要包括农机自动驾驶系统、水肥一体化系统、农业信息化管理三个系统。

1. 农机自动驾驶系统

如图6-20,电机式农机自动驾驶系统主要由电机、角度传感器、GNSS天线、高精度GNSS接收机、平板电脑、电台及天线等部分组成。该技术可实现1 000 m播行水平误差不超过3 cm,播幅连接行误差不超过3 cm,能有效解决农机播种作业中出现的“播不直、接不上茬”的老大难问题,可以减少用工成本,延长作业时间,提高作业质量和土地利用率。

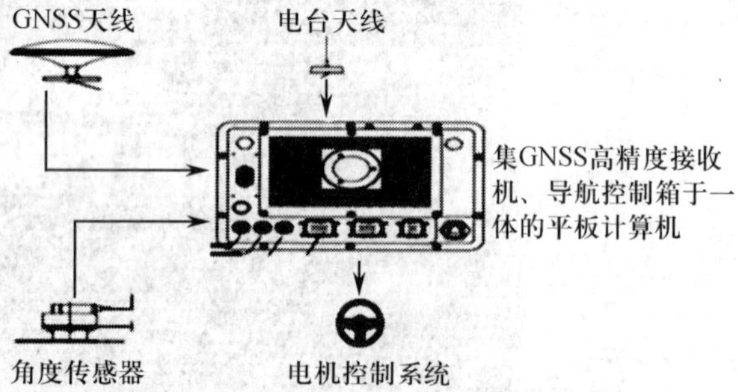

图6-20 电机式农机自动驾驶系统组成示意图

截至2019年4月,兵团农八师已安装3 000余台套农机自动驾驶系统,基本实现了全覆盖。农机自动驾驶系统逐步从小面积试验向大面积试验示范迈进,且国产化品牌实现了从零到主导的突破。

2. 水肥一体化系统

水肥一体化系统是通过配置田间信息精准监测系统,全程监测农田墒情、气象、设备工况等信息,为水肥决策和作业管理提供信息支撑。目前,使用者可通过PC或手机APP来发送指令,通过GPRS通讯模式实现阀门和自动施肥机的远程控制,实现田间的无人作业功能,全年无须下地手动开关阀门。该技术既能满足作物生长过程中对灌水时间、灌水量、灌水位置和灌水成分的精确要求,又能按照田间的每个操作单元的具体条件,精细准确地调整农业用水管理措施,最大限度地提高水的利用率。水肥一体化系统局部设备示意图如图6-21所示。

(a) 泵前过滤器　　(b) 自动化阀门

图6-21 新疆兵团水肥一体化系统局部设备示意图

20 世纪后期，新疆兵团开始引进喷灌、滴灌技术。2008 年以来，膜下滴灌水肥一体化技术得到当地政府的大力扶持，随着配套基础设施技术的发展，逐步将滴灌节水技术向智能化、水肥一体化、远程操作控制方向发展。水肥一体化系统已形成了对应的服务体系，可大面积应用于大田作物。新疆自行研发的系列自动反冲洗网式过滤机组及自动施肥机，单套控制面积 100～166.67 hm^2。当前，兵团高新节水灌溉面积 113 万 hm^2，是全国最大的节水农业灌溉区。

3. 农业信息化管理系统

农业信息化管理系统可提供综合服务，如利用北斗导航定位终端、农机工况采集终端，通过蜂窝网络将农机位置信息、工况信息传输至农业信息化管理系统，可实现农机运行轨迹的回放、作业面积的统计、农机健康情况的监管和预测。另外，还可通过各种传感器采集的信息，形成水、肥、药的变量喷施处方图，基于农业信息化管理平台进行监管和下发作业任务。基于该类系统，可提高管理、调度、维护效率。图 6-22 为新疆解决生产建设兵团八师石总场信息化管理平台界面。

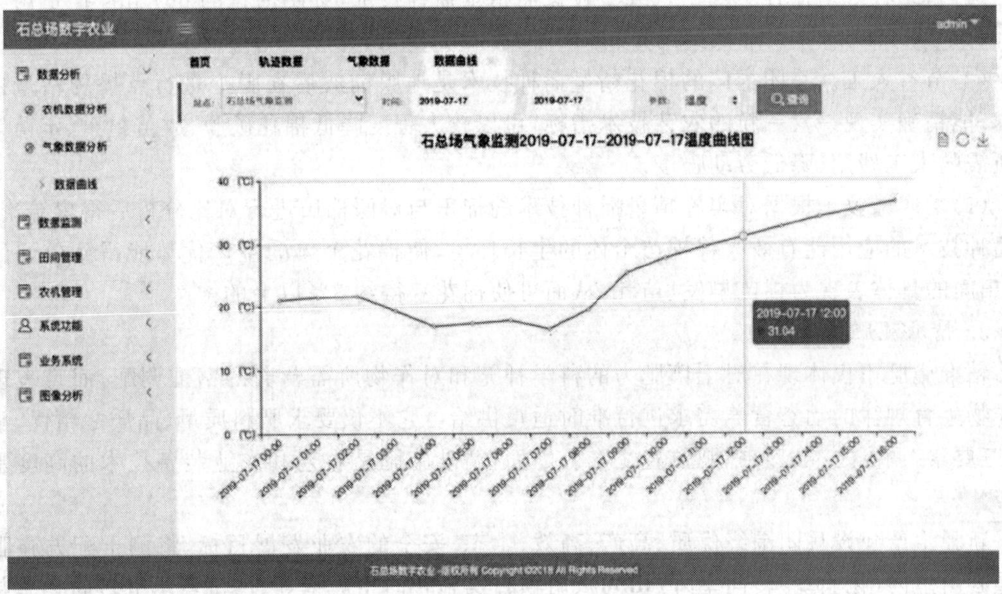

图 6-22 新疆兵团数字农业信息化管理平台界面

农业信息化管理系统是随各类采集终端发展而来，当前，众多企业及政府分别建立了对应的农业信息化管理系统。

二、新疆生产建设兵团精准农业技术

以“精准选种、精准播种、精准施肥、精准灌溉、精准田间生态监测、精准收获”六大技术为主的精准农业，已在新疆兵团规模化应用，在国内处于领先水平，部分达到国际先进水平。

1. 精准种子工程技术

精准种子工程技术是精准农业优质高效的物质基础，是农产品更新换代的生物工程，是满足精准播种技术要求的种子技术体系，包括品种筛选和推广、良种繁育技术及种子质量提高技术。

新疆兵团通过筛选和推广棉花优良品种，规范棉花良种繁育程序，更新改造棉花种子加工线，优化种子加工工艺，采取行政推动、实施统一供种、增加种子科技含量等措施，棉花平均单产可提高10.1%，新增产值1 500 元/hm^2。

2. 精准播种技术

精准播种包括精准栽植，是精准农业的核心技术，是在精准种子的前提下对土地潜力，即水、肥的最佳利用，也是对光能、空气的最大限度利用。精准播种不仅要求种子品质、种子发芽率、种子整齐度之精，更要求播种到田间后种子分布的"三维空间"坐标位置之准、均匀一致，深浅一致，为作物创造最佳的生长空间。

新疆生产建设兵团农业播种技术的发展经历了从条播技术、半精量播种技术，向正向单穴单粒的精量播种技术迈进。精量播种技术作为精准农业技术体系的重要组成部分，也是推进精准农业发展的关键技术之一。精量播种技术是承接精准种子工程产生的优秀成果，为作物增产创造优越的环境，以精量播种机械为载体，把品质优良的种子转变成为均匀苗壮，能充分发挥种子特征和生产能力的种苗群体的高新农业播种技术。

(1)节约种子。播种实现1粒或2粒按需精量播种技术，可使棉花的667 hm^2播量由半精量播种平均4.5 kg左右降低到约2 kg，节种约37.5 kg/hm^2。

(2)节省人工。兵团推广的棉花精量播种技术是地膜铺放后在膜上进行点播的精量播种技术，能精确实现一穴一粒的农艺技术指标，可以较大程度降低棉花破膜、放苗封土、定苗等工序所需的人工费用，降低劳动强度。

(3)增产增收。根据对实施精量播种技术的棉田与对照棉田进行对比分析后得出结论，精量播种技术的应用能有效改善棉苗个体的生长环境，使棉花个体的生产优势能得到较好的发挥，田间的具体表现为棉苗早发、苗壮，从而可使棉花获得约3%以上的增产。

3. 精准施肥技术

精准施肥不仅体现在对土壤肥力的科学补充和对作物所需营养的精准调配，而且表现在按作物生育规律的动态营养需求进行准时适量供给。它不仅要求肥料质量、品质之精优，更要求"三要素"调配之准以及施肥位置之准。因而，精准施肥是农艺和农业装备技术的高度紧密结合。

新疆生产建设兵团围绕优质、高产、高效、生态、安全的农业发展目标，将测土配方施肥工作重心由室内(化验室)转向室外(田间)、由项目实施转向生产指导、由试点示范转向整建制推进，建立土壤养分数据库，做到测土到田、配方服务到户、供肥到家，率先在粮棉油糖高产创建示范区和果菜等园艺作物标准园创建示范区普及应用测土配方施肥技术，测土配方施肥技术推广面积占农作物总播种面积90%以上，其他项目单位技术推广面积占农作物总播种面积60%以上。

兵团大力开展了以科学配方引导肥料生产、以连锁配送方便农工购肥、以规范服务指导农工施肥。鼓励肥料生产、销售企业与农场专业合作社、种植大户、科技示范户加强合作，积极探索"统测、统配、统供、统施"的服务模式。每个示范创建团场建有一个小型智能化配肥供肥服务站点，每个连队配备1台测土配方施肥咨询系统数字化触摸屏，农工通过"触摸屏"查询土壤养分状况和作物施肥指导方案，根据推荐方案选肥、配肥、施肥。连级做到"四有"，即：有包片指导专家、有科技示范户、有示范对比田、有醒目标示牌，其中标牌明确标明作物品种、目标产量、施肥结构、施肥数量、施肥时期、施肥方式等。

在精准施肥技术上，采用精准对行分层施肥技术，肥料利用率提高一倍以上，即节约了成本,也减少了化学污染。

多年来,新疆生产建设兵团积极探索建立测土配方施肥长效机制,形成“测、配、产、供、施”的技术模式,不断丰富测土配方施肥的内涵和科技含量,技术措施到位率高,实施效果好,各种作物平均增产 8.1%,节本增效 350～1 360 元/hm^2。测土配方施肥流程如图 6-23 所示。

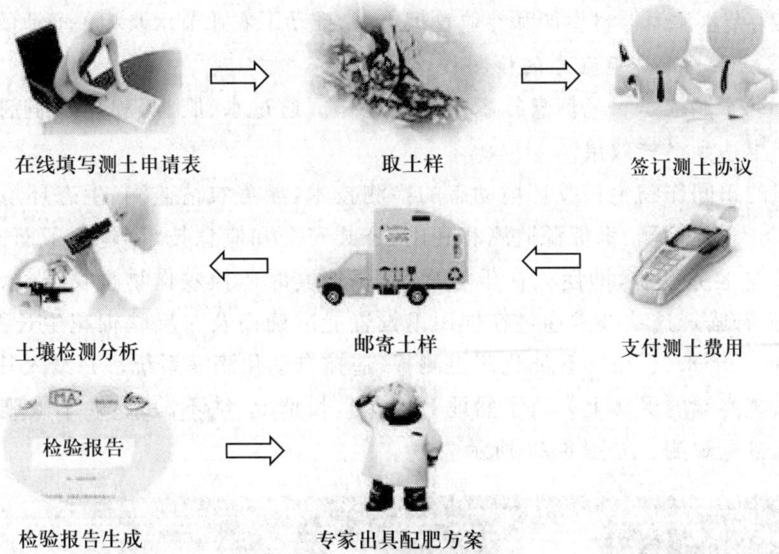

图 6-23 测土配方施肥流程图

4. 精准灌溉技术

精准灌溉是中国特色精准农业的重要支撑系统。它不仅对灌溉设施、灌溉手段和管理运作提出了科学的精度要求,而且还要求因地制宜、按作物生育规律精准适时适量地灌溉。

新疆生产建设兵团农业节水灌溉经历了从大水漫灌到沟畦灌、再从喷灌到膜下滴灌三个阶段。如今,膜下节水灌溉技术已成功应用于棉花、加工番茄、玉米、辣椒、哈密瓜、葡萄、大豆、马铃薯等 30 多种作物,并在小麦、水稻等密植作物应用方面试验成功。新疆生产建设兵团在国内外积极推广节水灌溉技术,并在吉尔吉斯斯坦、哈萨克斯坦、安哥拉、贝宁等 13 个国家和地区推广节水灌溉面积 3 500 hm^2。

自新疆生产建设兵团采用综合措施发展节水灌溉以来,灌溉水利用系数由 2000 年的 0.40 提高到了 2011 年的 0.53,灌溉定额由 66.67 m^3/hm^2 下降到了 41.33 m^3/hm^2。节水灌溉使得垦区地下水位下降的趋势得到有效控制,土壤次生盐渍化状况减轻,生态环境明显改善。同时,通过大力发展节水灌溉,在维持农业灌溉用水的基础上,节约的水量及时满足了工业、城镇和生态发展的需要。

节水灌溉是由多项农业技术配套集成,它将节水、施肥、施药、栽培、管理等一系列精准农业措施融为一体,提升了农业整体技术水平,减轻了劳动强度,扩大了承包规模,促进了务农职工向二三产业的转移,是对农业生产力的极大发展和传统耕作模式的技术性革命,是一次生产方式的大变革。膜下滴灌节水灌溉技术已成为兵团发展现代化农业的重要基础。

滴灌在作物生长期内,比常规地面灌省水 40%～50%,节约耕地 5%～7%,产籽棉增长 20%左右,增收 3 000～4 500 元/hm^2。节水灌溉发挥出来的省水、省肥、省地、省人工、省机力和增产、增收等综合效益，使节水灌溉工程成了团场增效、职工增收的重要措施。

新疆生产建设兵团坚持走节水器材本地化的道路，随着节水灌溉技术应用范围的不断扩大，与之相配套的节水灌溉器材和滴灌专用肥的生产得到了快速发展。目前，新疆生产建设兵团已建立了以天业为代表的节水设备生产企业，实现了成型设备和工艺技术的国产化，为节水灌溉的发展开辟了新领域，促进了农业生产服务的专业分工。节水灌溉发展以后，新疆生产建设兵团大约有近万人成为节水灌溉器材生产和专业管理人员，推动了农业节水及相关产业的共同发展。

5. 田间作物生长及环境动态的检测技术

作物生长动态调控是农艺信息技术的科学运作。通过水、肥、药和化学制剂的调控，使农业的投入和产出达到最佳效果。

新疆兵团的田间作物生长及环境动态的检测技术，涵盖农情监测、生态环境检测、土地检测、水资源监测、土地检测、水资源监测和利用、公共安全和应急技术，建立了面向兵团的空间信息服务和共享业务系统，即使人在千里之外，仍能实时监控农作物生长动态，按需施肥、打药，作物缺啥就补啥。这项技术通过在棉田里设置能准确而及时反映棉花生长及环境动态的视频系统，把种子测水仪、田间智能化病虫测报、遥控自动化滴灌系统一并纳入其中，使职工群众可从监测系统终端的屏幕上一目了然地对棉花生长情况、缺不缺水、缺不缺肥、有无病虫危害等生长状况进行观测。如图 6-24 所示。

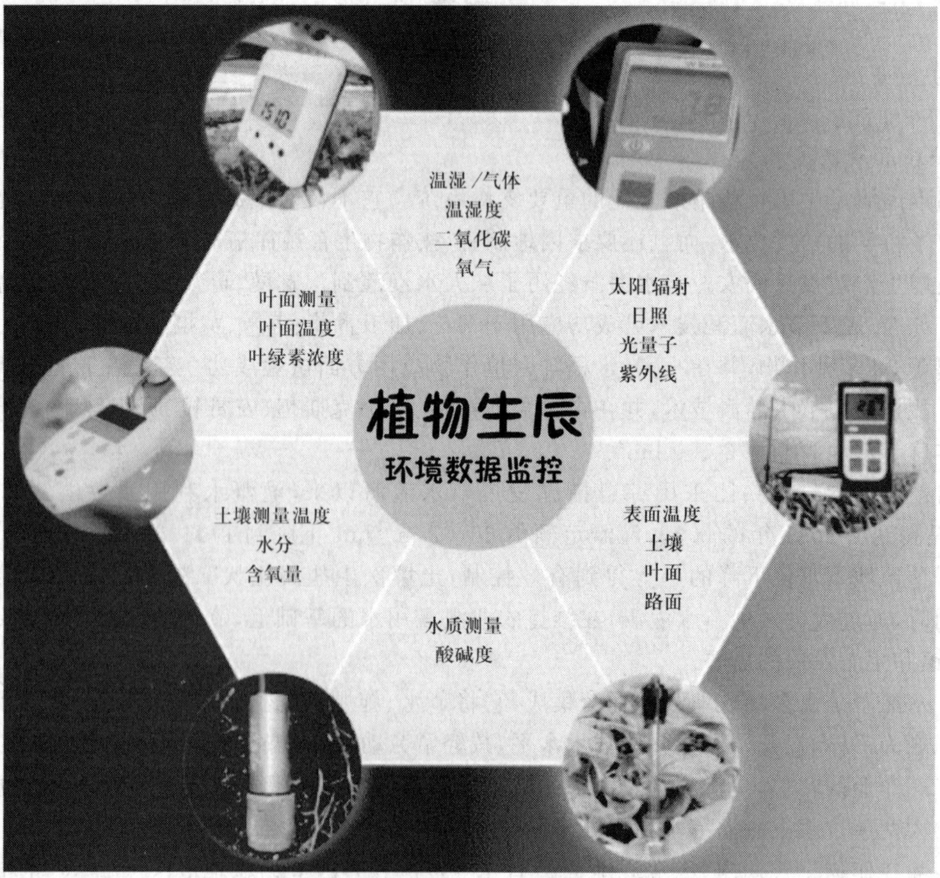

图 6-24 植物生长环境数据监控

6. 精准收获技术

精准收获是精准农业全过程的终结，又是下届的开始。它要求对作物实现收获过程的最少损失和最快捷的收集，同时又要求对作物秸秆的科学处理或即时粉碎还田。

新疆生产建设兵团利用 GPRS 系统进行棉花精准收获试验，绘制了棉花区域产量分布图。

棉花产量监测系统由卫星接收器、传感器、插分站和数据处理器四部分组成。采摘棉花时，卫星接收的数据经过分析处理和误差消除，准确率可达 95%以上。通过棉花产量监测仪，可以准确地测出一块条田不同区域的产量变异情况，然后根据每个单元的变量情况实施变量技术，如变量施肥、变量播种、变量施药，从根本上改变传统管理方式，实现节本增效目的。

三、新疆生产建设兵团精准农业技术发展需求

新疆生产建设兵团精准农业在北斗农机自动驾驶方面已取得了瞩目的成就，但仍然存在差分信号服务受限、基准不统一等问题。当前农村实际情况是劳动力骤减，满足农业生产需求的劳动力严重不足，因此，北斗农机自动驾驶技术应向农业全产业链方向发展，来弥补劳动力减少的现况。2015 年，农业农村部发布《到 2020 年农药使用量零增长行动方案》和《到 2020 年化肥使用量零增长行动方案》，水、肥、药变量喷施技术的发展迫在眉睫。因棉花等作物的覆膜造成严重的环境污染，为了环境可持续发展，必须提高残膜回收技术和发展可复用膜。新疆生产建设兵团对精准农业技术的需求主要包括三个方面。

1. 简约式农机自动驾驶技术

农机自动驾驶系统主要应用在精准播种环节，同样也可应用在不同作物的耕地、施肥、施药、收获等环节。当前的农机自动驾驶系统还需由专业人员安装、调试和教学，严重限制其推广。因此，农机自动驾驶系统应该向安装简便、“傻瓜式”操作方向发展。

2. 水、肥、药变量喷施技术

中国是全球农药、化肥用量第一大国，但喷施流程和利用率远远低于先进国家水平。基于农作物的实际需要，将水、肥、药定时、定点、定量的喷施是节约资源、提高农作物产量的发展趋势。如底肥的施用，需基于土壤采样、上季作物的产量分布图等共同决定。通过信息技术手段，感知作物的实际需水、需药、需肥量，采用变量投入技术，实现按需精准灌溉施肥施药，将是发展新方向。因此，应高度重视研究开发智能感知技术、深度学习算法、变量投入技术、机器人等。

3. 残膜回收技术

地膜使用量不断增加，但回收率偏低，土壤中的残膜量逐步增加，土壤结构遭到严重破坏，耕地质量逐步下降。因此，应向新型可复用农膜和提高残膜回收技术方向发展。

四、新疆兵团精准农业技术应用发展建议

1. 建立完善的专家智库

进一步加强与全国各地精准农业领域科技人才的交流合作，柔性引进人才，建立完善的专家智库。开发智库交互应用，实现通过便携式移动智能终端，对精准农业发展中遇到的问题，随时随地发问求证，配合网络知识库，立体式为农户提供解决方案。

2. 加强精准农业技术指导与培训

邀请国内知名科技工作者现场为农户科普培训精准农业知识，组织农户积极参与精准农业技术专题科普活动，激发农户创新力，提高农人知识水平，培养更多的"新农民"。部分农户虽已用上了北斗导航自动驾驶、卫星平地、深松监测等精准农业技术，但对于北斗导航、精准农业等名词的含义并不甚清楚，他们表示希望通过交流学习进一步了解这些"新事物"的意义。

3. 推动建立规范的精准农业技术评价指标体系

部分企业及科研工作者所研究的精准农业技术，是否达标没有标准的考核指标，需要建立成套农业技术指标考核认定，规范技术研究水平，从而建立规范的精准农业技术评价指标体系。

4. 扩大北斗导航基准站的服务范围

农机自动驾驶系统基于导航增强信号才能实现高精度定位。当前，在蜂窝网络覆盖的区域，可通过蜂窝网络传输农用导航增强信号，但覆盖区远远不够，主要是通过 UHF 电台传输差分信号，导致严重的频率干扰、坐标基准不统一等问题。因此，为了更好地发挥农机自动驾驶系统的效益，尤其是基于 UHF 电台传输农用差分信号应由地方政府统一规划使用。

5. 完善北斗导航在棉花生产全程应用，积极推广到其他粮食作物与经济作物

目前北斗导航主要应用于基于北斗导航自动驾驶的精准播种，以及病虫害和灌溉及施肥等方面，还没有达到农业生产各环节的应用，且作物种类有限。新疆盛产水果和蔬菜，特别是天山以南的南疆广大区域种植大量红枣、库尔勒香梨、阿克苏苹果、石榴、伽师瓜等优质品牌果蔬产品。但在果蔬种植方面的机械化、自动化、数字化、精准化水平较低，发展空间很大，应是急需加大发展的领域。

案例 3　黑龙江垦区农场精准农业技术应用

精准农业技术的发展，可以充分带动黑龙江垦区现代化农业的发展，促进化学肥料生产、农产品深加工、机械制造、自动控制等一系列行业的发展，对全面提升农业生产的科技含量、减少生产投入、增加农产品市场竞争力都具有重要意义。

本任务对黑龙江垦区农场的农田信息获取技术、农业决策分析技术、智能装备技术三个典型项目进行介绍，并对黑龙江省精准农业整体情况进行梳理与总结。

一、黑龙江垦区农场精准农业技术应用现状

通过对精准农业技术应用较为普及的几个农场进行应用情况调查统计，如：黑龙江垦区北安管理局逊克农场、红色边疆农场、赵光农场和红星农场，结果表明，农场中普遍应用的典型精准农业技术主要有：GPS 面积仪、农田无线传感监测技术、施肥信息化管理系统、自动导航技术和播种监控技术等，如表 6-5 所示。

表 6-5 典型精准农业技术应用情况

技术名称	逊克农场	红星边疆农场	赵光农场	红星农场
GPS 面积仪	√	√	√	√
农田无线传感监测技术	√	√	√	√
施肥信息化管理系统	√	√		
作物病虫害采集诊断系统				√
农场资源数字管理系统				√
自动导航技术	√	√	√	√
播种监控技术	√	√	√	√
土地精平技术	√			
智能产品检测技术				
变量施肥技术				√
农药变量喷洒技术				
农业装备调度系统				
农业装备作业管理系统				√

①注释:表中"√"表示目前农场已经应用了这项技术

二、应用实例

(一)农田信息获取技术

当今农田信息获取主要采用传统田间调查和破坏性采样、接触式传感器技术、非接触式地面光谱诊断技术和航空、航天遥感影像解译诊断技术,以及基于传感器和遥感等技术开发出的相关软硬件设备。黑龙江垦区农田信息获取技术主要有 GPS 面积仪使用和农田无线传感监测技术。

1. GPS 面积仪

GPS 面积仪由计算机技术、精确面积计算方法和高精度 GPS 相结合,可以实现不规则区域的实时测量、数据智能化处理和储存。GPS 面积仪适用于农田、绿地、水域、森林等面积的测量,能够针对用户需求,提供丰富的面积测量方式、价格计算方法。可以随时调用测量的面积、距离、周长和坡度等数据,便于档案保存。

2. 农田无线传感监测技术

农田无线传感监测技术是用于监测大田农业生产环境的一种监控设施,根据采集到与作物生长有关的参数,再结合农业生产模型,来指导相关的农业生产活动。

(1)农田无线传感监测技术应用现状。逊克农场、红色边疆农场、赵光农场和红星农场均已应用中国华云的农田无线传感监测技术产品(图 6-25),该技术设备采用 220 V 供电模式,能够采集 9 个参数,包括:风速、风向、降雨量、蒸发量、总辐射、空气的相对湿度、气压、土壤温度(深层土温和浅层土温)和土壤湿度,其中土壤的温度和湿度能够自动监测。农场为了防止冰雹等恶劣天气形成的灾害而给农田作物造成损失，都配有小型雷达，工作人员可以直接根据雷达观测气象。在赵光农场每个管理区，均设有自动温雨站，可检测所在区域内的全天气温及降水，而且数据均可在互联网上进行查询。

如图 6-26 所示，红星农场示范园区（10 hm^2）拥有 3 套农田无线传感监测设备，该设备由硬件系统和软件系统两部分组成：硬件系统包括传感器元件、网内通信节点、网关节点 3 个部分，由传感器节点连接多个传感器模块，最多可采集 16 种作物生长参数，同类型传感器每节点可连接 4 个，如土壤湿度传感器，可同时采集 20 cm、20～40 cm、40～60 cm 等不同深度的土壤含水量；软件系统可以实时查看节点信息、实时数据曲线，也可以利用列表查看数据数值。设备采用太阳能作为主要电源，可以采集空气的温度和湿度、光照强度、风速与风向、降雨量、蒸发量、总辐射、空气相对湿度、大气压强、土壤温度（深层土温和浅层土温）和土壤湿度 10 个参数。目前农场应用的农田无线传感监测技术在功能和数量上都能满足当前的需求。

图 6-25　农田自动检测站

图 6-26　农田传感无线检测设备

(2)农田无线传感监测技术应用中存在的优点。与传统的人工监测、记录农田气象方式相比，应用农田无线传感监测技术具有以下三个优点：①以太阳能作为主要电源，采用规模化设计，具有组网简单、设备功耗低、体积小、维护方便等特性，最大程度上减少了在农田安装的复杂性，而且智能化程度较高，系统运行过程中几乎不需要人员的介入。②能够减少人为误差、降低了观测业务的费用、满足观测的需求。同时，无线网络传输稳定（300 m 的距离）。③在移动网络无法连接时，农场管理人员可以通过农场的监控管理中心，查看 SD 存储卡中的传感器网络采集到的农田信息，并以曲线和统计柱状图的形式进行对比分析。

(二)农业决策分析技术

精准农业实施过程中需要获取大量的农田空间信息数据，只有对这些数据进行有效的管理、分析处理，并将决策分析结果通过处方图的形式表现出来，传递给农业装备，才能最终进行精准农业实践。下面列举施肥信息化管理系统、作物病虫害采集诊断系统和农场资源数字化管理系统三个典型的农业决策分析技术实例。

1. 施肥信息化管理系统

施肥信息化管理系统是由施肥模型和 GIS 技术相结合，能够根据土壤的化验结果，结合农业生产中作物对施肥需求的规律，提出合理的肥料施用数量和比例，对作物合理施用肥料，以提高养分的有效利用率，保证作物的正常生长，达到高产、优质、高效的目的，施肥信息化管理系统也会对肥料的施用时间以及方法，提供一种科学的管理方法，应用施肥信息化管理系统能够最大程度上降低了肥料对农业生产的负面影响，也能够更好地强化肥料在农业作物生长中的作用。

(1)施肥信息化管理系统应用现状。逊克农场、红色边疆农场、赵光农场和红星农场应用中园软件和扬州软件进行数据录入、管理和上报软件的工作可靠性和准确性都比较高，功能齐全也很实用，并配有本地地图，放大级别为村，能够实现对采样、土壤类型、作物名称、肥料名称、行政区划分和地块的查询，能够实现对地理位置、自然条件、采样单位等信息和采样路线记录。软件没有配套的土壤采样的采集器，采集的方法以人工采样为主。

红星农场于 2011 年配置了测土配方施肥管理系统(图 6-27)。运行维护测土配方施肥指标体系、检查土壤养分数据异常值、分析相关数据。支持地图操作和管理、土壤数据的增加、删除、修改和查询。

图 6-27　测土配方施肥管理系统

(来源:北京锐宇博图科技有限公司官网)

同时，也支持对土壤采样点、地块、配方施肥、行政区划分等数据的动态维护与查看。红星农场为了减少人工采样的劳动强度、提高工作效率和采样标准，农场与天宝公司合作，购进了符合国际标准的精准农业土壤采样机一台，每次取土直径为 5 cm，高为 20 cm 的圆柱形土柱，使土壤成分化验更接近配方施肥的真实需求。

目前农场土壤采样的方法是每年一次，采样时间在秋收之后至冬季施肥之前的这段时间。由于农场条件限制，现行土壤采样以 10 hm^2 左右为一个采样单元，一般每个土壤样品的采样点确定为 15～20 个，采用“S”形布点采样，取样时要避开路边的沟渠、田埂、肥料堆等特殊位置，每个采样点的取土深度应该保持一致，一般取土深度在为 20 cm，每个采样点的取土量也应该均匀一致。用土壤采样器取样时，土壤采样器应垂直地面入土，并且深度要相同；如果用取土铲取样，应先铲出一个断面，再平行断面下铲取土。

土壤采样时，每个采样点都要记录采样地点、地块、经度和纬度，以便后期的工作。其次，将同一个单元里取得的土壤混合在一起，构成一个土样，混合后土样一般为 1 kg 左右，如果出现混合土样过多，可以通过四分法除去多余的土壤。最后，将填好的标签(包括：姓名、时间、地点、地块，经度和纬度)在袋内和袋外各放一份。

(2)施肥信息化管理系统应用优点。①会根据录入土壤数据，可以直接给出施肥建议，能够指导耕作、施肥措施，为调控农田土壤养分的供给状况提供依据，达到提高肥料利用率和减少施用量，提高作物产量，改善农产品品质，以达到节支增收的目的。②配有电子地图，通过点击地图的地块，直接查询该地块种植作物的施肥方案，增强了直观感。

2. 作物病虫害采集诊断系统

作物病虫害采集诊断系统是基于专家系统，利用计算机技术，通过手持采集终端获取作物病虫害的信息，对作物的病虫害进行科学的诊断，并给予有效的预防措施。用户可以通过应用作物病虫害采集诊断系统，及时对作物病虫害进行防治。

(1)作物病虫害采集诊断系统应用现状。目前逊克农场、红星边疆农场和赵光农场没有应用作物病虫害的采集诊断系统，对农作物的病虫害采用预防的方法。预防主要是通过搜集各种病虫害的信息和阅读往年的灾情资料，再根据当年的实际情况和每年病虫害发生的时期，制订相应的管理方案。农场将管理方案通过网络媒介发给每个管理区和作业区的农业助理，农业助理根据管理方案，在农作物病虫害易发生前期，会对作物进行实时的观察。同时，农业助理也会根据自己所在管理区或作业区的实际情况，提前实施预防措施。如果预防没有成功，出现了病虫害现象，他们会第一时间采集作物病虫害的信息，发送给专家，专家会对病虫害信息进行分析，提出解决方案，农场再根据专家提出的解决方案进行处理。最后，农场统计出受灾情况，上报管局，并总结这次的经验(图 6-28)。

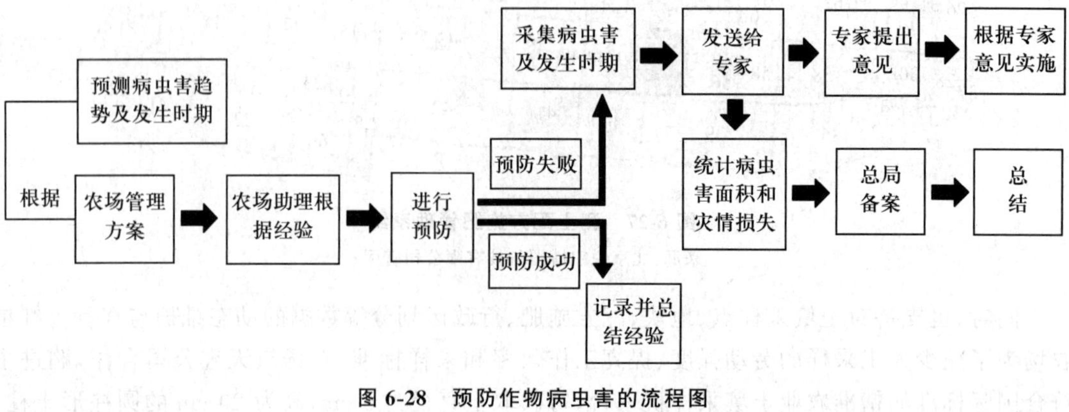

图 6-28　预防作物病虫害的流程图

与上述三个农场相比，红星农场于 2011 年配置了作物病虫害采集诊断系统(图 6-29)，该系统运用本地数据同步、远程数据接收和数据库储存等技术，能够以无线通信的方式接收采集终端上报的作物病虫害信息数据，实现网络化上报和专家诊断的意见反馈，为农业生产提供了动态、准确的作物病虫害诊断与处理的信息。该软件能够对作物病虫害信息现场采集、定位，通过手持终端将作物病虫害信息通过无线通信的方式传回客户端，可以实现对作物名称、作物信息和病虫害信息等综合管理。采集终端能够对作物的生长状况、病虫害发生状况、作物播种面积和病虫害发生面积进行记录(图 6-30)。

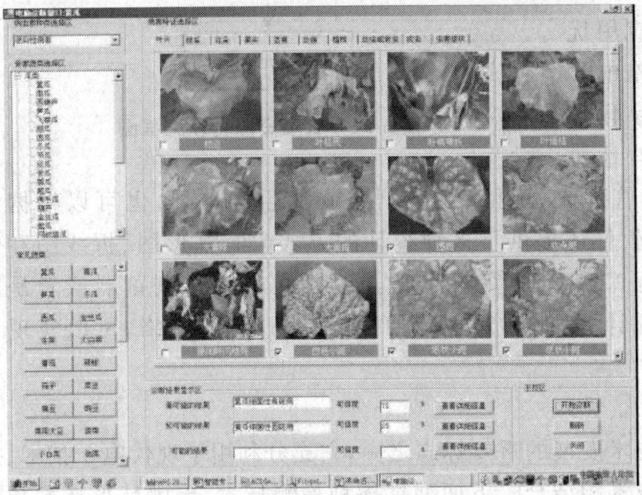

图 6-29　作物病虫害诊断系统

图 6-30　作物病虫害采集终端

(来源：北京锐宇博图科技有限公司官网)

(2)作物病虫害采集诊断系统应用优点。应用作物病虫害采集诊断系统能够方便农场管理人员准确诊断作物病虫害及找到所需要的信息，该系统配有强大的作物病虫害数据库，提高了农田作物病虫害信息采集管理的精确性、直观性和科学性，减少盲目使用农药。该系统配有手持采集终端，方便农场管理人员对作物病虫害信息现场采集、定位，实现了为客户提供动态、准确的作物病虫害信息。

3. 农场资源数字化管理系统

农场资源数字化管理系统集成了计算机技术、互联网技术和信息技术，能够实现农业生产的网络化、数字化和自动化，是农业生产方式由传统型、粗放型、经验型逐步向智能化、精准化、数字化农业生产方式转变。农场资源数字化管理系统是根据农场具体信息情况和查询统计等工作方面开发的管理软件，并面向管理员提供数据库与系统管理工具。

(1)农场资源数字化管理系统应用现状。目前逊克农场、红色边疆农场和赵光农场没有应用农场资源数字化管理系统，但是对农场资源数字化管理系统都有一定的了解。为了能够获取准确的数据和便于对数据资料进行管理，三个农场采用的方法是每个管理区和作业区的负责人，会根据每天的农业生产情况，将该管理区和作业区的农业生产任务数据统计到 Excel 表格上，以网络的方式传送到农场管理人员，再由农场管理人员统一进行整理汇总，以纸质档案或 Excel 表格电子档案等方式管理(图 6-31)。

红星农场于 2011 年应用了农场资源数字化管理系统，该系统是由空间数据库和数字化管理系统两部分组成，可以为农场提供数据库与系统管理工具。这套系统操作界面可操作性强，可靠性较高，并且配有本地电子地图，本地电子地图的最大放大级别为村。数据录入的方式以单点人工录入方式为主，支持对耙地、起垄、播种、施肥、收获等农业生产中每个环节的地块档案信息进行管理。

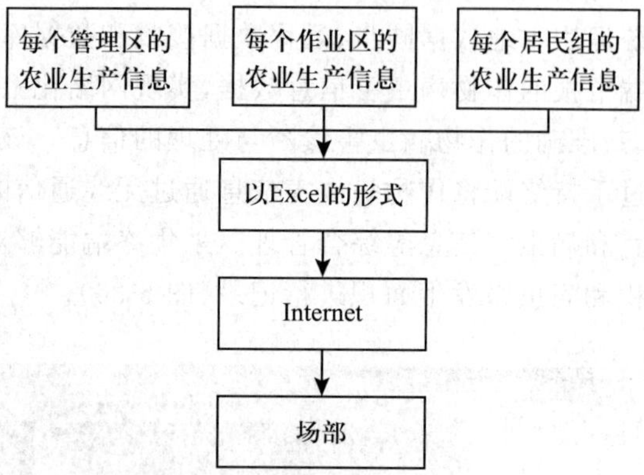

图 6-31　农场资源管理流程图

(2)农场资源数字化管理系统应用优点。与传统的纸质档案或 Excel 表格电子档案等方式管理相比，农场资源数字化管理系统更直观，可以通过电子地图对地块的生产档案进行浏览和查询。农场管理人员可以在线制定农业生产计划，也可以根据地块、作物和年份进行统计，而且系统软件还提供了多种统计的方式(如：柱形图、折线图和饼形图等)。该系统主要是由空间数据库和管理系统两部分组成，可以通过浏览器或者是服务器模式，实现数据的存储、分析、统计、发布和管理等功能，兼容计算机网络，可以实现信息管理和信息服务。

(三)智能装备技术

精准农业智能装备是精准农业技术发展的重要标志之一，它充分利用了现代电子技术、控制技术、传感器技术，并与农业装备技术相结合。下面列举播种检测技术、土壤精平技术和变量施肥技术三个典型的智能装备技术实例。

1. 播种监控技术

播种机是在全封闭状态下进行作业，由于外界作业环境恶劣，地面崎岖不平等环境的影响，很容易导致种管堵塞、漏播现象，这些现象是无法通过的人视觉和听觉来监视。当播种作业过程中种肥箱排空、输种肥管堵塞、排种盘或排种传动机构等出现故障时，这将导致一行或数行播种管不能够正常工作，会出现农田大面积的漏播或重播的现象，从而导致农业生产的严重损失。播种监控技术能够通过监视传感器对上述现象进行实时监控，如果出现故障，会自动发出声光报警，方便驾驶员查找故障的点，损失降到最低点。

2. 土地精平技术

土地精平技术中的激光平地技术是最常见的一种方法。激光平地技术是由光、机、电和液压技术于一体，技术先进、操作简便、工作效率高。激光平地技术利用激光的特性与电子控制装置的非视觉的控制方法，通过调节液压控制平地产的自动升降作业，从而实现了人工操作和目测判断所不能避免的误差，达到对农田精确平整的目的。激光平地技术能够提高农田土地的利用率、水田的灌溉效率、实现增产增收的一项技术。应用激光平地技术可以节约用水 30%～50%、增产 20%～30%。目前，我国农业土地平整度较差，农田灌溉效率低，尤其是我国的西部地区更低，据我国科技部的相关报告显示，应用激光平地技术可以将农田灌溉效率提高到 70%～80%。

(1)土地精平技术应用现状。由于黑龙江垦区北安管理局管辖区属于丘陵漫岗地形，以旱田为主，水稻的种植面积较少，所以目前红色边疆农场、赵光农场和红星农场都没有应用土地精平技术，主要应用的是传统的土地平整方法，利用推土机、铲运机和自制的刮平机等机械。如图 6-32 所示，应用推土机、铲运机和自制的刮平机等机械对农田进行平整，一般取决于人工操作水平和平整设备等条件的制约，可以达到的平整精度是有限的。

逊克农场为了提高水稻的种植面积和机械化作业效率，降低水稻生产成本，在 2011 年购置了 2 台激光平地机(图 6-33)。激光平地机主要包括激光发射器、激光接收器、控制器、液压执行机构、平地铲。该设备主要应用于旱田改水田，作业幅宽为 3 m。为了达到最佳的平地效果和最高的平地效率，需要配套的动力是 80～125 KW 的拖拉机，而且拖拉机必须备有液压输出。激光平地机能够在作业半径为 400 m 的范围内对土地进行精平，平整精度可以达到±2 cm，功能和数量都能够满足目前逊克农场的需求。

图 6-32　土地平整机械站

图 6-33　激光平地机

(2)土地精平技术应用优点。①作业精度更高。作业平整精度可达≤2 cm，平整后的农田高度差较小，播种深度均匀，出苗整齐。平整后的农田灌溉水面深浅一致，只要适量间接浅水灌溉即可，这样不仅节约灌溉用水，而且可以使肥料分布均匀，避免了肥料的流失，提高了肥料和水资源的利用率，降低了农业生产费用。②平整过程中无死角，更大程度上减少了田埂、增加耕地面积，提高了土地利用率，减轻驾驶员的劳动强度。③简单易用，配有手动控制和自动控制两种控制方式。如果田间地块存在高度差较大现象时，可以先将控制器开关切换至手动位置，先进行粗平，然后，再将控制器开关切换至自动位置，启动精确平整作业。

3. 变量施肥技术

红星农场于 2010 年与中国农业机械化科学研究院合作，对依据处方图施肥信息进行变量施肥进行试验，成功研制出基于处方图的变量施肥机，应用在农场的示范园区(10 hm^2)。

图 6-34、图 6-35，是基于处方图的变量施肥机，其作业原理是根据传感器传回的地轮速度信号，计算出农业装备作业时行走的速度，依据行走的速度和处方图施肥信息计算出控制量，采用 PID 控制器调节液压马达的转速，根据行走的速度和处方图施肥信息来控制排肥槽轮转速，实现了变量肥料撒施，达到精准施肥。

变量施肥机作业幅宽为 3.6 m，变量施肥机上配有 GPS，GPS 的精度可以达到 DGPS，而且施肥精度可以达 95%以上。从 2009 年起，逊克农场、红色边疆农场、赵光农场和红星农场就开始应用定量施肥，农场会根据土壤化验的结果和地块的年产量，来计划每 667 m^2 的施肥量。施肥过程中对地力差的岗地增施氮肥、洼地减少氮肥，增加磷肥施肥量；对长势繁茂、茎杆较弱品种降低氮肥施用量。农场适当地加大钾肥及微肥的应用力度。在钾肥使用中注重使用生物钾肥。

图 6-34　变量施肥机

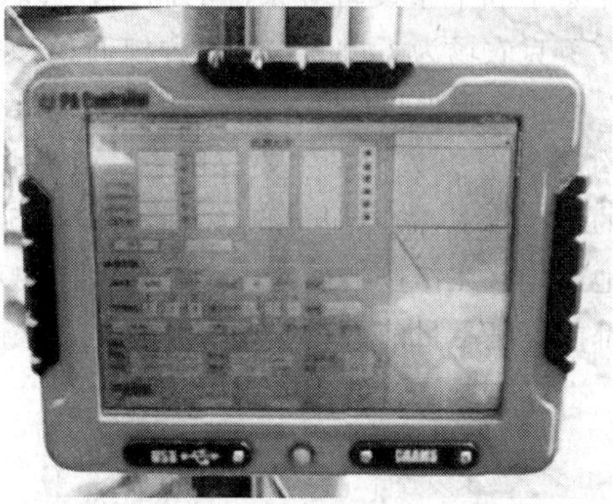

图 6-35　变量施肥控制终端

案例 4　国外精准农业三种模式及我国精准农业

精准农业产生于 20 世纪 90 年代，当时欧美发达国家为了缓解农业现代化、集约化生产带来的环境污染问题以及降低生产成本，借助于信息技术，陆续展开精准农业生产模式的研究与实践。

进入 21 世纪之后，精准农业技术及生产模式已经逐渐成熟，在不同的国家形成了不同的发展特色，但整体而言，精准农业所体现的低投入、高产出、污染少等优点，是农业可持续性发展的方向。

精准农业技术不仅在发达国家得到广泛应用，在我国也开始推广并得到良好效果。

一、美国的高级精准农业发展模式

美国是世界上最早研究与应用精准农业技术的国家，在 20 世纪 90 年代中期，美国就进行了土壤结构密度传感技术、土壤传导性技术、电磁感应技术等农业工程领域的研究，这些技术现在已经陆续在农业生产中使用，对土壤元素测定、农作物产量监测、施肥变量反应等耕作技术起到实质性推动。

美国精准农业发展模式其核心是技术层面，将现代化的信息技术、农业技术与工程技术进行了有机的结合，体现了精准农业所要求的时间与空间差异，在此基础上，通过农田地理信息系统提供的地理信息确定作物的最佳生产模型，决定依据不同作物的差异，采用卫星定位，智能机械，智能施肥、灌溉、喷洒农药等，最大限度地优化各项农业投入，同时也保护了农业生态环境及土地资源。

美国的精准农业追求的不是集约化时代下的高产，而是强调单位面积的投入与产出的最佳比例，强调效益，因此，更加注重农业投入、农业产出、生态环境以及精准技术等不同要素的互动，互动的结果决定了效益。其效益主要体现在两个方面，一是通过减少投入来提高农作物的产量与品质，二是保护生态环境，减少农业耕种中化学物质滥用造成的环境污染。

1. 技术系统

美国的精准农业领先于世界，技术非常成熟，已经建成了完善的现代农业管理系统。一种高级的精准农业发展模式，在其技术层面上，核心的部分主要是“3S”技术（全球定位系统、遥感技术、地理信息系统），另外，决策支持系统、专家系统与智能设备控制系统也很重要。

2. 发展实践

1993年，美国首次进行精准农业耕种技术试验，取得了较好的成效。当年用全球定位系统指导施肥的农场，其产量比传统施肥提供了15%，并且在化肥使用总量上减少了。

1995年，美国有5.1%的农场不同程度应用了精准农业技术，1996年美国农业部的统计显示，在小麦生产中使用了监视器技术的农田增长率为6%左右。2000年，在玉米及大豆种植中，使用精准农业技术的农场达到了1/3。从2002年开始，遥感技术、智能机械系统、计算机网络系统在美国农业耕作中得到了广泛的运用。

2010年之后，精准农业技术与物联网相结合，掀起了美国精准农业技术的新浪潮。根据农村农业部农业机械化管理司2017年对美国的实地调研分析，美国浓姬精准导航和自动驾驶应用已呈普及之势，农田、农作物及环境信息获取技术日趋成熟，变量作业技术正在快速发展和推广中，农业大数据平台已成为精准农业集成应用的抓手。

美国精准农业技术目前最具有代表性的系统是约翰迪尔公司在2012年推出的“绿色之星”精准农业系统和凯斯公司2013年年初推出的新一代“先进农业”精准农业系统。这两个精准农业技术系统在美国得到了较为广泛的应用，是美国精准农业技术系统的集大成者。

二、以色列特色精准农业发展模式

以色列是一个自然环境较为恶劣的国家，国土面积2.5万km^2，沙漠就占去了60%以上，可耕地面积占国土面积的20%左右。大部分国土是沙漠地带，导致了以色列淡水资源极为匮乏，人均可利用的淡水资源只有世界平均水平的1/33。但是，面对如此恶劣的自然环境，以色列的农业却很发达。

以色列利用不到3%的农业从业人口在养活800多万国民的同时，还使其农业产品占据了40%的欧洲蔬菜、水果市场。目前，以色列90%以上的粮食是自己生产的，创造了“沙漠奇迹”。其精准农业技术水平足可以与美国并驾齐驱，但有着自己的特色。

1. 发达的自动化温室控制技术

在20世纪70年代之前，以色列的农产品还是大量依靠进口，其后，以色列依据本国的自然资源条件，调整了农作物种植结构，减少了对土地资源要求高的粮食作物种植，积极发展温室技术，改种产值高的花卉、蔬菜及水果，大大改善了其农业生产状况。

以色列的温室技术从20世纪70年代至今，完全实现了智能化与自动化，一个温室大约4 000 m^2，从播种开始到收获，全过程电脑控制，基本上不需要人力，而且将滴灌技术引入温室系统，进一步提高了花卉、蔬菜等农作物的产量。目前以色列温室大棚种植面积已经达到了3 000 hm^2，平均每公顷可种300万朵玫瑰，平均每公顷每季度可产300吨西红柿。

2. 先进的节水灌溉技术

以色列大部分地区干旱少雨，土地贫瘠，提高水资源的利用率是以色列解决农业发展的最大问题，因此，节水技术研究一直是以色列农业科学中最显要的课题。从20世纪50年代开始，以色列政府大规模进行水利建设，将北部水源引入到沙漠纵深，将地下水抽取连成全国网络，在此基础上积极发展节水灌溉技术。滴灌与喷灌是以色列的节水灌溉技术的主要形式，发展到今天，已经是第七代技术，广泛运用于温室、沙漠地带、绿化带等区域，由于其全国的地下水已经形成了联网，建立节水灌溉设施相对比较容易。

以色列的污水处理技术也很发达，所有污水经过过滤、杀菌处理，用于非食用类作物的灌溉。目前，以色列节水灌溉率达到90%以上，水资源利用率达到了98%，位居世界首位。

3. 精确化的育种开发技术及水肥一体化技术

以色列十分重视农作物育种技术的开发与改变，依据市场的需求，不断开发高效无公害及抗病虫害农作物种子，利用生物工程技术开发的新品种能够降低对农药和化肥的依赖，保证能在自然状态下生长，其良种开发技术位居世界前列。

以色列在节水灌溉技术发展的同时，还开发出水肥一体化技术，灌溉与施肥同时进行，这种精准技术是建立在对土壤品质及作物生长过程的监测之上，实现了节水、灌溉与平衡施肥的统一化。

三、荷兰以高科技和创新技术为基础的精准农业

荷兰的国土面积仅有4.1万km^2，它的维度跟我们国家的漠河比较相近，有着漫长难熬的冬天，无论从何种条上讲都不太适合发展农业，但是这个欧洲小国，在2018年农产品的出口达到了903亿欧元，位居全球第二，仅次于美国，以高科技和创新技术为基础的精准农业是荷兰农业的核心，荷兰80%农民使用精准农业，它们的花卉生产出口，每年出口约50亿欧元，占全世界市场的43%，位居世界首位。

荷兰的农业全部都是温室农业，这是荷兰最具有特色的农业生产模式，他们的农产品完全是按照工业化的生产方式进行生产管理的被称为工厂化的农业，其最大的趋势，标准化、自动化、智能化、数字化的精准农业。据统计，荷兰的玻璃温室面积达到1.1万hm^2，约占全世界温室总面积的1/4，在西荷兰它们的玻璃温室60%是用于花卉的生产。40%主要用于生产果蔬类的农作物。

荷兰在玻璃温室的环境控制方面实现了全自动化的控制，包括光照系统、加温系统、液体肥料的灌溉施肥系统、二氧化碳的补充系统以及机械化的采摘和监测系统等，它们生产出来的农作物不仅产量高，而且品质非常棒，产品出口多个国家。

四、我国精准农业现状及发展对策

我国是一个农业大国，早在20世纪90年代就开始关注精准农业，并在北京、上海、陕西、黑龙江、新疆等地建立起一定规模的实验区，中国农业大学还成立了精细农业研究中心。2003年科技部启动实施了国家863计划“数字农业技术研究与示范”重大专项，旨在构建自主知识产权的精准农业技术体系。2005年发布的《国家中长期科学和技术发展规划纲要(2006—2020年)》中，明确把“农业精准作业与信息化”作为农业科技优先发展的主题。2012年中央1号文件提出“加快推进前沿技术研究，在精准农业技术等方面取得一批重大自主创新成果，抢占现代农业科技制高点”。

国内精准农业技术的研究和实施取得不少成果，支持精准农业的技术条件有了很大改善，特别是在人造卫星、无人机、遥感、云计算、大数据、人工智能、5G网络、北斗导航等方面已经跨入世界先进行列；将会给精准农业技术发展带来更多的可能性。

(一)我国精准农业应用推广现状

(1)我国精准农业应用推广实践发展速度较快。北安管理局逊克农场、红色边疆农场、赵光农场和红星农场等大型国有农场在农业管理上涉及了精准农业技术，使用 GPS 面积仪测量土地面积、使用农田无线传感监测技术了解农作物生长情况；同时，也广泛应用了施肥信息化管理系统、自动导航技术和播种监控技术、智能产量监测技术、农药变量喷洒技术和农机调度系统等。总体来看，黑龙江垦区精准农业技术规模化应用程度较高。

(2)吉林省永吉县拥有以万昌镇为核心的万公顷绿色水稻生产基地，为适应机械化的需要，传统水稻田被改成 2 000 m^2 的标准方条田，采用组合式轨道渠埂，实现渠埂一体化，集成飞机航化、水稻机械化钵育摆栽等技术，实现增温、节水、保肥、高产、早熟，应用了“互联网＋精准农业”系统，使消费者对大米生产从育种到成品全程可视。

2016 年，在赵春江院士团队“全程机械化”方案指导下，河北省实现了由单个试验向多群体示范的转化，智能化精准施肥及肥料深施技术、小麦秸秆覆盖和玉米高速精播配套技术、玉米高速精播与对行淋灌高效节水配套技术、小麦联合收获实时计产技术、拖拉机无人驾驶技术均比较成熟。2018 年，河北省建立了 30 个全程机械化示范县和 60 多个农机合作社，“物联网＋精准作业”“智慧农场”等应运而生，依托农业物联网的强大功能，许多“智慧农场”实现了农机管理信息化、田间作业智能化、生产过程数字化、经营服务网络化。河北省农业的发展方向是在现代科技支持下的全智能化精准农业。2020 年 7 月 31 日，北斗三号全球卫星导航系统开通；2018 年 6 月 2 日，我国首颗精准农业观测卫星高分六号卫星成功发射，与高分一号组网运行，对我国精准农业发展提供了强大的技术保障，在卫星精确导航的引导下，搭载激光测距雷达及主动识别系统的无人机完成了全自动无人驾驶作业。

(3)在北京小汤山精准农业示范区的带动下，北京周边各县不断探索蔬菜生产全程机械化技术，以激光平地技术、北斗导航无人驾驶技术为代表的精准农业技术得到了应用和推广，蔬菜产业也得到了前所未有的发展。

(4)山东省利用“3S”、5G 技术和自媒体发展精准农业，利用大数据和“互联网＋”等信息技术，搭建农产品电商平台，加快农业生产、生态、生活功能的融合发展。济宁市汶上县“三农云”服务平台覆盖了最新最全的“三农”分类信息，充分利用物联网、云计算等信息技术，对“三农”产业进行精准服务。

(5)我国一、二级阶梯的多山省份，地形复杂，技术落后，人才短缺，耕地面积少，土地集约化水平很低，不利于发展机械化，而国家的西部大开发计划和中部崛起计划对中西部地区农业发展起到了很大的推动作用。但是由于精准农业的推广起步较晚，实现规模化应用还需时日。

(二)推动中国精准农业的高质量发展

坚持走适合国情的精准农业发展之路，既有赖于国家层面的战略规划和政策保障，也需要各级行政管理部门、行业协会、专业人士、企业家、农民和利益相关者的正确认识和共同努力。本文建议从以下六个方面入手，夯实基础，推动中国精准农业稳健和快速的发展。

1. 加强对数据标准化和数据安全问题的重视

精准农业的数据来源广泛、结构复杂，采集的手段和方式多种多样，要整合资源，促进各方达成共识，形成数据标准化的规范和传输协议的标准化，使不同软件和不同平台之间有良好的互操作性和兼容性，实现各种数据无缝对接，避免出现无数“数据孤岛”。农业数据已经或正在成为一种宝贵资源、一种新的商品，因此要确立数据所有权的归属，防止数据遭到破坏、更改和泄露。近年来进口的精准农业装备,所采集到的数据大多可以与国外供货商同步共享,而且数据库也是由国外供货商构建;许多程序控制的机具,如播种机、移苗机、收割机等,也是可以由国外供货商远程监控和操作的;不少国外精准农业技术服务公司也在积极开拓全球业务。要对进口精准农业装备和引进服务平台的数据风险进行评估,并尽早制订相应的管理办法。

2. 抓好数据收集的基础工作

精准农业是数据驱动的农业,是一个循环的数据收集和分析系统,数据采集范围越广、持续时间越长,管理决策或是预测分析就越准确。但前提是数据的质量要高。在政府和行业组织的层面,要把农业统计工作做仔细、做真实、做扎实,建好农业环境与资源、农业生产、农业市场和农业管理等领域的公共数据平台。要帮助和督促农业生产企业和农户,建立生产地块田间档案,设计相应的表格和软件,规范记载内容,录入相关的信息系统。在实施精准农业技术的单位,更要用科学有效的途径与方法采集、存储和分析数据,确保数据质量。农业数据产生和沉淀的能力,将是未来竞争中制胜的重要因素。

3. 打造以农技人员为核心的推广队伍

一个可以盈利的精准农业项目,必须建立在健全的农学科学基础上。如果在数据收集、数据分析、决策、技术实施和记录保存等各个环节没有农学基础,精准农业就失去意义,也不会带来更有效地投入管理、更高的产量、更大的利润和可持续的发展。农业专家和农业技术人员拥有丰富的作物生产知识,对"三农"有比较深入的了解,也更容易接受新的技术,要充分发挥他们在精准农业技术开发和推广中的桥梁作用,使之成为精准农业技术创新和成果推广应用的主线。

4. 推进基础性技术产品的研发

中国精准农业技术研发,现阶段要在四个方面狠下功夫,即传感器研发、作物生长发育与环境因子关系的数学模型建立、算法开发、平台开发。传感器是数据采集的重要手段,作物生长发育模型是精准农业的农学基础,数据解析和管理决策离不开算法,平台是对信息资源进行深度开发利用、提供一站式解决方案。传感器不仅是精准农业的核心技术,也蕴藏着巨大的商机。国外企业从中国采购许多传感器基础元件,进行集成并结合算法,形成支撑精准农业的传感器产品。而目前中国自主研发的农业传感器不仅种类很少,而且稳定性也差。面对农业基础条件差、小农数量多的国情,更需要自主创新,开发和生产大量携带方便、操作容易、即插即用、价格低廉的电子产品和软件。由于智能手机的普及率高,信息传输的成本低,而且具有实时定位功能,开发与智能手机有关的精准农业产品的潜力很大。在基础性技术产品的研发上,要加大扶持力度,鼓励各类涉农创新机构各显神通,除依靠研究机构和大型公司外,也要发挥小微企业和初创企业聚焦特长、执着专一、把握需求更为精准的优势。

5. 建立跨学科的精准农业创新体系

精准农业的科技创新,依赖于跨学科、跨行业的知识交流和技术集成。农业是利用动植物的生长发育规律,通过人工培育来获得产品的产业,其复杂性远超任何物理系统。高新技术领域的专家只有对农业领域的需求和特殊性有清楚地了解,才有可能创造性地把相关技术与农业深度融合。农业专家更要抓住机遇,积极主动拥抱新兴科技,把精准农业的理念应用到自己的科研和推广工作中去。要把传统农学思想和生产经验,特别是那些在生物技术、品种选育、耕作栽培、土壤肥料、植物保护、农业气象等领域的科研成果,建成数学模型,纳入作物栽培管理辅助决策支持系统,并与作物生产管理与长势预测模拟模型、投入产出分析模拟模型和农业专家系统等相结合，打造智能化平台。生产环节的智能装备专家在数据采集和决策实施方面的作用不可或缺，也是精准农业创新体系的重要成员。

6. 加大精准农业高素质人才培养的力度

精准农业是传统农业学科与现代科学技术相结合的产物，需要有更多对技术、制造、工程、数学和科学领域感兴趣的年轻人投身到农业产业。精准农业人才培养应该成为新农科建设的重要内容，包括：①在农业院校设立精准农业专业和开设有关课程；②在涉农专业开设工科课程，增加新技术课时比例；③招收涉农专业和工程类专业双学位的本科生；④吸引工程类专业的本科毕业生到涉农专业读研究生。要鼓励和帮助有兴趣的理工科学生寻找在农业公司实习和发展的机会。精准农业人才培养也是改变传统农业学科条块分割、专业口径较小、难以吸引优秀学生等弊端和增强人才培养与未来农业契合度的良好契机。当前，要发挥政府、院校、研究机构、行业组织和企业各自的优势和职能，利用研讨会、培训班、技术讲座、示范活动、媒体等各种形式，尽快使更多“新农人”了解精准农业，并吸引他们加入精准农业的实践中来。

参考文献

[1] 汪懋华.精细农业[M].北京:中国农业大学出版社[M].2011.

[2] 赵春江.精准农业研究与实践[M].北京:科学出版社.2009.

[3] 杨武德.精确农业概论[M].北京:中国农业出版社.2016.

[4] 赵春江.智慧农业:信息通讯技术引领绿色发展[M].北京:电子工业出版社.2012.

[5] 何勇、赵春江.精细农业[M].杭州:浙江大学出版社.2012.

[6] 承继成主编.精准农业技术与应用[M].北京:科学出版社.2004.

[7] 马大龙,张永清,杜静静,陈铁楠,张希云,杜娟.基于GIS的土壤养分空间变异图件制作和网络共享[J].山西师范大学学报(自然科学版),2013,02:60-64.

[8] 于堃,王志明,孙玲,等.MODIS时序数据在县级尺度作物长势监测分析中的应用[J].江苏农业学报,2013,06:1278-1290.

[9] 刘惠敏,何彬方,张宏群.安徽省冬小麦长势遥感监测与评估方法研究[J].中国农学通报,2011,33:18-22.

[10] 孔令寅.冬小麦关键生长发育期遥感提取及其在长势监测和作物估产中的应用研究[D].南京信息工程大学,2012.

[11] 毛鹏飞.基于多遥感参数的冬小麦长势综合监测指标研究[D].河南大学,2011.

[12] 钱永兰,侯英雨,延昊,等.基于遥感的国外作物长势监测与产量趋势估计[J].农业工程学报,2012,13:166-171.

[13] 邹文涛,吴炳方,张淼,郑阳.农作物长势综合监测——以印度为例[J].遥感学报,2015,04:539-549.

[14] 张鹏,张丽娜,刘铎,吴鸿欣,焦博.农业机器人技术研究现状[J].农业工程,2019,10:1-12.

[15] 赵春江.农业机器人展望[J].中国农村科技,2019,05:21-22.

[16] 孟丹,王应宽.新疆兵团精准农业技术应用现状及发展需求[J].农业工程技术,2019,36:34-36.